普通高等学校机械制造及其自动化专业十二五规划教材

编　委　会

普通高等学校机械制造及其自动化专业十二五规划教材

顾　问　杨叔子　李培根　李元元

工程测试技术基础

（第二版）

主　编　张春华　肖体兵　李迪

主　审　何岭松

中国·武汉

内 容 简 介

本书主要介绍与工程测试技术相关的知识，全书共分7章，主要内容包括：测试技术基础知识、信号的描述与分析、测试系统的基本特性、常用传感器和敏感元件、模拟信号的调理与转换、机械工程领域常见物理量的测量、计算机辅助测试系统与虚拟仪器。书中每章末都附有习题，部分章节还配有 Matlab 应用实例，便于读者更好地理解和应用书中的理论知识。

本书可作为高等院校机械工程、测控、自动控制、车辆工程等专业的教材，也可供工程技术人员自学与参考。

图书在版编目(CIP)数据

工程测试技术基础/张春华，肖体兵，李迪主编. —2版. —武汉：华中科技大学出版社，2016.12 (2024.2 重印)

普通高等学校机械制造及其自动化专业"十二五"规划教材

ISBN 978-7-5680-0604-0

Ⅰ.①工… Ⅱ.①张… ②肖… ③李… Ⅲ.①工程测量-高等学校-教材 Ⅳ.①TB22

中国版本图书馆 CIP 数据核字(2016)第 306144 号

工程测试技术基础(第二版) 张春华 肖体兵 李 迪 主编

Gongcheng Ceshi Jishu Jichu(Di-er Ban)

责任编辑：刘 飞

责任校对：刘 竣

责任监印：周治超

出版发行：华中科技大学出版社(中国·武汉) 电话：(027)81321913

武汉市东湖新技术开发区华工科技园 邮编：430223

录 排：华中科技大学惠友文印中心

印 刷：武汉科源印刷设计有限公司

开 本：710mm×1000mm 1/16

印 张：17.75 插页：2

字 数：368 千字

版 次：2011年3月第1版 2024年2月第2版第8次印刷

定 价：49.80 元

前言

目前，测试技术已经深入到了工程、医疗、生活及军事等多个领域。测试技术是工业领域中一项重要的基础技术。随着现代科学技术的发展，对测试技术提出了更高的要求，对各种测试技术人才的需求也变得更加迫切。大部分工科院校将测试技术作为本科生必修的一门专业基础课，测试技术的教学也获得了更多的重视。

测试技术是多学科知识的综合运用，课程涉及内容广泛，授课难度大。因此，书中在着重介绍测试技术基础理论知识的同时，为便于读者加深对知识的理解和提高工程应用能力，各知识点都配有例题，每章都附有习题，部分章节还提供了 Matlab 在测试中的应用实例。

本书的先修课程有"工程数学""电工电子技术""控制工程基础"。

全书由华南理工大学张春华、广东工业大学肖体兵和华南理工大学李迪主编。张春华编写第 2、3 章；肖体兵编写第 1、4、6、7 章，李迪编写第 5 章和负责全书的统稿。研究生陈开容、本科生陈福梁同学在本书的编写过程中做了大量的文档编辑和画图工作。

本书由华中科技大学何岭松教授主审，他对全书做了仔细的审阅，提出许多宝贵意见，在此表示最诚挚的谢意。

在本书编写与出版的过程中，得到了华中科技大学出版社领导和编辑的指导与帮助，在此表示衷心的感谢。

在本书编写的过程中，参考了大量的国内外参考资料，受益匪浅，在此对参考资料的作者表示感谢。

限于编者水平，书中难免存在错误和不妥之处，敬请读者批评指正。

编　者

2016 年 11 月

目录

绪　论

测试是指人们从客观事物中提取所需信息，借以认识客观事物，并掌握其客观规律的一种科学手段。测试技术包含了测量和试验两方面的含义，是指具有试验性质的测量，或测量与试验的综合。

测试工作的基本任务是借助专门的仪器和设备，获得研究对象有关信息的客观、准确的描述，使人们对其有一个恰当的、全面的认识，并达到进一步改造和控制研究对象的目的。

从广义的角度讲，测试工作涉及试验设计、模型试验、传感器、信号分析与处理、误差理论、控制工程、系统辨识等内容。从狭义的角度讲，测试工作是指在选定被测对象激励方式下所进行的被测量(信号)的检测、变换、处理、显示、记录及分析等工作。本书从狭义的角度讨论测试技术的基础知识。

1. 测试技术的重要性

测试技术的应用非常广泛，几乎在每个行业中都有应用。例如，工业炼钢炉中的温度测量，机床运行状态的检测，医疗行业中的B超检查，汽车行驶速度的测量，航天领域的遥感技术等。对于很多应用，测量使用的传感器也是非常之多。例如：一辆小汽车因档次不同，采用的传感器从几十个到上千个，用以检测车速、力矩、方向、油量、温度等；一架飞机需要几千个传感器，用以检测飞机的状态参数和环境参数。在工程技术领域，有关工程研究、产品开发、生产监督、质量控制和性能实验等都离不开测试技术。由此可见，测试技术是国民经济和科学技术的重要基础技术，是一个国家科学技术现代化的重要标志之一。

测试技术是多学科知识的综合运用。科学上很多领域的新发现和突破都离不开测试技术；反之，其他领域的技术发展和进步又成为推动测试技术发展的力量。现代测试技术几乎应用了所有近代的新技术和新理论，如计算机技术、半导体技术、激光技术、遥感技术等。测试技术正不断向智能化、高精度、多功能、自动化、实时性方向发展。

2. 测试系统的组成与测试过程

图 0.1 是测试系统的组成框图。

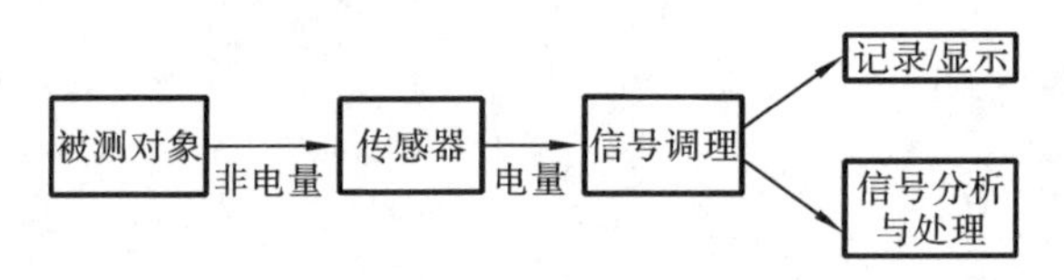

图 0.1　测试系统的组成框图

被测对象的信息蕴含在物理量中,这些物理量就是被测量,它们往往是一些非电量。

传感器是指能感受被测量,并按一定的规律将被测量转换成可用于输出信号的器件或装置。例如:弹簧秤中的弹簧就是一个传感器(或敏感元件),它将物体受到的作用力转换为弹簧的变形量,即位移量。

信号调理环节对传感器输出的信号进行调理或转换,以便于后续的传输、显示和分析等处理。例如,信号的幅值调制将低频的测试信号转换为易于在传输通道中传输的高频信号。

记录/显示环节以观察者易于认识的形式来显示测量结果,或将测量结果存储。要从测量结果中获得有用的信息,还需要信号分析与处理环节,例如相关分析、频谱分析等。

3. 测试工作涉及的知识

工程师对物理量进行测试面临着三个任务:①了解被测信号的特性;②选择测试系统;③评价和分析测试系统的输出(信号)。完成这三个任务会涉及以下的知识。

1) 信号分析

信息蕴含在物理量中,这些物理量就是信号,信号是信息的载体。信号分析是测试系统中非常重要的环节。工程领域的物理量往往是随时间变化的动态信号,选择这类信号的测量系统,不仅要考虑被测信号的限值,还要了解被测信号的变化频率,以作为选择测试装置工作频率的依据。了解被测信号的频率信息经常采用频谱分析方法。对于通过测试装置获得的输出信号,根据测试的目的和要求不同,往往也需要对其进行分析,例如,相关分析、频谱分析和统计分析。关于信号的分析方法在本书中的第 2 章进行介绍。

2) 测试系统的特性分析

测试系统的任务是感受输入的被测信号,并将其转换为可以理解或可以量化的输出形式。不同的测试系统对不同的输入有不同的响应(输出)。输出在多大程度上真实反映了被测输入信号,取决于测试系统在传递信号的过程中对信号进行了怎样的“加工”。

实际上,一般的测试系统都可以用一个模型来描述,这个模型往往是微分方程或传递函数、频率特性函数、脉冲响应函数等,它们之间可以相互转换。通过对系统模型的分析,可以知晓测试系统对于输入的被测信号所进行的“加工”。本书中的第 3 章对于测试系统的分析,从动力学的角度讨论了测试系统与其输入、输出之间的关系。

3) 传感器与信号调理环节

测试工作离不开具体的工具——测试装置(系统),例如传感器、信号的调理与转换装置。

工程领域的被测信号一般是非电量,如速度、加速度、温度、力和流量等,需要将其转换为电量。传感器能将被测非电量转换为电量,具体介绍见本书第 4 章。另外,对于机械工程领域的工程师,还需要了解本领域常见物理量的测量方法和测量装置,相关知识见本书第 6 章。

为了便于后续的传输与分析处理,往往需要对传感器输出的电信号进行调理与转换。例如,滤波器可滤除干扰噪声,调制环节可将低频的测试信号转换成易于在信道中传输的高频调制信号,模/数转换器可将模拟的电信号转换为数字信号,便于信号的数字分析等。这部分知识介绍见本书第 5 章。

4. 本书概述

本书共分 7 章,各章节的内容如下。

第 1 章,测试技术基础知识。介绍测试领域中的基本概念、术语,以及误差理论。

第 2 章,信号的描述与分析。包括时域的统计分析、相关分析,频域的频谱分析。重点介绍信号的频谱分析方法。本章提供了相关知识的 Matlab 应用实例。

第 3 章,测试系统的基本特性。测试系统的基本特性包括静态特性和动态特性。重点介绍测试系统动态特性的描述、分析方法,以及动态特性的标定。本章提供了相关知识的 Matlab 应用实例。

第 4 章,常用传感器和敏感元件。根据传感器的分类,分别对机械式、电阻式、电感式、电容式、磁电感应式和光电式等常用传感器的传感原理进行介绍。

第 5 章,模拟信号的调理与转换。从传感器输出的电信号往往需要经过转换与调理,以便后续的传输、显示与记录、分析和处理等。转换与调理的环节包括电桥、滤波、调制与解调、数/模和模/数转换等。本章提供了相关知识的 Matlab 应用实例。

第 6 章,机械工程领域常见物理量的测量。包括振动测量、表面粗糙度和形位误差测量、温度测量、流体参量测量和声测量。

第 7 章,计算机辅助测试系统与虚拟仪器。包括板卡式仪器和虚拟仪器。

测试技术是一门实践性很强的课程,在课程理论学习的同时,也要加强学生的试验环节。本书中的很多章节都配有相关知识的 Matlab 实例介绍,以加强学生对理论知识的理解和提高解决实际工程问题的能力。

第1章 测试技术基础知识

1.1 量的基本概念

1.1.1 量和量纲

1. 量

量是指现象、物体或物质可定性区别和定量确定的一种属性。如黑板的宽度和质量，室内的温度，运动物体的运动位移、速度、时间等。

量的种类是非常多的。根据量之间的关系，可以将量分为基本量和导出量。基本量是相互独立的量，而导出量则可以由基本量按一定的函数关系来定义。例如，运动物体的位移和时间属于基本量，而运动速度是位移与时间的比值，属于导出量。基本量和导出量的这种特定组合称为量制。不同的量制选用的基本量和导出量是不同的。在国际单位制中，选择长度、质量、时间、热力学温度、电流、物质的量和发光强度这七个量为基本量。

2. 量纲

量是根据其量纲来定性区别的，量纲不同的量不属于同一种量。因此，量纲可以理解为量的一种属性，用于定性区别量的种类。在国际单位制中，七个基本量的量纲分别为L、M、T、θ、I、N、J。位移和时间之所以不是同种量，是因为它们的量纲不同。只有具有相同量纲的量，才能比较大小。导出量的量纲可用基本量量纲的幂的乘积表达式来表示。

任意量Q的量纲表达式为

$$\dim Q = L^{\alpha} M^{\beta} T^{\gamma} I^{\delta} \theta^{\varepsilon} N^{\zeta} J^{\eta} \tag{1-1}$$

例如,速度的量纲为 LT^{-1},力的量纲为 LMT^{-2}。量纲表达式中的幂都为零的量,称为无量纲量,例如应变。

3. 量值

量的大小可以用量值来定量确定,量值是用数值和计量单位来表示的。例如,黑板的宽度是 1.72 m、质量是 35 kg,室内的温度是 25 ℃等。对量值来说,数值和计量单位缺一不可。没有计量单位、只有数值的量值是没有意义的。计量单位是对量进行数值化的基础。对同一个量,当计量单位不同时,得到的量的数值也不同。不同的单位制,采用的计算单位是不一样的。例如,在国际单位制中长度量的基本计量单位为米,而在英制单位制中长度量的基本计量单位为英尺(ft)。

1.1.2 国际单位制

国际单位制(SI 制)主要由 SI 单位(包括 SI 基本单位、SI 辅助单位、SI 导出单位)、SI 词头和 SI 单位的倍数单位和分数单位组成。我国的法定单位就是以国际单位为基础并选用少数其他单位制的计量单位组成的。

1. SI 基本单位

1) 米

米是国际单位制中长度的基本单位,其符号为 m。1 m 是光在真空中,在 1/299 792 458 秒(s)的时间间隔内所经路程的长度。

2) 千克(公斤)

千克是国际单位制中质量的基本单位,其符号为 kg,公斤是千克的同义词。1 kg 等于国际千克原器的质量。国际千克原器是用铂铱合金制造的,目前保存在巴黎的国际计量局内。

3) 秒

秒是国际单位制中时间的基本单位,其符号为 s。1 s 是与铯-133 原子基态的两个超精细能级间跃迁相对应的辐射的 9 192 631 770 个周期所持续的时间。

4) 安[培]

安培是国际单位制中电流的基本单位,其符号为 A。在真空中,两根相距 1 m、长度无限、圆截面可忽略的平行直导线内通恒定电流时,若两导线之间产生的相互作用力在每米长度上为 2×10^{-7} 牛顿(N),则每根导线中的电流为 1 A。

5) 开[尔文]

开尔文是国际单位制中热力学温度的基本单位,简称开,其符号为 K。1 K

等于水的三相点热力学温度的 1/273.16。

6）摩[尔]

摩尔是国际单位制中物质的量的基本单位，其符号为 mol。1 mol 等于 0.012 kg碳-12 所含的原子数目。

7）坎[德拉]

坎德拉是国际单位制中发光强度的基本单位，其符号为 cd。对于一个频率为 540×10^{12} Hz 的单色辐射光源，如果在某个方向上的辐射强度为 1/683 瓦特每球面角（W/sr），则该光源在此方向上的发光强度为 1 cd。

2. SI 辅助单位

1）弧度

弧度是国际单位制中平面角的单位，其符号为 rad。1 rad 等于圆内半径长的圆弧所对应的平面圆心角。

2）球面角

球面角是国际单位制中立体角的单位，其符号为 sr。立体角单位球面角的定义是：球面角是一立体角，其顶点位于球心，而它在球面上所截取的面积等于以球半径为边长的正方形的面积。

3. 导出单位

按物理量之间的关系，由基本单位和辅助单位通过相乘或相除而构成的单位称为导出单位。如面积的单位为平方米，符号为 m^2；速度的单位为米每秒，符号为 m/s。

4. SI 词头与倍数单位和分数单位

对某种量来说，只采用 SI 单位明显是不够的，因为有时候会导致量的数值偏大或偏小，使用不方便。因此，在国际单位制中，利用 SI 词头与 SI 单位进行组合，得到量的倍数单位和分数单位。国际单位制中规定的词头有 16 个，其中比较常用的有兆（符号 M，因数 10^6）、千（符号 k，因数 10^3）、分（符号 d，因数 10^{-1}）、厘（符号 c，因数10^{-2}）、毫（符号 m，因数10^{-3}）等。

SI 词头和 SI 单位构成一个新单位，应将其视为一个整体。如果新单位比原 SI 单位大整数倍，称新单位为倍数单位；如果原 SI 单位比新单位大整数倍，称新单位为分数单位。以长度量的单位为例，米（m）是 SI 单位，千米（km）是米的倍数单位，1 km$=1\times10^3$ m；而毫米（mm）是米的分数单位，1 mm$=1\times10^{-3}$ m。

1.1.3 基准、标准和量值的传递

1. 测量、计量和测试

测量(measurement)是指以确定被测对象的量值为目的而进行的一组操作。计量是指为了实现单位统一和量值准确可靠的测量，是计量部门进行的测量。测试(measurement and test)是指具有试验性质的测量，包括测量和试验。

2. 基准

为了确保量值的统一和准确，除了对计量单位作出严格的定义外，还必须有保存、复现和传递计量单位的一整套制度和设备。

基准是用来保存、复现计量单位，具有现代科学技术所能达到的最高准确度的计量器具。按其用途和准确度不同，可以分为国家基准、副基准和工作基准三种等级。

国家基准是在特定计量领域内，用来保存和复现计量单位并具有最高计量特性，经国家鉴定、批准作为统一全国量值最高依据的计量器具。

副基准是指通过与国家基准比对或校准来确定其量值，并经国家鉴定、批准的计量器具。副基准在国家计量检定系统中的位置仅次于国家基准。

工作基准是指通过与国家基准或副基准比对或校准来确定其量值，用以检定计量标准的计量器具。工作基准在国家计量检定系统中的位置仅在国家基准和副基准之下。设立工作基准的目的主要是为了避免频繁使用国家基准和副基准，使它们保持应有的计量特性。

3. 标准

按国家计量检定系统表规定的准确度等级，用于检定较低等级计量标准或工作计量器具的计量器具称为计量标准。计量标准在国家计量检定系统中的位置在工作基准之下、工作计量器具之上。

工作计量器具是指用于现场测量而不用于检定工作的计量器具。

4. 量值的传递

通过对计量器具进行检定或校准，将国家基准所复现的计量单位量值逐级地传递到测量用的工作计量器具上，以保证被测对象量值的准确和一致。这个过程就称为量值的传递。

计量器具检定是指为评定计量器具的计量特性，确定其是否符合法定要求所进行的全部工作。检定计量器具必须根据检定规程进行。检定规程是检定计量器具时所必须遵守的法定程序。

1.2 测量方法和测量器具

1.2.1 测量方法

测量实际上是将被测量与标准量进行比较。测量方法是指在测量过程中所涉及的一套运用理论和实际操作的方法。

采用不同的分类原则，得到的测量方法是不一样的。

1. 直接测量和间接测量

按是否直接测定被测量的原则，可将测量方法分为直接测量法和间接测量法。

直接测量法是指用测量器具直接测得被测量的值，而不必测量与被测量有函数关系的其他量的测量方法。例如，用量筒测量流体的体积、用等臂天平测量物体的质量、用卷尺测量物体的长度等都属于直接测量。

间接测量法是指先通过测量与被测量有函数关系的其他量，然后通过函数运算得到被测量值的测量方法。例如，通过测量长、宽、高确定长方体的体积，通过测量电流强度、电压来确定电功率等的测量方法都是间接测量。

2. 直接比较测量和间接比较测量

按被测量是否直接和已知的同种量进行比较的原则，可将测量方法分为直接比较测量法和间接比较测量法。

直接比较测量法是将被测量直接和已知的同种量进行比较，从而得到被测量值的方法。例如，用等臂天平测量物体的质量、用卷尺测量物体的长度等都属于直接比较测量。间接比较测量法是利用仪器把原始形态的被测量转换成与之保持已知函数关系的另一种量的测量方法，例如用水银温度计测量温度。大部分传感器的测量属于间接比较测量。

3. 接触测量和非接触测量

按测量器具的测头是否和被测物体产生机械接触的原则，可将测量方法分为接触测量法和非接触测量法。

采用接触测量法时，测量器具的测头与被测物体间的接触可靠，对工件表面的灰尘、油污及切削液等不敏感,但易引起工件的变形和传感器的磨损及负载效应,从而影响测量精度。非接触测量法因为测量器具的测头与被测物体间没有机械接触,既可避免传感器对被测物体的机械作用及影响,又可避免传感器受到磨损。

4. 等精度测量和不等精度测量

按决定测量精度的全部或部分因素的改变与否分类,可将测量方法分为等精度测量法和不等精度测量法。

等精度测量是指在测量过程中,决定测量精度的全部因素或条件不变的测量。例如,由一个人用同一台仪器,用同一种测量方法,在同样条件下进行的测量。生产上大多采用此种测量。不等精度测量是指在测量过程中,决定测量精度的因素或条件变化或部分变化的测量。不等精度测量常在科研工作中使用。

1.2.2 测量器具及有关术语

测量器具是指为了确定被测量值所必需的器具和辅助设备。为了更好地掌握本课程的内容,有必要介绍与测量器具有关的一些术语。

1. 测量器具的分类

(1) 传感器　能感受规定的被测量,并按一定的规律将被测量转换成可用输出信号的器具。

(2) 测量变换器　能提供与输入量保持给定关系的输出量的测量器具。当测量变换器的输入量为被测量时,该测量变换器就是传感器。因此,传感器属于测量变换器,是测量系统中第一级的测量变换器。当传感器的输出量为规定的标准信号时,它就被称为变送器。

(3) 检测器　用于指示某种特定量的存在而不必提供量值的器具。化学试纸(如 pH 试纸)就是一种检测器。

2. 与测量器具有关的术语

与测量器具有关的术语有很多,这里主要介绍如下几个。

(1) 示值　测量器具指示的被测量的量值。

(2) 示值误差　测量器具的示值与真值之差。一般来说,示值误差越小,计量器具的精确度就越高。

(3) 标称范围　也称示值范围,是测量器具能显示或指示的最低值到最高值的范围。例如,温度计的标尺的起点示值为－34 ℃,终点示值为＋44 ℃,则其标称范围为－34～＋44 ℃。

（4）量程　标称范围的上下限之差的模。标称范围为－34～＋44 ℃的温度计的量程就是78 ℃。

（5）测量范围　在测量器具的误差处于允许极限内的情况下，测量器具所能测量的被测量值的范围。一般来说，测量范围比标称范围要小。

（6）准确度等级　用来表示测量器具测量准确度的等级或级别。

1.3 测量误差

1.3.1 测量误差的定义

在测量过程中，由于测量器具和测量条件等多方面的限制，测量误差是不可避免的。测量误差自始至终存在于一切测量活动中。

测量误差是指测量结果 x 与被测量的真值 x_0 之间的差，也称为绝对误差，用 Δx 表示，即

$$\Delta x = x - x_0 \tag{1-2}$$

测量结果是指测量所得到的被测量的量值。而真值 x_0 是指测量时被测量所具有的真实值。

从测量的角度看，真值是不可能确切获知的，它是一个理想值。但是，计算测量误差又需要真值。因此，在实际的测量过程中，采用约定真值来代替真值使用。约定真值是指充分接近真值并可以代替真值使用的量值。实际测量中，被测量的实际值、修正过的测量结果的算术平均值，均可作为约定真值使用。被测量的实际值一般是指采用准确度高一级的测量器具所测得的量值，或指满足规定准确度要求、可用来代替真值使用的测量值。

1.3.2 测量误差的分类

1. 根据误差的统计特征分类

测量误差按其统计特征不同，可分为系统误差、随机误差和粗大误差。

（1）系统误差　在对同一被测量进行多次测量时，如果测量误差按一定的规律变化或保持为一个常数，这种误差称为系统误差。例如，30 m 钢卷尺本身的实际长度和它名义长度之差称为尺长误差，用带有尺长误差的钢尺去测量

时，使得量得的距离产生误差。这个误差大小与尺长误差大小及量距的长短成正比，符号也保持一定的关系，即按一定的规律变化，这就是系统误差。

按系统误差是否已经确定，可将系统误差分为已定系统误差和未定系统误差。系统误差对测量结果的影响，在一定条件下是累积性的，对测量结果影响较大。因此，在测量中，对于已定系统误差，是可以也应该通过修正来消除它。

(2) 随机误差　在对某量进行多次测量的过程中，其测量误差的大小和符号以不可预知的方式变化着，此类误差称为随机误差。

随机误差不可避免，不能用实验的方法加以修正或排除，只能估计和减少它对测量结果的影响。就某一次具体测量而言，随机误差的绝对值大小和符号无法预先知道。但对同一被测量进行连续多次重复测量而得到一系列测量值时，随机误差通常服从正态分布规律。因此，可以应用概率论和数理统计的方法对它进行处理，如图 1.1 所示。

图中：x_0——被测量真值；

x_i——第 i 次测量值；

μ——测量值概率分布的期望（平均值）；

σ——测量值概率分布的标准偏差；

δ_i——第 i 次测量的误差值；

δ_{ri}——第 i 次测量的随机误差值；

δ_s——系统误差。

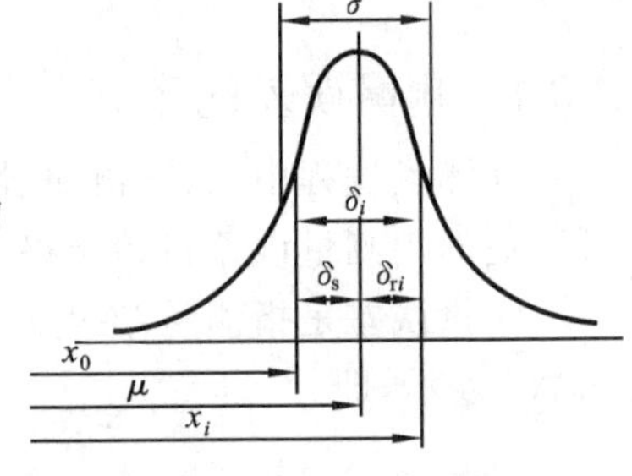

图 1.1　测量误差的分布

(3) 粗大误差　是指一种明显超出规定条件下预期误差范围的测量误差，是由于某种不正常的原因造成的。它往往是由测量人员的疏忽或测量环境条件的突然变化引起的，其数值远远超出随机误差或系统误差。仪器操作不正确、读错数、记错数、计算错误等都属于粗大误差。由于粗大误差明显歪曲测量结果，因此在处理测量数据时，应根据判断粗大误差的准则，设法将其剔除。

2. 根据误差的产生原因分类

根据误差的产生原因不同，测量误差可分为如下几类。

(1) 器具误差　由测量器具本身存在的缺陷而产生的测量误差。它与测量器具的工作原理、结构设计、制造、安装调整等因素有关。

(2) 方法误差　由于测量方法不完善而引起的测量误差。例如，在采用间接测量方法进行测量时使用了近似的数学模型，比如用直线代替弧线。

(3) 调整误差　由于测量前未能将测量器具和被测对象调整到正确位置和状态所引起的测量误差。例如，被测量为零时而测量器具的示值却偏离零位的误差即零位误差，也就是调整误差。

(4) 观测误差　由于测量过程中观测者主观判断不当所引起的测量误差。

(5) 环境误差　由于测量过程中环境状态变化所引起的测量误差。

其中，调整误差和观测误差都是由于观测者主观因素或操作失误所引起的，因此，常将它们合称为人员误差。

3. 根据误差的表示方法分类

根据误差的表示方法不同，测量误差可分为以下几类。

(1) 绝对误差　直接用式(1-2)表示的误差。它与被测量具有相同的量纲和单位。

(2) 相对误差　相对误差的表示式为

$$\text{相对误差}=\frac{\text{误差}}{\text{真值}}\times 100\% \tag{1-3}$$

当误差值较小时，可采用

$$\text{相对误差}\approx\frac{\text{误差}}{\text{测量结果}}\times 100\% \tag{1-4}$$

显然，相对误差是无量纲量，其值描述了误差与真值的比值大小。

例 1.1　设真值 $x_0=2.00\ \text{mm}$，测量结果 $x=1.99\ \text{mm}$，求其绝对误差和相对误差。

解
$$\text{绝对误差}=(1.99-2.00)\ \text{mm}=-0.01\ \text{mm}$$
$$\text{相对误差}=(-0.01/2.00)\times 100\%=-0.5\%$$

(3) 引用误差　引用误差是指测量器具的绝对误差(示值误差)与测量器具的引用值的比值，用符号 γ_m 表示，即有

$$\gamma_\text{m}=\frac{\Delta x}{x_\text{m}}\times 100\% \tag{1-5}$$

引用值一般是指测量器具的标称范围的上限。例如，某温度计的标称范围为 $-30\sim+60$ ℃，其量程为 90 ℃，引用值为 60 ℃。

引用误差一般只用于表示测量器具的特性，常将最大引用误差去掉百分号之后的数值的绝对值用来表示测量器具的精确度等级。例如，某个测量器具的最大引用误差为 1.5%，则其精确度等级为 1.5 级。

例 1.2　测量范围为 0～150 V 的 0.5 级电压表，经更高等级标准电压表校准，在示值为 100.0 V 时，测得实际电压为 99.1 V，问该电压表是否合格？

解　示值为 100.0 V 时的绝对误差为

$$\Delta x=(100.0-99.1)\ \text{V}=0.9\ \text{V}$$

该电压表的引用误差为

$$\gamma_m = \frac{\Delta x}{x_m} \times 100\% = \frac{0.9}{150} \times 100\% = 0.6\%$$

0.5 级电压表允许的最大引用误差为 0.5%,因 0.6%>0.5%,所以该电压表不合格。

(4) 分贝误差　分贝误差的定义为

$$分贝误差 = 20 \times \lg \frac{测量结果}{真值} \tag{1-6}$$

单位为分贝(dB)。分贝误差本质上是无量纲量,是一种特殊形式的相对误差。当测量结果等于真值时,分贝误差为零。

1.3.3　测量结果的可信程度

由于测量结果中的误差是不可避免的,这就必然存在一个测量结果的可信程度的评定问题。在计量学中,常用精密度、正确度、准确度和不确定度等规范化术语来描述测量结果的可信程度。

1. 测量精密度

测量精密度描述了测量结果中随机误差大小的程度,反映了在一定条件下进行多次测量时所得结果彼此符合的程度。随机误差越小,测量结果分布越密集,测量的精密度也就越高。

2. 测量正确度

测量正确度描述了测量结果中系统误差大小的程度,是在规定条件下测量结果中所有系统误差的综合反映。系统误差越小,测量的正确度也就越高。

3. 测量准确度

测量准确度描述了测量结果和被测量真值之间的一致程度,是测量结果中系统误差和随机误差的综合反映,也可称为测量精确度或测量精度。测量结果中的系统误差和随机误差越小,说明了测量结果与被测量的真值之间的误差越小,测量结果也就越准确。

4. 测量不确定度

测量不确定度描述了测量结果的可信赖程度,是对被测量真值所处量值范围的评定。不确定度越小,测量结果的可信度越高,其使用价值就越高。只有指出测量结果的不确定度后,测量结果才有意义。因此,表示测量结果时,不仅要给出被测量的量值,还应给出该量值的不确定度。

测量不确定度的具体评定比较复杂,受篇幅限制,本书不介绍这方面的内容。

1.3.4 测量误差的传递

直接测量是一种最基本和最简便的测量方法。但在实际工作中，经常会遇到一些不能直接测量的物理量，这时只能采用间接测量。间接测量时，被测量是由其他一些直接测量量按一定的函数关系式计算而得到的。直接测量量的测量误差就是被测量的误差，那么，间接测量量的测量误差与各直接测量量的测量误差之间的关系如何呢？间接测量中，研究各直接测量量的误差（局部误差或称分项误差）与间接测量量的总误差（又称函数误差）之间相互关系的问题，称为误差的传递。

间接测量值与各个直接测量值之间可以有各种不同的函数关系，如和、差、积、商、指数及特殊函数等。但是它们必须是连续的，并且是可导的。为了简便，设各分项误差是相互独立的，即互不相关的，否则，需要引进相关系数。对于一般的直接测量，其误差通常可按独立误差处理。

1. 间接测量量的平均值的计算

将直接测量量的平均值代入间接测量量和直接测量量之间的函数关系式，便可求得间接测量量的平均值。

设各直接测量量分别为 $x_1,x_2,\cdots,x_m$，间接测量量记为 y，两者的函数关系为

$$y=f(x_1,x_2,\cdots,x_m) \tag{1-7}$$

设各直接测量量的平均值分别为 $\overline{x}_1,\overline{x}_2,\cdots,\overline{x}_m$，将它们代入式(1-7)，便可求得间接测量量的算术平均值（又称最佳估计值）为

$$\overline{y}=f(\overline{x}_1,\overline{x}_2,\cdots,\overline{x}_m) \tag{1-8}$$

2. 间接测量量的绝对误差传递

设各直接测量量的绝对误差分别为 $\Delta x_1,\Delta x_2,\cdots,\Delta x_m$，它们对间接测量量 y 都有影响。设 y 的误差为 Δy，根据式(1-7)可得到

$$\Delta y=\frac{\partial f}{\partial x_1}\Delta x_1+\frac{\partial f}{\partial x_2}\Delta x_2+\cdots+\frac{\partial f}{\partial x_m}\Delta x_m=\sum_{i=1}^{m}\frac{\partial f}{\partial x_i}\Delta x_i \tag{1-9}$$

式(1-9)称为间接测量量的绝对误差传递公式，其中$\frac{\partial f}{\partial x_i}$称为误差传递系数。

由式(1-9)还可以得到间接测量量的相对误差传递公式为

$$\begin{aligned}\frac{\Delta y}{y}&=\frac{\partial f}{\partial x_1}\left(\frac{\Delta x_1}{y}\right)+\frac{\partial f}{\partial x_2}\left(\frac{\Delta x_2}{y}\right)+\cdots+\frac{\partial f}{\partial x_m}\left(\frac{\Delta x_m}{y}\right)\\&=\sum_{i=1}^{m}\frac{\partial f}{\partial x_i}\left(\frac{\Delta x_i}{y}\right)\end{aligned} \tag{1-10}$$

3. 标准偏差的传递公式

设$\sigma_1, \sigma_2, \cdots, \sigma_m$分别为直接测量量$x_1, x_2, \cdots, x_m$的标准偏差,则间接测量量$y$的标准偏差为

$$\begin{aligned}\sigma_y &= \sqrt{\left(\frac{\partial f}{\partial x_1}\right)^2 \sigma_1^2 + \left(\frac{\partial f}{\partial x_2}\right)^2 \sigma_2^2 + \cdots + \left(\frac{\partial f}{\partial x_m}\right)^2 \sigma_m^2} \\ &= \sqrt{\sum_{i=1}^{m} \left(\frac{\partial f}{\partial x_i}\right)^2 \sigma_i^2} \end{aligned} \tag{1-11}$$

式(1-11)称为间接测量量的标准偏差的传递公式,它解决了如何由各分项的标准偏差来计算函数y的总标准偏差问题。

1.4 测量结果的表达方式

由误差的相关理论可知,每次测量都存在一个误差值,而这个误差值的影响因素有很多,其中就包含有随机因素。显然,单凭一次测量是无法准确表示测量结果的。只有通过多次重复测量,然后对这些测量数据进行处理和概率统计分析之后,才能得到测量结果比较合理的表达方式。

1.4.1 测量数据的处理和概率统计分析

1. 测量数据的处理

测量过程中有许多因素会造成误差,使得测量数据的分布变得很复杂。严格而言,在大多数情况下,测量数据都不会是正态分布的。但是,误差分析中的大多数公式却是建立在正态分布的基础上的。为了正确使用这些公式,必须在测量过程中注意发现和消除系统误差,检验数据是否服从正态分布。

测量数据往往还会由于意外原因出现粗大误差,尽管概率比较小,但是对测量结果的影响则比较大。因此,应该运用概率分析和现场分析的方法将粗大误差剔除。

总之,由于测量数据分布情况复杂,应该经过消除系统误差、正态性检验和剔除粗大误差这三项处理之后,才能对测量数据作进一步的处理。至于这三项处理的详细知识请参阅其他资料。本书后续内容的讨论都是建立在测量数据已完成了这三项处理的基础之上的。

2. 测量数据的概率统计分析

1）样本算术平均值 $\overline{x}$

每次测量将获得一个测量值，它是测量随机数据总体中的一个个体实现。在相同条件下对同一个量重复进行 n 次测量，将获得一组测量值 $x_i(i=1,2,\cdots,n)$。这组测量值是随机数据总体的一个样本实现，称为测量样本，其容量为 n。测量样本的算术平均值 $\overline{x}$ 为

$$\overline{x}=\frac{x_1+x_2+\cdots+x_n}{n}=\frac{\sum_{i=1}^{n}x_i}{n} \tag{1-12}$$

设 x_0 为真值，δ 为随机误差，可得

$$\delta_1=x_1-x_0,\delta_2=x_2-x_0,\cdots,\delta_n=x_n-x_0$$

因此，可得

$$\sum\delta_i=\sum x_i-nx_0 \tag{1-13}$$

由随机误差的特性可知：

当 $n\to\infty$ 时，$\sum\delta_i\to 0,\sum x_i=nx_0$

即
$$x_0=\frac{\sum x_i}{n}=\overline{x} \tag{1-14}$$

由此可见，对某一量进行无数次测量时，所有测量值的算术平均值就等于真值。事实上，作无限次测量是不可能的。但是，如果进行有限次测量，可以证明，各次测量值的算术平均值是最接近被测量的最佳值。各次测量值的算术平均值 $\overline{x}$ 可以看做是总体期望值 μ（即真值 x_0）的无偏估计值，即 $\hat{\mu}=\overline{x}$。因此，将 $\overline{x}$ 作为被测量真值 x_0 的最佳估计值是可靠的，而且也是合理的。

2）样本标准偏差 S

测量值的算术平均值虽能表示测量结果，但不能表示各次测量值的精密度。为此，需要引进标准偏差的概念。

测量样本的标准偏差 S 的计算公式为

$$S=\sqrt{\frac{\sum_{i=1}^{n}(x_i-\overline{x})^2}{n-1}} \tag{1-15}$$

样本标准偏差 S 和总体标准偏差 σ 是不一样的，但它确实是总体标准偏差

σ 的无偏估计值,即 $\hat{\sigma}=S$。

3) 样本算术平均值的标准偏差 $\sigma_{\overline{x}}$

设在相同的条件下,对某量重复地进行 k 组的"n 次测量",即得到 k 个测量样本。每组的"n 次测量"即每个样本的算术平均值 $\overline{x}_j(j=1,2,\cdots,k)$ 并不完全相同,但都围绕着真值 x_0 波动,波动范围比单次测量的范围要小。实际上,样本算术平均值 $\overline{x}$ 仍然是服从正态分布的随机变量。算术平均值 $\overline{x}$ 的数学期望是总体期望 μ,它的标准偏差 $\sigma_{\overline{x}}$ 与总体标准偏差 σ 之间的关系为

$$\sigma_{\overline{x}}=\frac{\sigma}{\sqrt{n}} \tag{1-16}$$

当以单个样本的标准偏差 S 作为总体标准偏差 σ 的无偏估计值时,即 $\hat{\sigma}=S$,则算术平均值 $\overline{x}$ 的标准偏差的无偏估计值为

$$\hat{\sigma}_{\overline{x}}=\frac{S}{\sqrt{n}} \tag{1-17}$$

1.4.2 测量结果的表达方式

1. 基于极限误差的表达方式

基于极限误差的测量结果的表达式为

$$x_0=\overline{x}\pm\delta_{\max} \tag{1-18}$$

式中:$\delta_{\max}$ 为极限误差,即测量的绝对误差的绝对值不超过此极限。严格来说,$\delta_{\max}$ 不是误差而是误差临界值,$\pm\delta_{\max}$ 是误差不得超出的范围。从概率统计学知识来看,规定任一个界限,必定给出被超出的概率。对于式(1-18)描述的表达式,其默认的被超出概率为零,而要做到这一点,只能将 $\delta_{\max}$ 加大。过大的 $\delta_{\max}$ 是不合理的,致使无法说明精确度。因此,这种表达方式会逐渐不被采用。

2. 基于 t 分布的表达方式

如果测量值 x 服从正态分布 $N(\mu,\sigma^2)$,则测量样本 $x_i(i=1,2,\cdots,n)$ 的基于 t 分布的测量结果的表达式为

$$x_0=\overline{x}\pm t_\beta\hat{\sigma}_{\overline{x}}\quad(\text{置信概率为}\ \beta) \tag{1-19}$$

式中:t_β 表示置信概率为 β、自由度为 $\nu(\nu=n-1)$ 的 t 分布值,可从 t 分布表(见表 1.1)中查得。这种表达方式表示真值处于区间 $[\overline{x}-t_\beta\hat{\sigma}_{\overline{x}},\overline{x}+t_\beta\hat{\sigma}_{\overline{x}}]$ 内的概率为 β。

置信概率 β 取值的选择因行业而异,通常在工业技术领域中取 0.95,在物理学中取 0.682 6,在生物学中取 0.99。

表 1.1　t 分布的 t_β 数值表

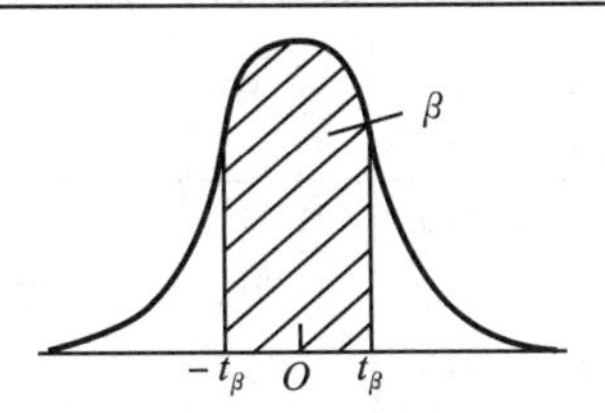

ν \ β	0.6	0.7	0.8	0.9	0.95	0.98	0.99	0.999
1	1.376	1.963	3.078	6.314	12.706	31.821	63.657	636.619
2	1.061	1.386	1.886	2.920	4.303	6.965	9.925	31.598
3	0.978	1.250	1.638	2.353	3.182	4.541	5.841	12.924
4	0.941	1.190	1.533	2.132	2.776	3.747	4.604	8.610
5	0.920	1.156	1.476	2.051	2.571	3.365	4.032	6.85
6	0.906	1.134	1.440	1.943	2.447	3.143	3.707	5.959
7	0.896	1.119	1.415	1.895	2.365	2.998	3.499	5.405
8	0.889	1.108	1.397	1.860	2.306	2.896	3.355	5.041
9	0.883	1.100	1.383	1.833	2.262	2.821	3.250	4.781
10	0.879	1.093	1.372	1.812	2.228	2.764	3.169	4.587
11	0.876	1.088	1.363	1.796	2.201	2.718	3.106	4.437
12	0.873	1.083	1.356	1.782	2.179	2.681	3.055	4.318
13	0.870	1.079	1.350	1.771	2.160	2.650	3.012	4.221
14	0.868	1.076	1.345	1.761	2.145	2.624	2.977	4.140
15	0.866	1.074	1.341	1.753	2.131	2.602	2.947	4.073
16	0.865	1.071	1.337	1.746	2.120	2.583	2.921	4.015
17	0.863	1.069	1.333	1.740	2.110	2.567	2.898	3.965
18	0.862	1.067	1.330	1.734	2.101	2.552	2.878	3.922
19	0.861	1.066	1.328	1.729	2.093	2.539	2.861	3.883
20	0.860	1.064	1.325	1.725	2.086	2.528	2.845	3.850
21	0.859	1.063	1.323	1.721	2.080	2.518	2.831	3.819
22	0.858	1.061	1.321	1.717	2.074	2.508	2.819	3.792
23	0.858	1.060	1.319	1.714	2.069	2.400	2.807	3.767
24	0.857	1.059	1.318	1.711	2.064	2.492	2.797	3.745
25	0.856	1.058	1.316	1.708	2.060	2.585	2.787	3.725

续表

β / ν	0.6	0.7	0.8	0.9	0.95	0.98	0.99	0.999
26	0.856	1.058	1.315	1.706	2.056	2.479	2.779	3.707
27	0.855	1.057	1.314	1.703	2.052	2.734	2.771	3.690
28	0.855	1.056	1.313	1.701	2.048	2.467	2.763	3.674
29	0.854	1.055	1.311	1.699	2.045	2.462	2.756	3.659
30	0.854	1.055	1.310	1.697	2.042	2.457	2.750	3.646

例 1.3 做某批材料的抗拉极限试验,测得 5 个样品的拉断力 F_i 分别为 7 890 N、8 130 N、8 180 N、8 200 N 和 8 020 N。要求置信概率为 0.95,试求出该批材料抗拉极限的试验结果。

解 以样本平均值 $\overline{F}$ 作为该批材料拉断力的估计值

$$\overline{F}=\frac{\sum_{i=1}^{5}F_i}{5}=8\ 084\ \text{N}$$

$\overline{F}$ 的标准偏差的估计值为

$$\hat{\sigma}_{\overline{F}}=\sqrt{\frac{\sum_{i=1}^{5}(F_i-\overline{F})^2}{5(5-1)}}=58\ \text{N}$$

由 $\beta=0.95$,$\nu=4$,查表 1.1 得 $t_{0.95}=2.776$。

最后的测量结果为

$$F_0=(8\ 084\pm 2.776\times 58)\ \text{N}=(8\ 084\pm 161)\ \text{N}\quad(\text{置信概率为 }0.95)$$

从理论上来说,这种测量结果的表达方式是合理的,因为它能同时说明准确度和置信概率,物理意义很明确。很明显,如果 $t_\beta\hat{\sigma}_{\overline{x}}$ 很小而 β 又很大,则表明测量结果既精确又可信。但是这种表达方式却与测量数据所服从的概率分布密切有关,其解释受到所服从的概率分布的限制。

3. 基于不确定度的表达方式

基于不确定度的表达方式为

$$\text{测量结果}=\text{样本平均值}\pm\text{不确定度}\tag{1-20}$$

在直接测量的情况下,不确定度可用样本平均值 $\overline{x}$ 的标准偏差 $\sigma_{\overline{x}}$ 来表征。再根据式(1-17),可得基于不确定度的测量结果的表达式为

$$x_0=\overline{x}\pm\hat{\sigma}_{\overline{x}}=\overline{x}\pm\frac{S}{\sqrt{n}}\tag{1-21}$$

这种表达式是近年来国内外推行的测量结果的表达方式。

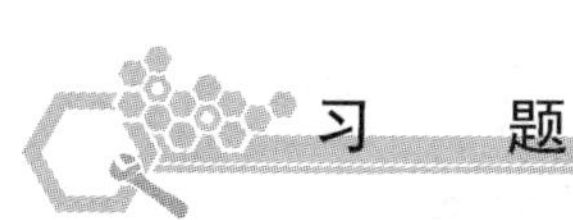

习　题

1.1 叙述我国法定计量单位的基本内容。

1.2 简述测量误差的定义、分类和表示方法。

1.3 用量程为 150 V 的 0.5 级电压表和量程为 30 V 的 1.5 级电压表分别测量 25 V 的电压，试问哪一个测量准确度高？为什么使用电压表时应尽可能在电压表量程上限的 2/3 以上使用？

1.4 常用的测量结果的表达方式有哪 3 种？对某量进行了 8 次测量，测得值分别为 82.40、82.43、82.50、82.48、82.45、82.38、82.42、82.46。试用第三种表达方式表示其测量结果。

第2章 信号的描述与分析

2.1 概述

在科学研究和生产过程中，经常要对许多客观存在的物体或物理过程进行观察，这些客观存在的事物包含着大量标志其本身所处的时间和空间特征的数据，这就是该事物的“信息”。信息的获取、传输和交换已经成为人类最基本的社会活动之一。信息是多种多样、丰富多彩的，其具体物理形态也千差万别，如语音信息、视觉信息等，人类要正确地获取和传输信息，必须借助信息的载体——信号。例如，语音信息表现为声压信号，视觉信息表现为图像亮度和色彩的变化等。信号是信息的载体，它是物理性的，具有能量，信号中蕴含着分析和解决问题所需要的信息。

信号分为静态信号和动态信号。

静态信号指随时间不变或变化极缓慢的信号，也称为静态量。例如用直尺测量平板长度，平板长度不随时间变化，是静态信号。一旦直尺被定位好，其指示的长度马上就能读出来。平板的长度这个静态信号通过直尺测量出来的值来解释。第1章中关于测量误差的分析和测量结果的表达主要就是针对被测量是静态信号的情况。

动态信号指随时间变化的测试信号，也称为动态量。例如汽车在路上行驶的速度。在实际的应用中，信号一般指的是动态信号。本书中随后提到的信号如果没有特别说明指的均是动态信号。

工程师对物理量（信号）进行测试时面临着三个任务：

（1）了解被测信号的特性；

（2）选择测试系统；

(3) 解释和分析测试系统的输出信号。

了解被测信号是选择测试系统的前提。在选择测量汽车轮胎中气压的胎压计时,轮胎中的气压可以认为是静态信号(静态量),了解轮胎中气压的最大可能值,即可选择量程满足需要的胎压计。轮胎中的气压的可能最大值对于选择测试装置来说是最基础的,表明了对输入信号本质的理解。但如果要测量汽车发动机汽缸中的压力该怎么办呢?汽缸中的压力是随时间变化的动态信号,选择测试系统时,除了了解压力的最大值之外,还必须知道汽缸中压力变化的信息,即压力变化的快慢(信号的频率信息)。在这个例子中可以从热力学和发动机的速度范围估计出压力期望值的大小和它的频率,再来选择满足要求的测试系统,相关知识见第 3 章。对于测试后获得的输出还要进行解释和分析,可能是时域分析,例如统计分析和相关分析;也可能是频域的频谱分析等。本章的重点是研究信号的频谱分析方法。

2.1.1 信号的分类

信号的分类方法有很多。按数学关系可分为确定性信号和非确定性信号(又称随机信号),按取值特征可分为连续信号和离散信号,按能量和功率可分为能量信号和功率信号,按所具有的时间函数特性和频率函数特性可分为时限信号与频限信号,按取值是否为实数可分为实信号与复信号,按处理分析的域可分为时域信号与频域信号等。

1. 确定性信号与随机信号

根据信号的时域特性,信号分类如图 2.1 所示。

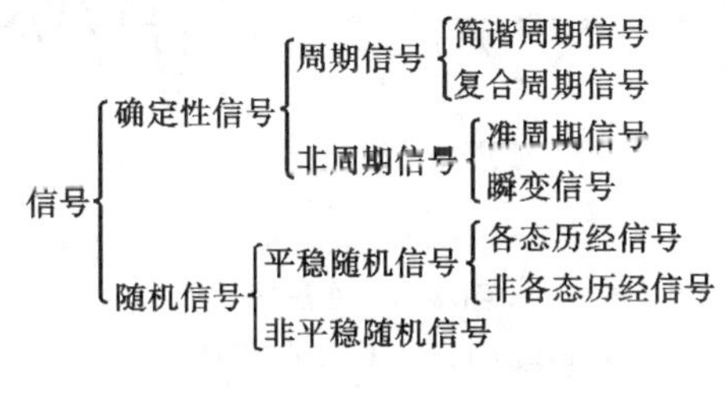

图 2.1 信号分类

1) 确定性信号

能用明确的数学关系式表达的信号称为确定性信号。确定性信号根据它的波形是否有规律地重复再现可分为周期信号和非周期信号。

(1) 周期信号 是指按一定周期重复的信号,其满足下面的关系式

$$x(t) = x(t + kT) \tag{2-1}$$

式中:T 为周期信号的周期。

周期信号包括简谐周期信号和复合周期信号。

① 简谐周期信号简称简谐信号,是指按正弦或余弦规律随时间变化的信号。简谐信号的一般表达式为

$$x(t)=A\sin(\omega t+\varphi) \tag{2-2}$$

式中:A 为简谐信号的幅值;ω 为简谐信号的角频率;φ 为简谐信号的初相位。简谐信号的周期 T 与角频率 ω 的关系为 $T=2\pi/\omega$;简谐信号的频率为周期的倒数,即 $f=1/T$。简谐信号的波形如图 2.2(a)所示。

② 复合周期信号是指由若干频率之比为有理数的简谐信号组合而成的信号。如 $x(t)=\sin3t+\cos t$。

(2) 非周期信号　是指没有按一定周期重复的信号,包括准周期信号和瞬变信号。

① 准周期信号由不同频率的简谐信号合成,且各简谐分量的频率之比不全是有理数。例如 $x(t)=\sin3t+\sin\sqrt{2}t$,两个正弦成分的周期分别为 $2\pi/3$ 和 $\sqrt{2}\pi$,两者没有共同周期,两者的频率之比也不是有理数。

② 瞬变信号具有瞬变性,是指持续时间有限,或随着时间的增加而幅值衰减至零的信号。例如衰减振荡信号 $x(t)=e^{-at}\sin\omega_0 t(a>0,t>0)$,其波形如图 2.2(b)所示。

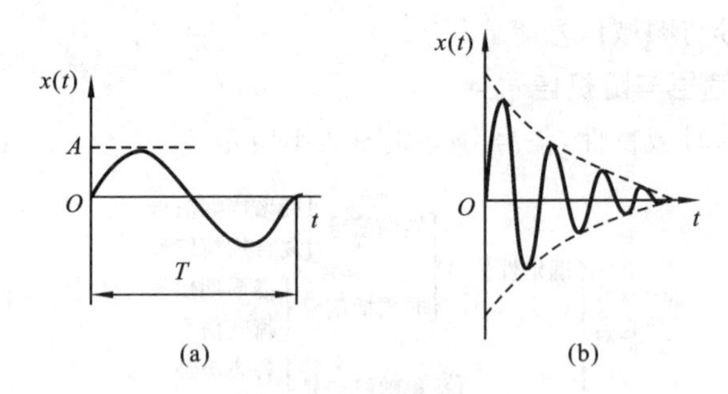

图 2.2　波形图

(a)简谐信号;(b)衰减振荡信号

2) 随机信号

随机信号又称非确定性信号,是指不能准确预测其未来瞬时值,也不能用确定的数学关系式来描述的信号。对于随机信号的任何一次观测值只代表其变动范围中可能产生的结果之一,但其值的变化服从统计规律,具有某些统计特征,可以采用概率统计的方法对其进行描述。

若将随机信号按时间历程所进行的各次长时间观测记录称为样本函数,记

作 $x_i(t)$，如图 2.3 所示，则样本函数在有限时间上的观测记录称为样本记录。在同一实验条件下全部样本函数的集合(总体)就是随机过程，记作$\{x(t)\}$，即

$$\{x(t)\} = \{x_1(t), x_2(t), \cdots, x_i(t), \cdots\}$$

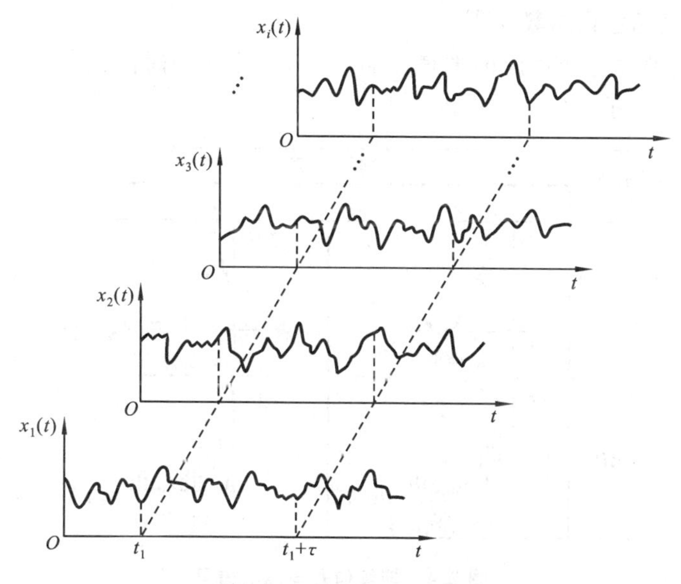

图 2.3 随机过程与样本函数

随机过程的各种平均值(如均值、方差、均方值等)是按集合平均来计算的。集合平均的计算不是沿某个样本函数的时间轴进行的，而是将集合中所有样本函数对同一时刻 t_i 的观测值取平均值。例如，图 2.3 中 t_1 时刻的集合平均为

$$\mu_x(t_1) = \frac{\lim\limits_{N\to\infty}\sum\limits_{i=1}^{N} x_i(t_1)}{N}$$

为了与集合平均相区别，把按单个样本函数的时间历程进行平均的计算称为时间平均。图 2.3 中的样本函数 $x_1(t)$ 的时间平均为

$$\mu_x = \lim_{T\to\infty}\frac{1}{T}\int_0^T x_1(t)\,\mathrm{d}t$$

随机信号可以分成平稳随机过程和非平稳随机过程两大类。平稳随机过程是指其统计特征参数不随时间而变化的随机过程，否则为非平稳随机过程。在平稳随机过程中，若任一单个样本函数的时间平均统计特征等于该过程的集合平均统计特征，这样的平稳随机过程称为各态历经(遍历)随机过程。对于各态历经过程，上面两式求得的集合平均和时间平均应该相等，即 $\mu_x(t_1) = \mu_x$。

工程上遇到的随机信号很多具有各态历经性，有的虽不是严格的各态历经

过程，但可以近似当成各态历经随机过程来处理。在测试工作中常以一个或几个有限长度的样本记录来推断整个随机过程，以其时间平均来估计集合平均。在本书以后的讨论中，随机信号如无特殊说明，均指各态历经的随机信号。

2. 连续信号和离散信号

信号按照独立变量时间取值是否连续，分为连续时间信号和离散时间信号，如图 2.4 所示。

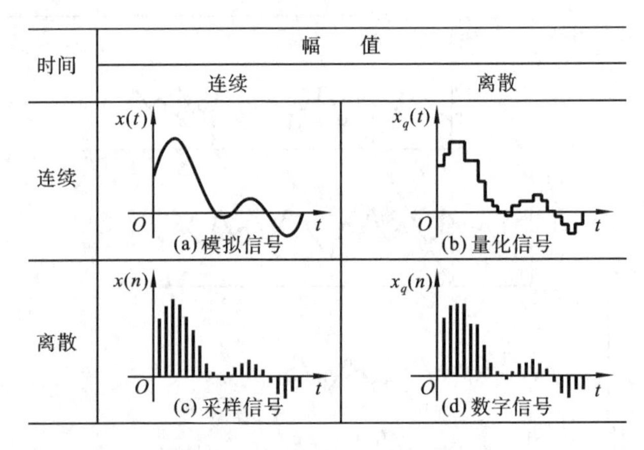

图 2.4　连续信号与离散信号

1）连续时间信号

连续时间信号是指在所指定的时间区间内，除若干间断点外，对任意时间都给出确定函数值的信号。连续时间信号的幅值可以是连续的，也可以是离散的(只能取某些规定值)。时间和幅值都为连续的信号称为模拟信号(见图 2.4(a))。在实际应用中，连续信号与模拟信号两词通常不加区分。时间连续而幅值离散的信号称为量化信号(见图 2.4(b))。

2）离散时间信号

离散时间信号是指在所指定的时间区间内，时间是离散的，即只在某些特定的时刻才具有确定函数值的信号。如果离散时间信号是由某一连续信号离散化得到的，其幅值是连续信号上的一些离散的点，则该离散信号称为采样信号(见图 2.4(c))。采样信号的时间是离散的，而幅值是连续的。如果离散时间信号的幅值被限定为某些离散值，这类信号称为数字信号(见图 2.4(d))。例如二进制数码表示的信号就是数字信号。

3. 能量信号和功率信号

在非电量测量中，常把被测的机械量(位移、速度等)转换为电信号来加以处理。对于电压信号 $x(t)$，将其加到单位电阻($R=1\ \Omega$)上，其瞬时功率 $P(t)=$

$x^2(t)/R=x^2(t)$。瞬时功率对时间的积分就是信号在该积分时间内的能量。即信号 $x(t)$的平方 $x^2(t)$称为信号的功率；$x^2(t)$对时间的积分 $\int x^2(t)\mathrm{d}t$ 称为信号的能量。

当信号 $x(t)$的能量满足关系式

$$\int_{-\infty}^{\infty} x^2(t)\mathrm{d}t < \infty \tag{2-3}$$

时，则认为信号的能量是有限的，并将其称为能量有限信号，简称能量信号或能限信号。瞬变信号为能量信号。

当信号在区间$(-\infty,\infty)$的能量是无限的，即

$$\int_{-\infty}^{\infty} x^2(t)\mathrm{d}t \to \infty$$

但它在有限区间(t_1,t_2)的平均功率是有限的，即

$$\frac{1}{t_2-t_1}\int_{t_1}^{t_2} x^2(t)\mathrm{d}t < \infty \tag{2-4}$$

这种信号称为平均功率有限信号，简称功率信号或功限信号。如各种周期信号、常值信号、阶跃信号等。

4. 时限信号与频限信号

时限信号是指在时域有限区间内有定义，而在区间外恒等于零的信号。例如，矩形脉冲、三角脉冲等即为时限信号。若信号在整个时域区间内有定义，则将此信号称为时域无限信号。前面所述的周期信号、随机信号等都是时域无限信号。

频限信号是指在频域内占据一定的带宽，而其外恒等于零的信号，又称为带限信号。例如，正弦信号、限带白噪声等。若信号在频域内的带宽延伸至无穷区间，则称为频域无限信号。

5. 实信号和复信号

物理可实现的信号都是时间的实数，其在各时刻的函数值均为实数，称为实信号，如简谐信号、阶跃信号等。

虽然实际上不能产生复信号，但为了理论分析的需要，常常利用复信号的概念。下面回顾有关复数的基本概念。

复数 $z=x+\mathrm{j}y$ 由一对有序的实数(x,y)唯一确定，它与复平面上坐标为(x,y)的点是一一对应的，如图 2.5 所示，横轴为实轴，纵轴为虚轴。

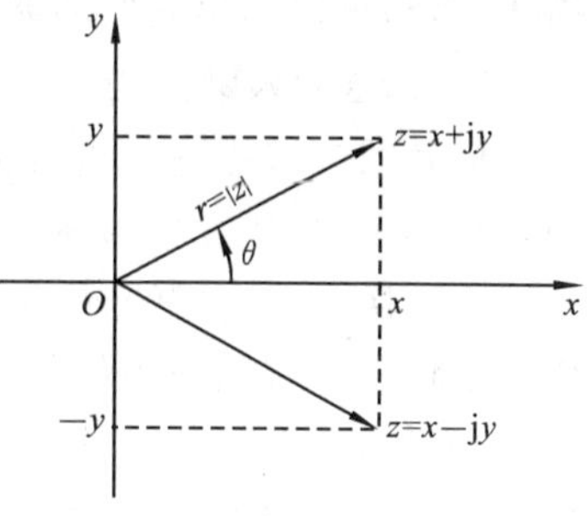

图 2.5　复平面

在复平面中，称向量 z 的长度为复数的模或绝对值，记作

$$|z| = r = \sqrt{x^2 + y^2}$$

当 $z \neq 0$ 时,把向量 $\boldsymbol{z}$ 与横轴正向的夹角 θ 称为复数的辐角,于是有

$$x = r\cos\theta, \quad y = r\sin\theta$$

复数 $z = x + \mathrm{j}y$ 通常称为复数的代数表达式,由上式和欧拉公式($\mathrm{e}^{\mathrm{j}\theta} = \cos\theta + \mathrm{j}\sin\theta$)可分别写出复数三角函数形式和复指数形式,即

$$z = r(\cos\theta + \mathrm{j}\sin\theta) = r\mathrm{e}^{\mathrm{j}\theta}$$

复数信号中最常用的是复指数信号 $z = r\mathrm{e}^{\mathrm{j}\theta}$。

信号的分类非常多,在此不一一讨论。

2.1.2 信号的描述

1. 信号的时域描述

信号的时域描述主要反映信号的幅值随自变量(时间)变化的特征,可以用数学函数和波形来描述。

1) 信号的数学描述

数学上,信号可以描述为一个或若干个自变量的函数或序列的形式。比如信号 $x(t)$,其中,t 是抽象化了的自变量,它可以是时间,也可以是空间。为叙述方便,称单自变量的一维信号为时间信号,而两个自变量的二维信号为空间信号。需要指出的是,这里的时间和空间是抽象化了的概念。书中的信号是以时间 t 为自变量的一维信号。

2) 信号的波形描述

信号的另外一种时域描述是波形描述。信号的形状和形式称为波形。按照函数随自变量 t 的变化关系,可以把信号的波形画出来。波形包含了振幅和频率的信息,振幅代表了输入量的大小,频率代表了信号随时间变化的方式。和信号的函数描述方式相比,波形描述方式更直观。有些信号无法用数学函数描述,但却可以画出它们的波形。

2. 信号的频域描述

信号的频域描述是指将信号的时间域描述转换成对应频域中的某个变量的函数,以此来研究信号的频域特性。对于连续信号来说,常采用傅里叶变换和拉氏变换方法。“频谱”是利用傅里叶变换方法得到的频率的函数。傅里叶变换法将一个时域描述的信号分解成一系列基本信号(如正弦信号、复指数信号)的叠加,从频率分布的角度出发研究信号的结构及各种频率成分的幅值和相位关系。例如方波可看成由一系列频率不等的正弦波叠加而成。图 2.6 形象地描述了周期方波信号的时域与频域(相位、幅值)之间的关系。

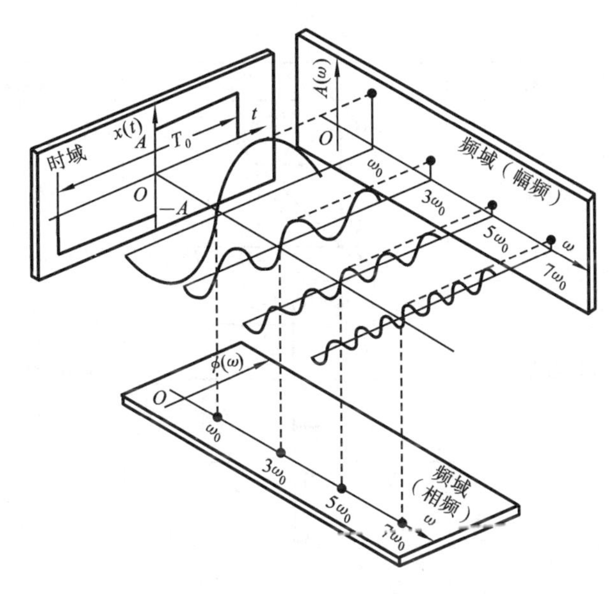

图 2.6 周期方波信号的时域与频域描述

信号的时、频域描述是可以相互转换的，而且包含有同样的信息量。采用时域还是频域来描述信号，完全取决于不同测试任务的需要。时域描述直观地反映信号随时间变化的情况，频域描述则侧重描述信号的结构，即信号所包含的频率分量。但无论采用哪一种描述法，同一信号均含有相同的信息，不会因采取的描述方法不同而增添或减少原信号的信息量。

2.1.3 信号分析中的常用信号

信号分析中的常用信号见表 2.1。

表 2.1 常用信号的函数表达式与波形

序　号	信号名称	波　　形	函数表达式
1	简谐信号(正弦)	x(t), O, t	$x(t)=A\sin(\omega t+\varphi)$
2	单位阶跃信号	u(t), 1, O, t	$u(t)=\begin{cases}1, & t>0\\0, & t\leqslant 0\end{cases}$

续表

序　号	信号名称	波　形	函数表达式
3	单位斜坡信号	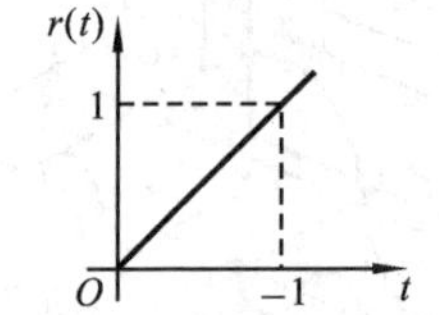	$r(t)=\begin{cases}0, & t<0\\ t, & t\geqslant 0\end{cases}$
4	符号函数信号	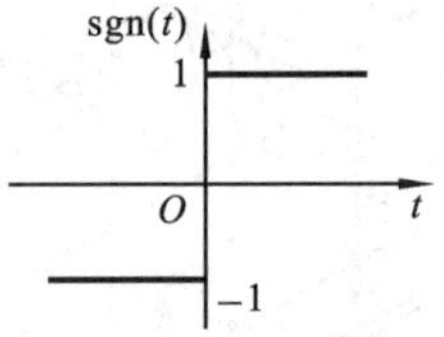	$\mathrm{sgn}\ (t)=\begin{cases}-1, & t<0\\ 0, & t=0\\ 1, & t>0\end{cases}$
5	单位脉冲信号	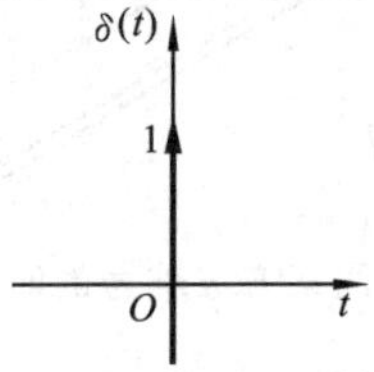	$\delta(t)=\begin{cases}\infty, & t=0\\ 0, & t\neq 0\end{cases}$ $\int_{-\infty}^{\infty}\delta(t)\mathrm{d}t=1$
6	矩形窗函数信号	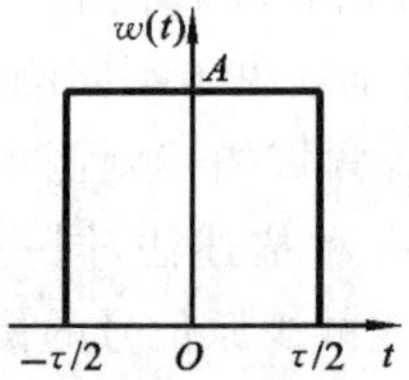	$w(t)=\begin{cases}A, & \lvert t\rvert\leqslant\tau/2\\ 0, & \lvert t\rvert>\tau/2\end{cases}$

2.2　信号的时域统计分析

对信号进行时域统计分析，可以求得信号的各种平均值，包括均值、方差、均方值等参数。随机过程的各种平均值是按集合平均来计算的。对于各态历经随机过程，其各种均值的集合平均等于单个样本函数的时间平均，因此，可以通过单个样本函数的时间平均来求得各态历经过程的各种平均值。下面的时域统计分析是针对各态历经的随机过程，设 $x(t)$ 为各态历经过程的一个样本函数。

1. 均值

对于一个各态历经过程，其均值 μ_x 定义为

$$\mu_x = \lim_{T\to\infty} \frac{1}{T}\int_0^T x(t)\mathrm{d}t \tag{2-5}$$

式中：T 为样本观测时间。均值 μ_x 表示信号的常值分量。

2. 方差

随机信号的方差 σ_x^2 定义为

$$\sigma_x^2 = \lim_{T\to\infty} \frac{1}{T}\int_0^T [x(t)-\mu_x]^2\mathrm{d}t \tag{2-6}$$

方差 σ_x^2 表示随机信号的波动分量，它描述了信号 $x(t)$ 偏离其均值 μ_x 的程度。方差的平方根 σ_x 称为标准偏差。

3. 均方值

均方值 ψ_x^2 描述了随机信号的强度，它是 $x(t)$ 的平方的均值，即

$$\psi_x^2 = \lim_{T\to\infty} \frac{1}{T}\int_0^T x^2(t)\mathrm{d}t \tag{2-7}$$

均方值 ψ_x^2 的正平方根称为均方根值 x_{rms}，常称为有效值，表达式为

$$x_{\mathrm{rms}} = \sqrt{\lim_{T\to\infty} \frac{1}{T}\int_0^T x^2(t)\mathrm{d}t} \tag{2-8}$$

均值、方差和均方值的相互关系是

$$\sigma_x^2 = \psi_x^2 - \mu_x^2 \tag{2-9}$$

当均值 $\mu_x=0$ 时，则 $\sigma_x^2=\psi_x^2$，$\sigma_x=x_{\mathrm{rms}}$。

σ_x^2 描述了信号的波动大小，对应电信号中交流成分的功率；μ_x^2 描述了信号的常值分量，对应电信号中直流成分的功率。

实际工程中，常常以有限长的样本记录来替代无限长的样本函数。用有限长度的样本函数计算出来的特征参数均为理论参数的估计值，因此，随机过程的均值、方差和均方值的估计公式为

$$\begin{cases} \hat{\mu}_x = \dfrac{1}{T}\displaystyle\int_0^T x(t)\mathrm{d}t \\ \hat{\sigma}_x^2 = \dfrac{1}{T}\displaystyle\int_0^T [x(t)-\hat{\mu}_x]^2\mathrm{d}t \\ \hat{\psi}_x^2 = \dfrac{1}{T}\displaystyle\int_0^T x^2(t)\mathrm{d}t \end{cases} \tag{2-10}$$

对于周期信号，其各种平均值（如均值、方差、均方值等）只需要取一个周期来研究，即可以用一个周期 T 内的平均值代替整个时间历程的平均值，其相应的均值、方差、均方值和有效值的表达式分别为

$$\mu_x = \frac{1}{T}\int_0^T x(t)\mathrm{d}t \tag{2-11}$$

$$\sigma_x^2 = \frac{1}{T}\int_0^T [x(t)-\mu_x]^2\mathrm{d}t \tag{2-12}$$

$$\psi_x^2 = \frac{1}{T}\int_0^T x^2(t)\mathrm{d}t \tag{2-13}$$

$$x_{\mathrm{rms}} = \sqrt{\frac{1}{T}\int_0^T x^2(t)\mathrm{d}t} \tag{2-14}$$

2.3 信号的相关分析

在信号分析中,相关是一个非常重要的概念,它描述两个信号(或一个信号不同时刻)取值之间的线性关系或相似程度。相关分析广泛地应用于随机信号的分析中,当然也可以应用在确定性信号的分析中。

1. 相关系数

对于确定性信号来说,两个变量之间的关系可以用确定的函数来描述。但两个随机变量间却不具有这种确定的关系,然而,它们之间却可能存在某种统计上可确定的物理关系,例如身高与体重。相关系数 ρ_{xy} 常用于评价两个随机变量 x 和 y 之间的线性相关程度,表达式为

$$\rho_{xy} = \frac{E[(x-\mu_x)(y-\mu_y)]}{\sigma_x\sigma_y} \tag{2-15}$$

式中:σ_x 和 σ_y 分别为 x 和 y 的标准偏差。

ρ_{xy} 的取值范围为 $|\rho_{xy}|\leqslant 1$。如图 2.7 所示,当数据点分布越接近于一条直线时,ρ_{xy} 的绝对值越接近于 1,x 和 y 的线性相关程度就越好。ρ_{xy} 的正(负)号表示一变量随另一变量的增加而增加(减小)。当 ρ_{xy} 接近于零,则可认为 x 和 y 两变量之间完全无关,但仍可能存在着某种非线性关系甚至函数关系。

1) 相关函数的定义

$x(t)$ 是某各态历经随机过程的一个样本记录,$x(t+\tau)$ 是 $x(t)$ 时移 τ 后的信号或样本,因此,$x(t)$ 和 $x(t+\tau)$ 具有相同的均值和标准偏差。将 $\rho_{x(t)x(t+\tau)}$ 简写成 $\rho_x(\tau)$,于是有

$$\rho_x(\tau) = \frac{\lim\limits_{T\to\infty}\frac{1}{T}\int_0^T [x(t)-\mu_x][x(t+\tau)-\mu_x]\mathrm{d}t}{\sigma_x^2}$$

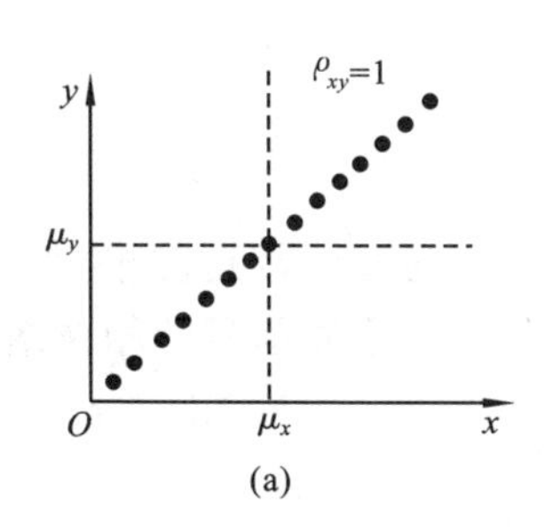

(a)

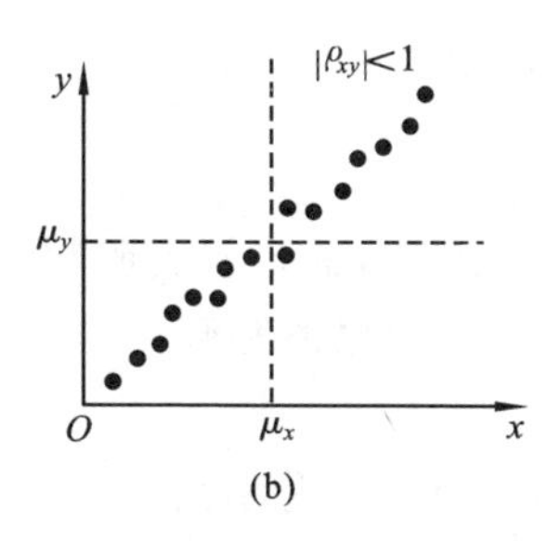

(b)

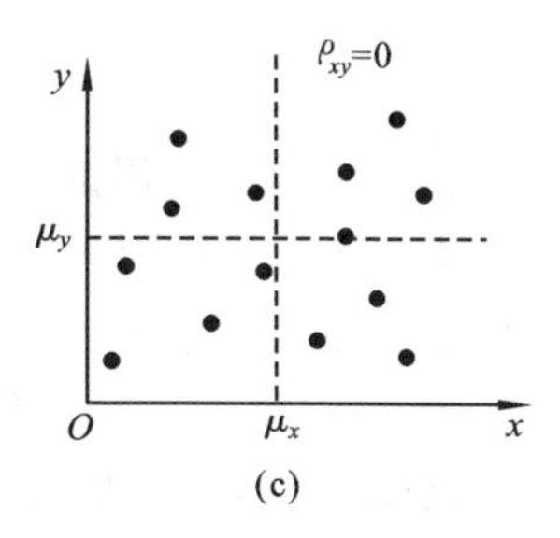

(c)

图 2.7 变量 x 和 y 的相关性

(a)精确相关;(b)中等程度相关;(c)不相关

将分子展开,并注意到

$$\lim_{T\to\infty}\frac{1}{T}\int_0^T x(t)\mathrm{d}t=\mu_x,\quad \lim_{T\to\infty}\frac{1}{T}\int_0^T x(t+\tau)\mathrm{d}t=\mu_x$$

从而得

$$\rho_x(\tau)=\frac{\lim\limits_{T\to\infty}\frac{1}{T}\int_0^T x(t)x(t+\tau)\mathrm{d}t-\mu_x^2}{\sigma_x^2}=\frac{R_x(\tau)-\mu_x^2}{\sigma_x^2}$$

其中,

$$R_x(\tau)=\lim_{T\to\infty}\frac{1}{T}\int_0^T x(t)x(t+\tau)\mathrm{d}t \tag{2-16}$$

称为 $x(t)$的自相关函数。自相关函数描述了随机信号在任意两个不同时刻取值的相关程度。

同理,可定义信号 $x(t)$和 $y(t)$的互相关函数

$$R_{xy}(\tau)=\lim_{T\to\infty}\frac{1}{T}\int_0^T x(t)y(t+\tau)\mathrm{d}t \tag{2-17}$$

互相关函数描述了两信号之间的相关情况或取值依赖关系。如果对一个理想测试系统的输入和输出信号求互相关函数,那么,互相关函数取得最大值时的 τ 值等于系统的滞后时间。

例 2.1 求正弦信号 $x(t)=A\sin(\omega t+\varphi)$的自相关函数。

解 正弦信号 $x(t)$的自相关函数为

$$R_x(\tau)=\lim_{T\to\infty}\frac{1}{T}\int_0^T x(t)x(t+\tau)\mathrm{d}t$$
$$=\frac{1}{T_0}\int_0^{T_0}A^2\sin(\omega t+\varphi)\sin[\omega(t+\tau)+\varphi]\mathrm{d}t$$

$$= \frac{A^2}{2}\cos\omega\tau$$

式中:T_0 为 $x(t)$的周期。

由以上计算结果可知,正弦信号的自相关函数是一个与原函数具有相同频率的余弦信号,它保留了原信号的幅值和频率信息,但失去了原信号的相位信息。

例 2.2 设周期信号 $x(t)$和 $y(t)$分别为

$$x(t) = A\sin(\omega t + \theta),\quad y(t) = B\sin(\omega t + \theta - \varphi)$$

式中:θ 为 $x(t)$的初始相位角;φ 为 $x(t)$与 $y(t)$的相位差。试求其互相关函数 $R_{xy}(\tau)$。

解 由于 $x(t)$、$y(t)$为周期函数,故其互相关函数为

$$\begin{aligned}R_{xy}(\tau) &= \lim_{T\to\infty}\frac{1}{T}\int_0^T x(t)y(t+\tau)\mathrm{d}t \\ &= \frac{1}{T_0}\int_0^{T_0} AB\sin(\omega t+\theta)\sin[\omega(t+\tau)+\theta-\varphi]\mathrm{d}t \\ &= \frac{1}{2}AB\cos(\omega\tau-\varphi)\end{aligned}$$

由上述结果可知,两个具有相同频率的周期信号,其互相关函数中保留了两个信号的频率 ω、对应的幅值 A 和 B,以及相位差 φ 的信息。

2)相关函数的性质

图 2.8 所示为自相关函数和互相关函数曲线。自相关函数和互相关函数具有下列性质。

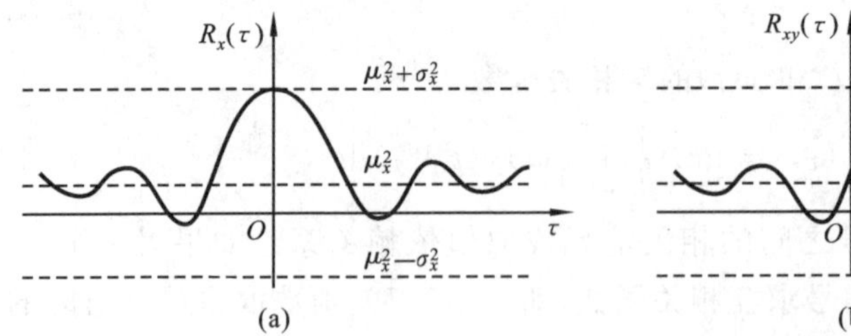

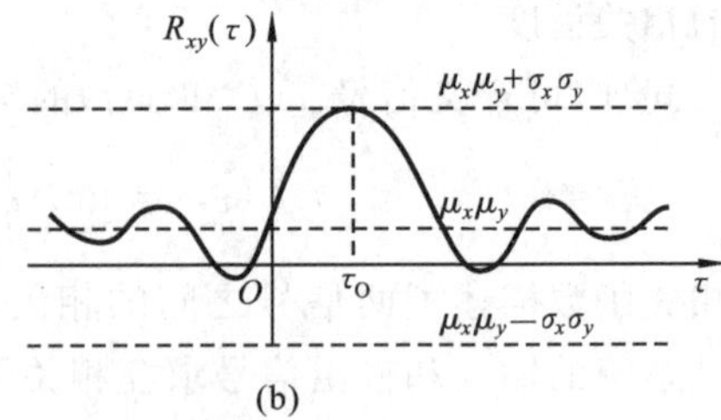

图 2.8 自相关函数和互相关函数曲线

(a)自相关函数;(b)互相关函数

(1) 根据定义,自相关函数总是 τ 的偶函数,即

$$R_x(-\tau) = R_x(\tau) \tag{2-18}$$

而互相关函数通常不是自变量 τ 的偶函数,也不是 τ 的奇函数,但有

$$R_{xy}(-\tau) = R_{yx}(\tau) \tag{2-19}$$

(2) 自相关函数总是在 $\tau=0$ 处有极大值，且等于信号的均方值，即

$$R_x(0)=R_x(\tau)|_{\max}=\psi_x^2 \tag{2-20}$$

而互相关函数的极大值一般不在 $\tau=0$ 处。

(3) 在整个时移域($-\infty<\tau<\infty$)内，自相关函数 $R_x(\tau)$ 的取值范围为

$$\mu_x^2-\sigma_x^2\leqslant R_x(\tau)\leqslant\mu_x^2+\sigma_x^2 \tag{2-21}$$

互相关函数 $R_{xy}(\tau)$ 的取值范围则为

$$\mu_x\mu_y-\sigma_x\sigma_y\leqslant R_{xy}(\tau)\leqslant\mu_x\mu_y+\sigma_x\sigma_y \tag{2-22}$$

(4) 当 τ 足够大或 $\tau\to\infty$ 时，随机变量之间不存在内在联系，彼此无关，故

$$R_x(\tau\to\infty)\to\mu_x^2,\quad R_{xy}(\tau\to\infty)\to\mu_x\mu_y$$

(5) 周期信号的自相关函数仍然是同频率的周期信号，但不具有原信号的相位信息。

(6) 两个同频率的周期信号的互相关函数仍然是同频率的周期信号，两个不同频率的周期信号互不相关，即同频相关，不同频不相关。

对于能量有限信号的相关函数如果采用式(2-16)和式(2-17)，其中的积分若除以无穷大的时间 T 后，无论时移 τ 为何值，其结果都趋于零。因此，对能量有限信号的相关函数按下式计算，即

$$R_x(\tau)=\int_{-\infty}^{\infty}x(t)x(t+\tau)\mathrm{d}t \tag{2-23}$$

$$R_{xy}(\tau)=\int_{-\infty}^{\infty}x(t)y(t+\tau)\mathrm{d}t \tag{2-24}$$

2. 相关函数的工程意义及应用

相关函数在工程中有着广泛的用途。

1) 不同类别信号的辨识

工程中常会遇到各种不同类别的信号，这些信号的类别从其时域波形往往难以辨别，但利用自相关函数则可以十分容易地加以识别。图 2.9 所示为几种不同信号的时域波形和自相关函数波形。图 2.9(a)为一正弦信号，其自相关函数也是一个周期函数，且永远不衰减；图 2.9(b)则是周期信号与随机信号叠加的情形，其自相关函数也由两部分组成，一部分为不衰减的周期信号部分，另一部分为随机信号所确定的衰减部分，而衰减的速度取决于该随机信号本身的性质；图 2.9(c)为窄带随机信号，它的自相关函数具有较慢的衰减特性；图 2.9(d)为一宽带随机信号，与窄带随机信号相比，其自相关函数会很快衰减到零。

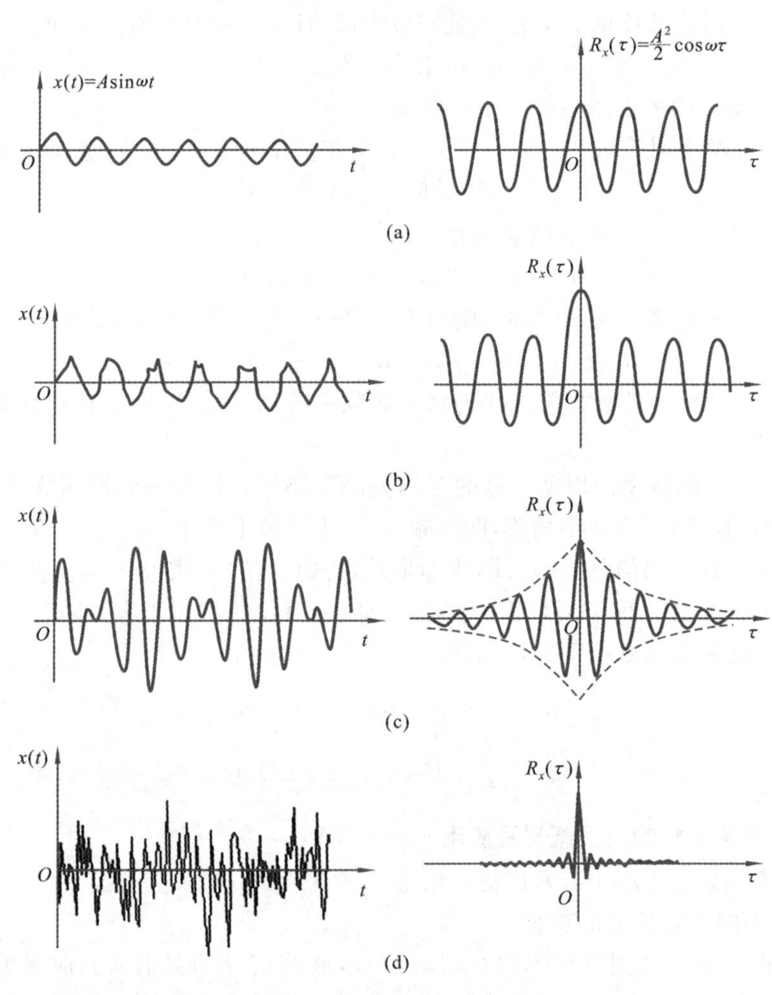

图 2.9　典型信号的自相关函数

(a)正弦信号;(b)周期信号与随机信号叠加;

(c)窄带随机信号;(d)宽带随机信号

2）提取周期信号

在用噪声诊断机器运行状态时,正常的机器噪声是由大量、无序和大小近似相等的随机成分叠加的结果,因此,自相关函数较快衰减至零,如图 2.9(d)所示。当机器状态异常时,如图 2.10 所示,随机噪声的自相关函数将出现规则、周期性的信号,其幅值比正常噪声的幅值要大。通过将变速箱中各轴的转速与自相关函数波动的周期相比较,可确定缺陷轴的位置。

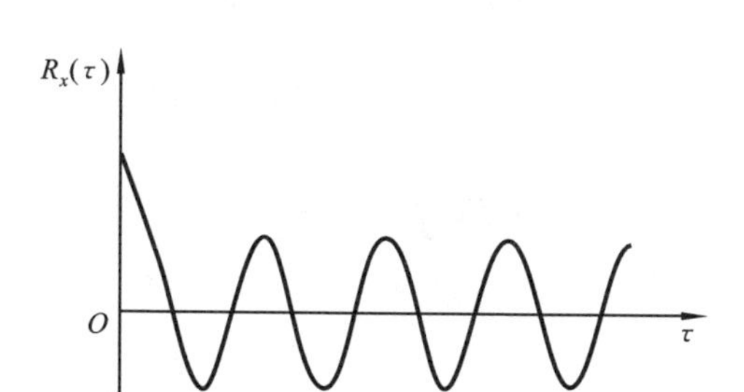

图 2.10 车床变速箱状态异常时噪声的自相关函数

3）相关测速

利用互相关函数可以测量物体运动或信号传播的速度和距离。图 2.11 是钢带运动速度的非接触测量示意图。钢带表面的反射光经透镜聚焦在相距为 d 的两个光电池上。反射光强的波动，通过光电池转换为电信号，再进行相关处理。信号 $x(t)$ 和 $y(t)$ 是基本相同的信号，只是 $y(t)$ 有 τ_d 的延时。当可调延时 $\tau=\tau_d$ 时，互相关函数取得极大值。所以，该钢带的运动速度 $v=d/\tau_d$。

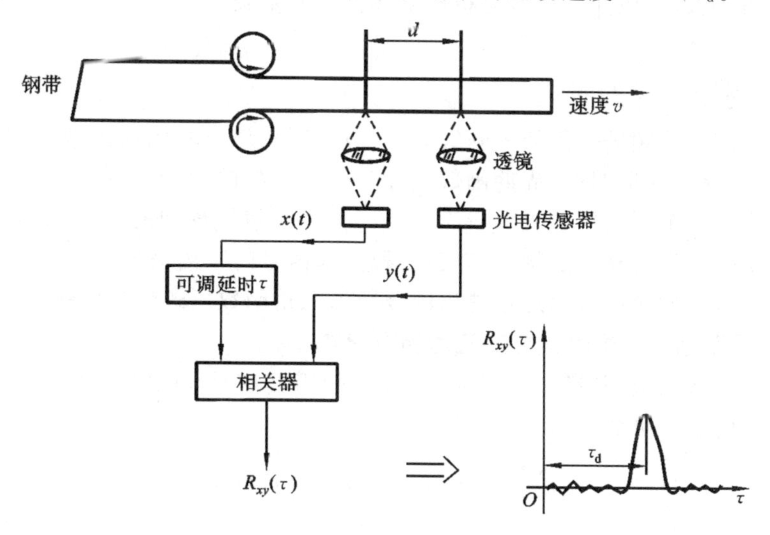

图 2.11 钢带运动速度的非接触测量

3. 相关函数的估计值

根据相关函数的定义，它应在无限长的时间内进行运算，但在实际应用中，任何观察时间均是有限的，通常以有限时间 T 的观察值，即有限长的样本来估计相关函数的真值。因此，自相关函数和互相关函数的估计值 $\hat{R}_x(\tau)$ 和 $\hat{R}_{xy}(\tau)$ 分别定义为

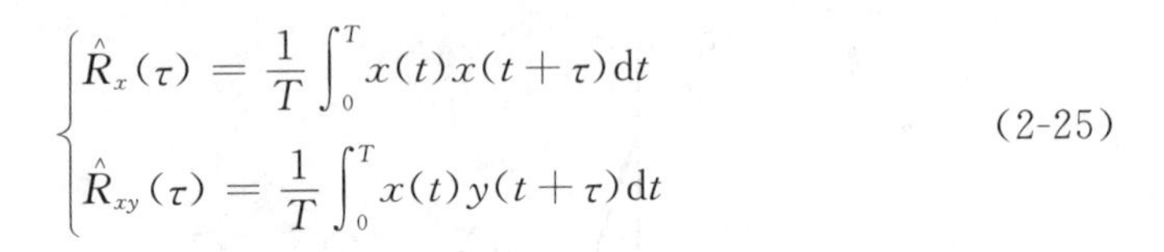

$$\begin{cases}\hat{R}_x(\tau)=\dfrac{1}{T}\displaystyle\int_0^T x(t)x(t+\tau)\mathrm{d}t\\ \hat{R}_{xy}(\tau)=\dfrac{1}{T}\displaystyle\int_0^T x(t)y(t+\tau)\mathrm{d}t\end{cases}\tag{2-25}$$

2.4 信号的频谱

频谱是利用傅里叶变换方法，将信号时域的描述转换为频率的函数，是常用的频域描述方法之一。频谱从频率分布的角度出发，研究信号的频率结构及各种频率成分的幅值和相位关系。傅里叶变换法包括了周期信号的傅里叶级数展开和非周期信号的傅里叶变换，是信号频域分析中应用最广泛的方法之一，同时它也是其他许多信号分析与变换方法的基础。

2.4.1 周期信号的频谱

周期信号的频谱采用傅里叶级数展开法获得，该方法因法国数学家傅里叶于 1822 年提出并证明的“周期函数展开为正弦级数的原理”而得名。傅里叶级数展开法将一个周期信号表示成简谐(或复指数)信号叠加的形式，从而获得各叠加分量的频率及相应的幅值与相位信息，即信号的频谱信息。

周期信号的频谱可以通过傅里叶级数的三角函数形式或复指数形式获得。

1. 周期信号傅里叶级数的三角函数形式

在有限区间上，凡满足狄里赫利条件①的周期信号 $x(t)$ 都可以展开成傅里叶级数。傅里叶级数的三角函数形式为

$$x(t)=\frac{a_0}{2}+\sum_{n=1}^{\infty}(a_n\cos n\omega_0 t+b_n\sin n\omega_0 t),n=1,2,3,\cdots\tag{2-26}$$

$$a_0=\frac{2}{T}\int_{-T/2}^{T/2}x(t)\mathrm{d}t\tag{2-27}$$

$$a_n=\frac{2}{T}\int_{-T/2}^{T/2}x(t)\cos n\omega_0 t\mathrm{d}t\tag{2-28}$$

① 狄里赫利(Dirichlet)条件：在单个周期 T 内 $x(t)$ 满足[1]绝对可积，即 $\int_0^T|x(t)|\mathrm{d}t<\infty$；[2]只有有限个第一类间断点；[3]只有有限个极值点。

$$b_n = \frac{2}{T}\int_{-T/2}^{T/2} x(t)\sin n\omega_0 t\mathrm{d}t \tag{2-29}$$

式中：ω_0 为基波角频率；a_0，a_n 和 b_n 为傅里叶系数，$\frac{a_0}{2}$是常值分量，代表了信号在积分区间内的均值，a_n 和 b_n 是 n 或 $n\omega_0$ 的函数。a_n 是 n 或 $n\omega_0$ 的偶函数，$a_{-n}=a_n$；b_n 是 n 或 $n\omega_0$ 的奇函数，$b_{-n}=-b_n$。

合并式(2-26)中的同频率项，可得信号 $x(t)$的另一种傅里叶级数的三角函数形式，即

$$x(t) = \frac{a_0}{2} + \sum_{n=1}^{\infty} A_n\cos(n\omega_0 t + \varphi_n) \tag{2-30}$$

式中：

$$A_n = \sqrt{a_n^2 + b_n^2} \tag{2-31}$$

$$a_n = A_n\cos\varphi_n \tag{2-32}$$

$$b_n = -A_n\sin\varphi_n \tag{2-33}$$

$$\varphi_n = -\arctan\frac{b_n}{a_n} \tag{2-34}$$

以上分析表明：满足狄里赫利条件的任何周期信号都可以分解成直流分量及许多简谐分量的叠加，且这些简谐分量的角频率必定是基波角频率的整数倍。通常把角频率为 ω_0 的分量称为基波，频率为 $2\omega_0$、$3\omega_0$、…的分量分别称为二次谐波($n=2$)、三次谐波($n=3$)、…等。幅值 A_n 和初相位 φ_n 的大小与频率 $n\omega_0$ 有关。

将组成 $x(t)$的各谐波信号的三要素(即 A_n，$n\omega_0$，φ_n)用两张坐标图表示出来：以频率 $n\omega_0$(或 ω)为横坐标，以幅值 A_n 为纵坐标，所作的图称为信号幅频谱图；以频率 $n\omega_0$(或 ω)为横坐标，以相位 φ_n 为纵坐标，所作的图称为相频谱图。两者统称为信号的频谱图，简称频谱。从频谱图中可清楚且直观地看出周期信号包含的频率分量及各频率分量幅值与相位的大小。

例 2.3 求图 2.12 中周期方波的傅里叶级数及频谱。

解 $x(t)$在一个周期$[-T/2, T/2]$内的表达式为

$$x(t) = \begin{cases} -A, -\frac{T}{2} < t < 0 \\ A, 0 < t < \frac{T}{2} \end{cases}$$

其傅里叶系数分别如下。

(1) 常值分量 从几何图形可以看出，此周期信号的均值为 0，即

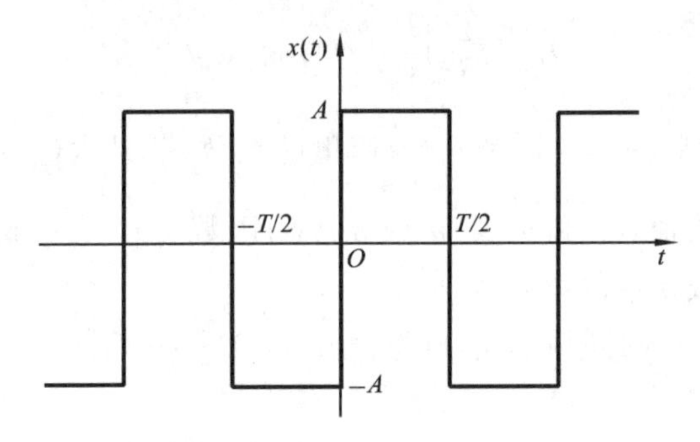

图 2.12　周期方波

$$a_0 = \frac{2}{T}\int_{-T/2}^{T/2} x(t)\mathrm{d}t = 0$$

(2) 余弦分量的幅值 $x(t)$ 是奇函数，根据奇函数在一个对称区间内的积分值是 0，所以

$$a_n = \frac{2}{T}\int_{-T/2}^{T/2} x(t)\cos n\omega_0 t\mathrm{d}t = 0$$

(3) 正弦分量的幅值

$$\begin{aligned} b_n &= \frac{2}{T}\int_{-T/2}^{-T/2} x(t)\sin n\omega_0 t\mathrm{d}t \\ &= \frac{2}{T}\int_{-T/2}^{0} -A\sin n\omega_0 t\mathrm{d}t + \frac{2}{T}\int_{0}^{T/2} A\sin n\omega_0 t\mathrm{d}t \\ &= \frac{2A}{n\pi}(1-\cos n\pi) = \begin{cases} \dfrac{4A}{n\pi}, n = 1,3,5,\cdots \\ 0, n = 2,4,6,\cdots \end{cases} \end{aligned}$$

该方波各频率分量的幅值为

$$A_n = \sqrt{a_n^2 + b_n^2} = \begin{cases} \dfrac{4A}{n\pi}, n = 1,3,5,\cdots \\ 0, n = 2,4,6,\cdots \end{cases}$$

各频率分量的相位为

$$\varphi_n = -\arctan\frac{b_n}{a_n} = -\frac{\pi}{2}$$

因此，周期方波的傅里叶级数的三角函数形式为

$$\begin{aligned} x(t) &= \frac{4A}{\pi}\cos\left(\omega_0 t - \frac{\pi}{2}\right) + \frac{4A}{3\pi}\cos\left(3\omega_0 t - \frac{\pi}{2}\right) + \frac{4A}{5\pi}\cos\left(5\omega_0 t - \frac{\pi}{2}\right) + \cdots \\ &= \frac{4A}{\pi}\left(\sin\omega_0 t + \frac{1}{3}\sin 3\omega_0 t + \frac{1}{5}\sin 5\omega_0 t + \cdots\right) \end{aligned}$$

周期方波的频谱图如图 2.13 所示。幅频谱图中，各次谐波分量的幅值分

别以基波幅值($4A/\pi$)的 $1/n$ 收敛(n 是奇数)。

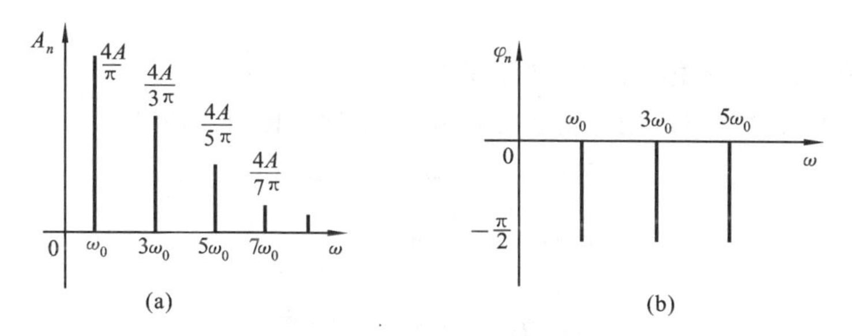

图 2.13　周期方波的频谱图

(a)幅频谱;(b)相频谱

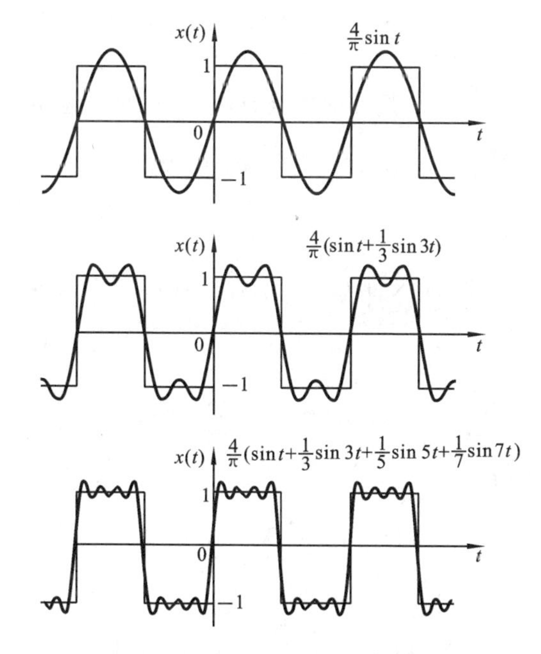

图 2.14　用部分谐波分量的叠加来逼近方波

(a)一次谐波;(b)一次到三次谐波的叠加;(c)一次到七次谐波的叠加

从以上的计算结果可看到,信号本身可以用谐波分量的叠加来逼近。图 2.14所示为用部分谐波分量的叠加来逼近方波 $x(t)$的情形。由图可见,所取的谐波分量越多,逼近的精度就越高。

再来回顾图 2.6,该图描述了周期方波信号的时域与频域之间的关系,即信号的时域与频域如何从不同的角度来描述同一信号。在时域看到的是方波信号幅值随时间变化的波形,而从频域观测到的是一根根谱线,说明时域方波信号是由无穷多的谐波分量叠加而成的,而这些谱线的高度代表了谐波分量的幅值。

2. 周期信号傅里叶级数复指数形式

傅里叶级数还可以用复指数形式表示,根据欧拉公式,有

$$e^{\pm jn\omega_0 t} = \cos n\omega_0 t \pm j\sin n\omega_0 t \tag{2-35}$$

$$\cos n\omega_0 t = \frac{1}{2}(e^{-jn\omega_0 t} + e^{jn\omega_0 t}) \tag{2-36}$$

$$\sin n\omega_0 t = \frac{j}{2}(e^{-jn\omega_0 t} - e^{jn\omega_0 t}) \tag{2-37}$$

因此,可将式(2-26)改写成

$$x(t) = \frac{a_0}{2} + \sum_{n=1}^{\infty}\left(\frac{a_n - jb_n}{2}e^{jn\omega_0 t} + \frac{a_n + jb_n}{2}e^{-jn\omega_0 t}\right) \tag{2-38}$$

令 $X(n\omega_0)=\frac{a_n - jb_n}{2}$,由于 a_n 是 n 的偶函数,b_n 是 n 的奇函数,有

$$X(-n\omega_0) = \frac{a_n + jb_n}{2}$$

则式(2-38)可表示为

$$x(t) = \frac{a_0}{2} + \sum_{n=1}^{\infty}[X(n\omega_0)e^{jn\omega_0 t} + X(-n\omega_0)e^{-jn\omega_0 t}] \tag{2-39}$$

令 $X(0)=a_0/2$,有

$$\sum_{n=1}^{\infty}X(-n\omega_0)e^{-jn\omega_0 t} = \sum_{n=-1}^{-\infty}X(n\omega_0)e^{jn\omega_0 t}$$

因此,由式(2-39)可得

$$x(t) = \sum_{n=-\infty}^{\infty}X(n\omega_0)e^{jn\omega_0 t} \tag{2-40}$$

其中,

$$X(n\omega_0) = \frac{1}{T}\int_{-T/2}^{T/2}x(t)e^{-jn\omega_0 t}dt \tag{2-41}$$

式中:n 是从 $-\infty$ 到 ∞ 的整数。式(2-41)也可写为

$$X(n\omega_0) = |X(n\omega_0)|e^{j\varphi_n} \tag{2-42}$$

$X(n\omega_0)$ 为复函数,所以常称这种频谱为复频谱。$|X(n\omega_0)|$ 是信号的幅频谱,φ_n 是相频谱,分别表示为

$$|X(n\omega_0)| = \sqrt{\mathrm{Re}^2X(n\omega_0) + \mathrm{Im}^2X(n\omega_0)}$$

$$\varphi_n = \arctan\frac{\mathrm{Im}X(n\omega_0)}{\mathrm{Re}X(n\omega_0)}$$

同样，可以利用傅里叶级数的复指数形式画出信号的频谱：以 $n\omega_0$ 为横坐标，以相应的 $|X(n\omega_0)|$ 为纵坐标，画出幅频谱图；以 $n\omega_0$ 为横坐标，以 φ_n 为纵坐标，画出相频谱图。

例 2.4 试求例 2.3 中周期方波的复指数形式的傅里叶级数和频谱。

解 根据式(2-40)和式(2-41)，有

$$x(t)=\sum_{n=-\infty}^{\infty}X(n\omega_0)\mathrm{e}^{\mathrm{j}n\omega_0 t}$$

$$\begin{aligned}X(n\omega_0)&=\frac{1}{T}\int_{-T/2}^{T/2}x(t)\mathrm{e}^{-\mathrm{j}n\omega_0 t}\mathrm{d}t\\&=\frac{1}{T}\left[\int_{-T/2}^{0}(-A)\mathrm{e}^{-\mathrm{j}n\omega_0 t}\mathrm{d}t+\int_{0}^{T/2}A\mathrm{e}^{-\mathrm{j}n\omega_0 t}\mathrm{d}t\right]\\&=\begin{cases}\dfrac{2A}{\mathrm{j}n\omega_0 T}\left(1-\cos n\omega_0\dfrac{T}{2}\right), n\neq 0\\0, \quad n=0\end{cases}\\&=\begin{cases}-\mathrm{j}\dfrac{A}{n\pi}(1-\cos n\pi), n\neq 0\\0, \quad n=0\end{cases}\\&=\begin{cases}-\mathrm{j}\dfrac{2A}{n\pi}, n=\pm 1,\pm 3,\pm 5,\cdots\\0, \quad n=0,\pm 2,\pm 4,\pm 6,\cdots\end{cases}\end{aligned}$$

则周期方波的傅里叶级数的复指数形式为

$$x(t)=\frac{\mathrm{j}2A}{\pi}\mathrm{e}^{-\mathrm{j}\omega_0 t}-\frac{\mathrm{j}2A}{\pi}\mathrm{e}^{\mathrm{j}\omega_0 t}+\frac{\mathrm{j}2A}{3\pi}\mathrm{e}^{-\mathrm{j}3\omega_0 t}-\frac{\mathrm{j}2A}{3\pi}\mathrm{e}^{\mathrm{j}3\omega_0 t}+\cdots$$

信号的幅频谱为

$$|X(n\omega_0)|=\begin{cases}\dfrac{2A}{|n\pi|}, n=\pm 1,\pm 3,\pm 5,\cdots\\0, n=0,\pm 2,\pm 4,\pm 6,\cdots\end{cases}$$

信号的相频谱为

$$\varphi_n=\arctan\frac{\mathrm{Im}X(\omega)}{\mathrm{Re}X(\omega)}=\begin{cases}-\dfrac{\pi}{2}, n=1,3,5,\cdots\\\dfrac{\pi}{2}, n=-1,-3,-5,\cdots\\0, \text{其他}\end{cases}$$

周期方波的幅频谱和相频谱如图 2.15 所示。

比较图 2.13 与图 2.15 可发现：图 2.13 中每一条谱线代表一个分量的幅值，而图 2.15 把每个分量的幅值一分为二，在正、负频率上有相对应的两条谱线。需要说明的是，负频率项的出现完全是数学计算的结果，并没有任何物理

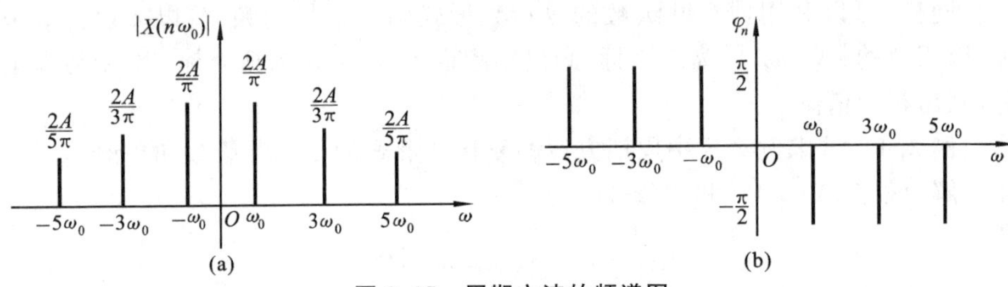

图 2.15 周期方波的频谱图

(a)幅频谱;(b)相频谱

意义。通过比较可知,傅里叶级数三角函数形式表达的频谱为单边谱,角频率 ω 的变化范围为 0 到∞;而以傅里叶级数复指数形式表达的频谱为双边谱,角频率 ω 的变化范围扩大到负轴方向,即为$-\infty$到∞。两种形式的频谱在幅值上的关系为$|X(n\omega_0)|=A_n/2$,即双边谱中各谐波的幅值为单边谱中对应谐波幅值的一半。

例 2.5 画出正弦和余弦函数的实、虚部频谱图。

解 根据式(2-37)和式(2-36),正、余弦函数的傅里叶级数的复指数形式分别为

$$\sin\omega_0 t = \frac{\mathrm{j}}{2}(\mathrm{e}^{-\mathrm{j}\omega_0 t} - \mathrm{e}^{\mathrm{j}\omega_0 t})$$

$$\cos\omega_0 t = \frac{1}{2}(\mathrm{e}^{-\mathrm{j}\omega_0 t} + \mathrm{e}^{\mathrm{j}\omega_0 t})$$

对正弦有

$$X(-\omega_0) = \frac{1}{2}\mathrm{j}, \quad X(\omega_0) = -\frac{1}{2}\mathrm{j}$$

对余弦有

$$X(-\omega_0) = \frac{1}{2}, \quad X(\omega_0) = \frac{1}{2}$$

故正弦函数只有虚频谱图,且与纵轴奇对称;余弦函数只有实频谱图,且与纵轴偶对称。图 2.16 是这两个函数的频谱图。

从上述分析可知,周期信号的频谱呈现以下特征。

(1) 离散性 周期信号的频谱是离散谱,每一条谱线表示一个谐波分量。幅频谱图中谱线的高度代表幅值的大小;相频谱图中谱线的高度代表相位的大小。

(2) 谐波性 周期信号的谱线只出现在基波及各次谐波的频率处。

(3) 收敛性 满足狄里赫利条件的周期信号,其谐波幅值总的趋势是随谐波频率的增大而减小。谐波幅值越大,表示该分量对信号叠加的贡献越大;反之,贡献越小。由于周期信号的收敛性,在工程测量中没有必要取次数过高的谐波分量。

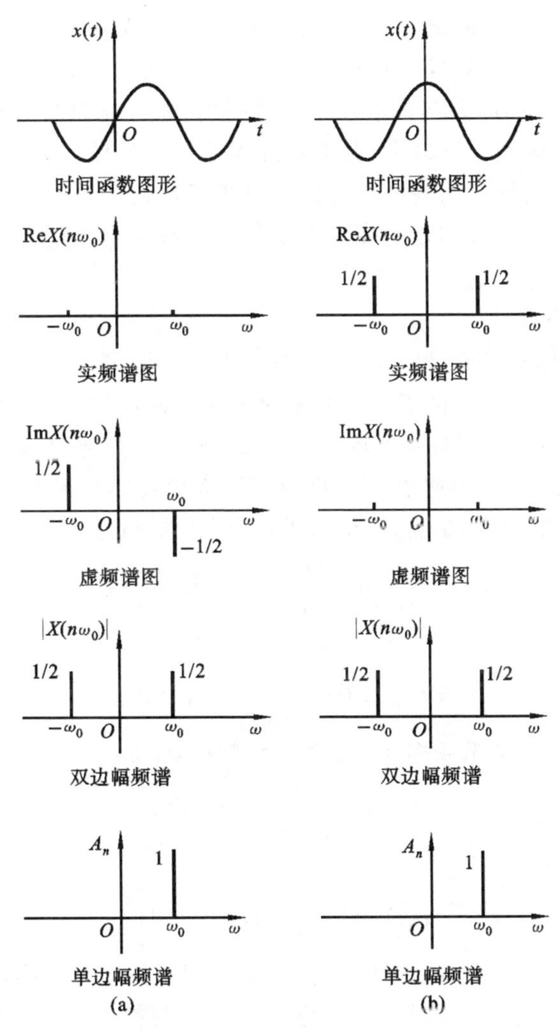

图 2.16 正、余弦函数的频谱图

(a)正弦函数;(b)余弦函数

根据周期信号频谱的收敛性,有时将谐波包络线幅度下降至基波幅度的某个百分数对应的频率作为信号的带宽;或者,按照略去信号带宽以外的全部谐波后,剩下的各谐波之和(即有限项级数之和)与原信号之间的差异(即失真)的大小不超过某个指标为前提来定义信号的带宽。

2.4.2 非周期信号的频谱

非周期信号分为准周期信号和瞬变信号两种。准周期信号是由多个简谐

信号构成的，根据频谱的定义，只要将各简谐信号的频率与幅值、频率与相位的关系分别画出，即可获得准周期信号的频谱图。准周期信号的频谱是离散的，只是由于不存在基频，各离散谱线不是等间隔分布，准周期信号和周期信号的频谱本质上没有区别。所以，在此不对准周期信号的频域分析进行单独讨论。本节是对非周期信号中的瞬变信号的频谱进行讨论。另外，除特别说明外，本书中提到的非周期信号均指瞬变非周期信号。瞬变非周期信号采用傅里叶变换进行频谱分析。

1. 傅里叶变换

周期信号的谱线间隔为 $n\omega_0(\omega_0=2\pi/T)$。可见，随着 T 的增大，谱线间隔 ω_0 减小。若 $T\to\infty$，原来的周期信号变成了非周期信号，信号的相邻谱线间隔则趋向于无穷小，谱线变得越来越密集，即 $\omega_0\to \mathrm{d}\omega_0\to 0$，最终成为一条连续的频谱，此时再用前面所提的傅里叶级数的频谱来描述非周期信号已不合适。因此，为了描述非周期信号的特性，引入了频谱密度的概念，令

$$X(\omega)=\lim_{T\to\infty}\frac{X(n\omega_0)}{f}=\lim_{T\to\infty}X(n\omega_0)T \tag{2-43}$$

由式(2-41)可得

$$X(n\omega_0)T=\int_{-T/2}^{T/2}x(t)\mathrm{e}^{-\mathrm{j}n\omega_0 t}\mathrm{d}t$$

由于 $T\to\infty,\omega_0\to 0$，离散频率 $n\omega_0$ 变为连续频率 ω，有

$$X(\omega)=\int_{-\infty}^{\infty}x(t)\mathrm{e}^{-\mathrm{j}\omega t}\mathrm{d}t \tag{2-44}$$

同样，也可得到

$$x(t)=\frac{1}{2\pi}\int_{-\infty}^{\infty}X(\omega)\mathrm{e}^{\mathrm{j}\omega t}\mathrm{d}\omega \tag{2-45}$$

式(2-44)称为信号 $x(t)$ 的傅里叶变换，简称傅氏变换，记作 $X(\omega)=F[x(t)]$。式(2-45)称为信号 $x(t)$ 的傅里叶逆变换，简称傅氏逆变换，记作 $x(t)=F^{-1}[X(\omega)]$。

由式(2-43)可知，$X(\omega)=X(n\omega_0)/f$，即 $X(\omega)$ 是单位频率上的频谱，它类似于物质的密度定义，故称为频谱密度。

傅里叶逆变换式也可以表示为三角函数形式，即

$$\begin{aligned}x(t)&=\frac{1}{2\pi}\int_{-\infty}^{\infty}X(\omega)\mathrm{e}^{\mathrm{j}\omega t}\mathrm{d}\omega\\&=\frac{1}{2\pi}\int_{-\infty}^{\infty}|X(\omega)|\mathrm{e}^{\mathrm{j}(\omega t+\varphi(\omega))}\mathrm{d}\omega\\&=\frac{1}{2\pi}\int_{-\infty}^{\infty}|X(\omega)|\cos[\omega t+\varphi(\omega)]\mathrm{d}\omega+\mathrm{j}\frac{1}{2\pi}\int_{-\infty}^{\infty}|X(\omega)|\sin[\omega t+\varphi(\omega)]\mathrm{d}\omega\end{aligned}$$

由于上式第二项的被积函数为 ω 的奇函数，所以积分为 0。第一项的被积函数为 ω 的偶函数，则有

$$x(t)=\frac{1}{\pi}\int_{0}^{\infty}|X(\omega)|\cos[\omega t+\varphi(\omega)]\mathrm{d}\omega \tag{2-46}$$

从式(2-46)可以看出：非周期信号和周期信号一样，也可以分解为许多不同频率的简谐分量的叠加，不同的是，非周期信号包含了从零到无限高的频率分量。$\frac{|X(\omega)|\mathrm{d}\omega}{\pi}$相当于非周期信号各分量的振幅，但$\frac{|X(\omega)|\mathrm{d}\omega}{\pi}\to 0$，故信号的频谱不能再用振幅来表示，而是用频谱密度来表示。

通常情况下，$X(\omega)$是复数，可表示为

$$X(\omega)=|X(\omega)|\mathrm{e}^{\mathrm{j}\varphi(\omega)} \tag{2-47}$$

式中：$|X(\omega)|$为 $x(t)$的幅值谱密度，简称幅频谱；$\varphi(\omega)$称为 $x(t)$的相位谱密度，简称相频谱。

也可将 $X(\omega)$分解为实部和虚部两部分，即

$$X(\omega)=\mathrm{Re}X(\omega)+\mathrm{j}\mathrm{Im}X(\omega) \tag{2-48}$$

实部 $\mathrm{Re}X(\omega)$称为实谱密度，虚部 $\mathrm{Im}X(\omega)$称为虚谱密度。

谱密度的自变量也可以用频率 f 来表示，将式(2-44)和式(2-45)的角频率 ω 用频率 f 来替代，则由 $\omega=2\pi f$ 可得

$$X(f)=\int_{-\infty}^{\infty}x(t)\mathrm{e}^{-\mathrm{j}2\pi ft}\mathrm{d}t \tag{2-49}$$

$$x(t)=\int_{-\infty}^{\infty}X(f)\mathrm{e}^{\mathrm{j}2\pi ft}\mathrm{d}f \tag{2-50}$$

例 2.6 求矩形窗函数(矩形脉冲)的频谱。矩形窗函数如图 2.17 所示，时域表达式为

$$w(t)=\begin{cases}A, & |t|\leqslant\tau/2\\0, & |t|>\tau/2\end{cases}$$

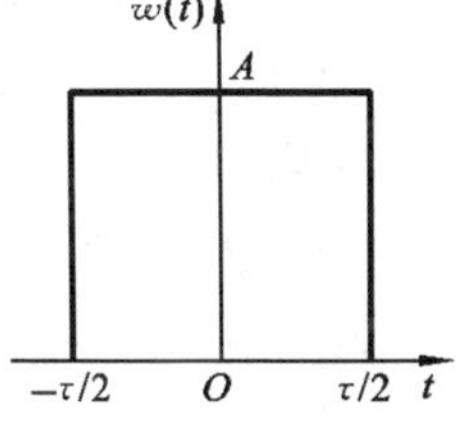

图 2.17 矩形窗函数

解

$$\begin{aligned}W(\omega)&=\int_{-\infty}^{\infty}x(t)\mathrm{e}^{-\mathrm{j}\omega t}\mathrm{d}t\\&=\int_{-\tau/2}^{\tau/2}A\mathrm{e}^{-\mathrm{j}\omega t}\mathrm{d}t\\&=-\frac{A}{\mathrm{j}\omega}(\mathrm{e}^{-\mathrm{j}\omega\tau/2}-\mathrm{e}^{\mathrm{j}\omega\tau/2})\\&=A\tau\frac{\sin\left(\frac{\omega\tau}{2}\right)}{\frac{\omega\tau}{2}}=A\tau\,\mathrm{sinc}\left(\frac{\omega\tau}{2}\right)\end{aligned}$$

式中：$\mathrm{sinc}(x)=\frac{\sin x}{x}$称为采样函数，其图像如图 2.18(b)所示。$\mathrm{sinc}(x)$的函数值有专门的数学表可查得，它以 2π 为周期并随 x 的增加而做衰减振荡。矩形窗函数的频谱如图 2.18(a)所示。

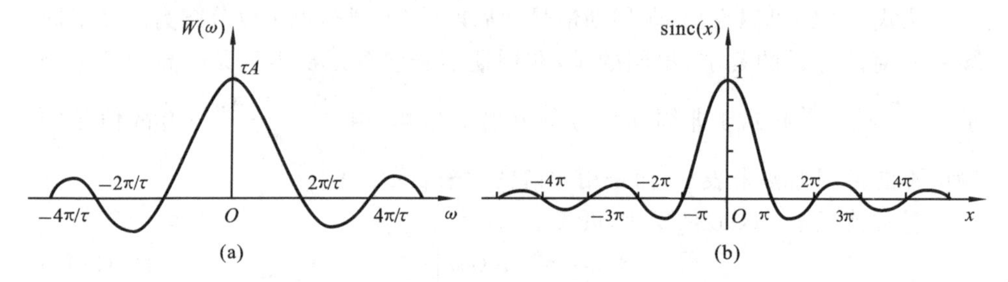

图 2.18 矩形窗函数的频谱及采样函数波形

(a)矩形窗函数的频谱；(b)sinc(x)波形

2. 傅里叶变换的主要性质

傅里叶变换具有某些性质，了解这些基本性质有助于复杂信号的频谱分析。傅里叶变换的主要性质列于表 2.2。表中的各项性质可以从定义出发推导获得，在此不详述。

表 2.2 傅里叶变换的主要性质

性质名称	时域	频域
奇偶虚实性	实偶函数	实偶函数
	实奇函数	虚奇函数
	虚偶函数	虚偶函数
	虚奇函数	实奇函数
线性	$ax(t)+by(t)$	$aX(\omega)+bY(\omega)$
对称性	$X(t)$	$2\pi x(-\omega)$
尺度变换	$x(kt)$	$\frac{1}{\lvert k\rvert}X\left(\frac{\omega}{k}\right)$
时移特性	$x(t\pm t_0)$	$X(\omega)\mathrm{e}^{\pm \mathrm{j}\omega t_0}$
频移特性	$x(t)\mathrm{e}^{\mp \mathrm{j}\omega_0 t}$	$X(\omega\pm\omega_0)$
微分特性	$\frac{\mathrm{d}^k x(t)}{\mathrm{d}t^k}$	$(\mathrm{j}\omega)^k X(\omega)$
积分特性	$\int_{-\infty}^{t} x(t)\mathrm{d}t$	$\frac{1}{\mathrm{j}\omega}X(\omega)$
时域卷积	$x(t)*y(t)$	$X(\omega)Y(\omega)$
频域卷积	$x(t)y(t)$	$\frac{1}{2\pi}X(\omega)*Y(\omega)$

3. 傅里叶变换的条件

信号 $x(t)$采用式(2-44)进行傅氏变换必须满足非周期信号的狄里赫利条件：

① $x(t)$绝对可积，即 $\int_{-\infty}^{\infty} |x(t)| \mathrm{d}t < \infty$；

② $x(t)$在任何有限的区间上具有有限个最大值和最小值；

③ $x(t)$在任何有限的区间上具有有限个第一类间断点。

满足这些条件的信号有能量信号，例如矩形脉冲函数、单边指数衰减信号等。对于不满足条件①的功率信号，不能直接采用式(2-44)实现傅氏变换，但可以通过引入单位脉冲函数实现，具体求法见2.4.3小节。

2.4.3 几种典型信号的频谱

对于一些不满足绝对可积的功率信号，可以利用单位脉冲函数来获得其傅氏变换。下面着重介绍单位脉冲函数及几种典型功率信号的傅氏变换。

1. 单位脉冲函数

1）单位脉冲函数的定义

单位脉冲函数记作 $\delta(t)$，是一个幅值无限、持续时间为零的脉冲。该函数被当做一个广义函数来处理，其函数值和面积(通常表示能量或强度)分别为

$$\delta(t) = \begin{cases} \infty, & t = 0 \\ 0, & t \neq 0 \end{cases} \tag{2-51}$$

$$\int_{-\infty}^{\infty} \delta(t) \mathrm{d}t = 1 \tag{2-52}$$

将 $\delta(t)$用一个单位长度的有向线段表示，如图2.19所示。

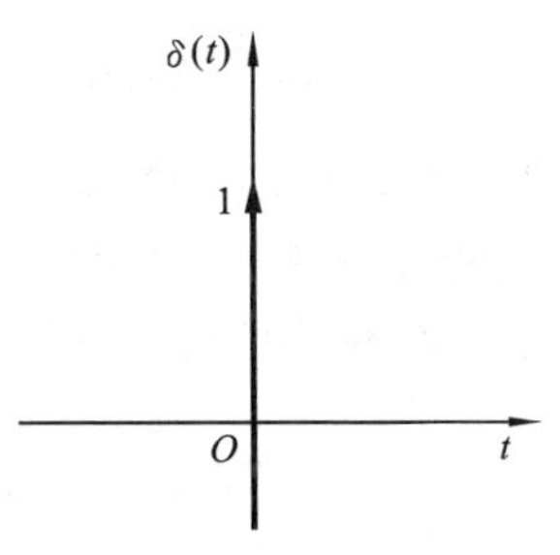

图2.19 单位脉冲函数 $\delta(t)$

某些具有冲击性的物理现象，如电力电网中的短时冲击干扰，数字电路中的采样脉冲，力学中的瞬间作用力，材料的突然断裂及撞击、爆炸等都是通过$\delta(t)$函数来分析的。由于引入 $\delta(t)$函数，运用广义函数理论，傅氏变换就可以推广到并不满足绝对可积条件的功率信号范畴。

2）$\delta(t)$函数的乘积性

若 $x(t)$为一连续信号，则有

$$x(t)\delta(t) = x(0)\delta(t) \tag{2-53}$$

$$x(t)\delta(t - t_0) = x(t_0)\delta(t - t_0) \tag{2-54}$$

3）$\delta(t)$函数的筛选性

如果 $\delta(t)$函数与某一连续信号 $x(t)$相乘，则其积分仅在 $t=0$ 处有值

$x(0)\delta(t)$，其余各点均为零，则有

$$\int_{-\infty}^{\infty}\delta(t)x(t)\mathrm{d}t=\int_{-\infty}^{\infty}\delta(t)x(0)\mathrm{d}t=x(0) \tag{2-55}$$

对于函数 $\delta(t-t_0)$，与连续信号 $x(t)$ 相乘只有在 $t=t_0$ 处其积分不等于零。因此，

$$\int_{-\infty}^{\infty}\delta(t-t_0)x(t)\mathrm{d}t=\int_{-\infty}^{\infty}\delta(t-t_0)x(t_0)\mathrm{d}t=x(t_0) \tag{2-56}$$

式(2-55)和式(2-56)表示 $\delta(t)$ 函数的筛选性质，它是连续信号采样的依据。

4) $\delta(t)$ 函数与其他函数的卷积

若 $\delta(t)$ 与某一函数进行卷积，则根据卷积定义

$$\begin{aligned}x(t)*\delta(t)&=\int_{-\infty}^{\infty}x(\tau)\delta(t-\tau)\mathrm{d}\tau\\&=\int_{-\infty}^{\infty}x(\tau)\delta(\tau-t)\mathrm{d}\tau=x(t)\end{aligned} \tag{2-57}$$

同理，对于函数 $\delta(t\pm t_0)$，有

$$\begin{aligned}x(t)*\delta(t\pm t_0)&=\int_{-\infty}^{\infty}x(\tau)\delta(t\pm t_0-\tau)\mathrm{d}\tau\\&=x(t\pm t_0)\end{aligned} \tag{2-58}$$

可见，函数 $x(t)$ 和 $\delta(t)$ 函数的卷积结果就是在发生脉冲的坐标位置上简单地将 $x(t)$ 重新构图，如图 2.20 所示。

5) $\delta(t)$ 函数的频谱

对 $\delta(t)$ 函数进行傅氏变换，有

$$X(\omega)=F[\delta(t)]=\int_{-\infty}^{\infty}\delta(t)\mathrm{e}^{-\mathrm{j}\omega t}\mathrm{d}t=\mathrm{e}^0=1$$

可见，时域上的单位脉冲函数具有无限宽广的频谱，而且在所有频段上都是等强度的，这种频谱称为均匀谱，如图 2.21 所示。$\delta(t)$ 函数是偶函数，则利用对称、时移、频移性质，可以得到的傅氏变换对如表 2.3 所示。

表 2.3　$\delta(t)$ 函数傅氏变换对

时　　域	傅 氏 变 换	频　　域
$\delta(t)$	$\leftrightarrow$	1
$\delta(t\pm t_0)$	$\leftrightarrow$	$\mathrm{e}^{\pm\mathrm{j}\omega t_0}$
$\mathrm{e}^{\pm\mathrm{j}\omega_0 t}$	$\leftrightarrow$	$2\pi\delta(\omega\mp\omega_0)$
1	$\leftrightarrow$	$2\pi\delta(\omega)$

2. 正弦、余弦函数的傅氏变换

周期信号也存在傅氏变换。下面以正弦、余弦函数为例说明。

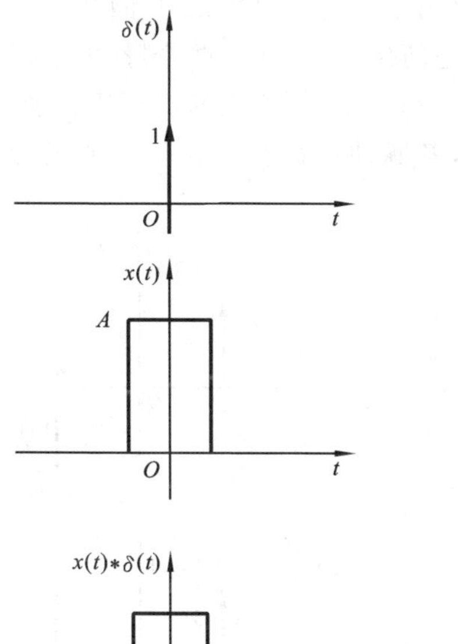

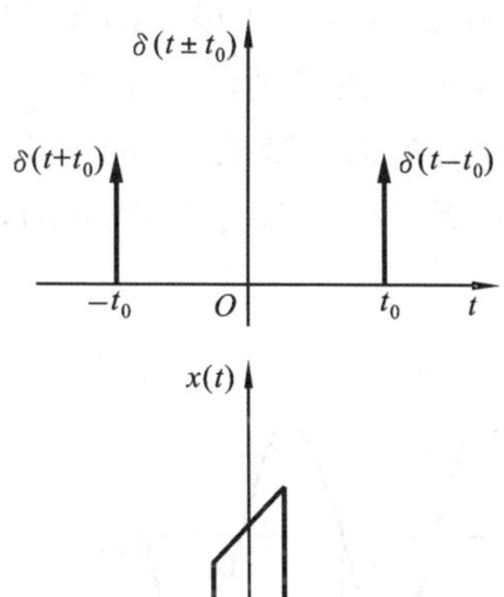

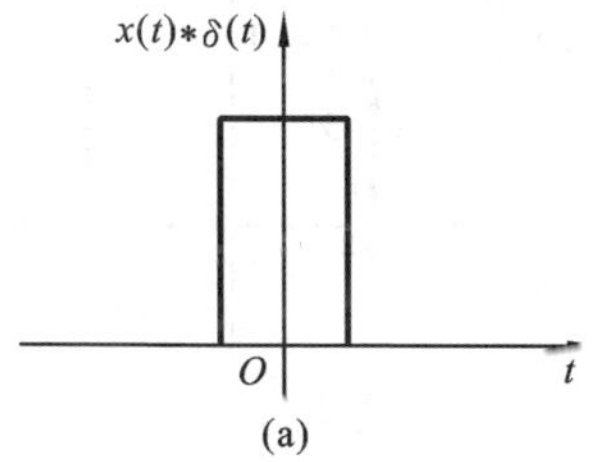

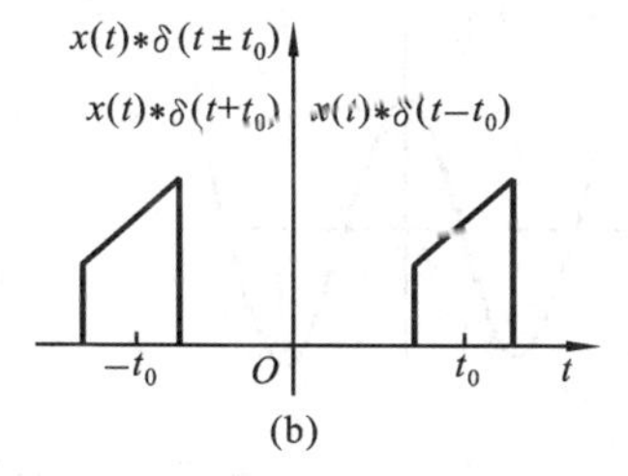

图 2.20　$\delta(t)$函数与其他函数的卷积示例

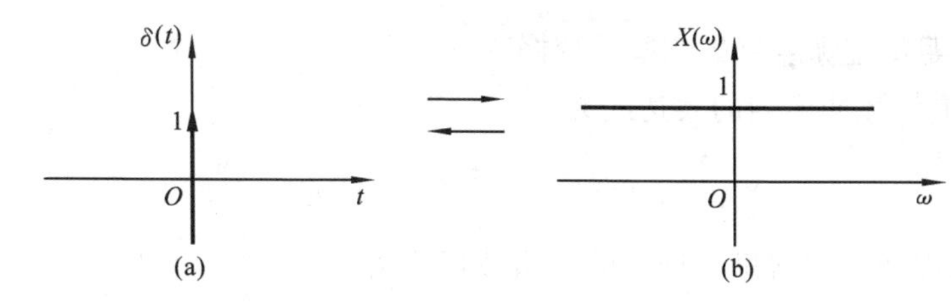

图 2.21　$\delta(t)$函数及其频谱

(a)$\delta(t)$函数；(b)频谱

根据欧拉公式，有

$$\sin\omega_0 t=\frac{1}{2}\mathrm{j}(\mathrm{e}^{-\mathrm{j}\omega_0 t}-\mathrm{e}^{\mathrm{j}\omega_0 t})$$

$$\cos\omega_0 t=\frac{1}{2}(\mathrm{e}^{-\mathrm{j}\omega_0 t}+\mathrm{e}^{\mathrm{j}\omega_0 t})$$

根据傅氏变换对 $\mathrm{e}^{\mathrm{j}\omega_0 t}\leftrightarrow 2\pi\delta(\omega-\omega_0)$，便可得到正弦、余弦函数的傅氏变换分别为

$$\sin\omega_0 t\leftrightarrow \mathrm{j}\pi[\delta(\omega+\omega_0)-\delta(\omega-\omega_0)] \tag{2-59}$$

$$\cos\omega_0 t\leftrightarrow \pi[\delta(\omega+\omega_0)+\delta(\omega-\omega_0)] \tag{2-60}$$

正弦、余弦函数的频谱如图 2.22 所示。比较图 2.22 与图 2.16,正弦、余弦函数通过傅氏变换得到的频谱不再是两条谱线,而是两个脉冲,各脉冲的面积为其傅里叶级数的系数与 2π 的乘积。事实上,周期信号的傅氏变换是存在的,其变换在频域是由脉冲序列组成的,各脉冲的面积正比于其傅里叶级数的系数。

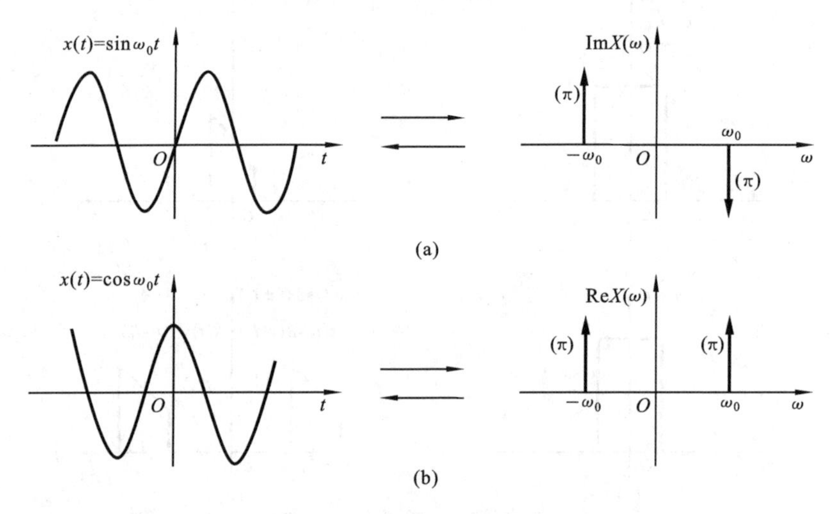

图 2.22　正弦、余弦函数及其频谱

(a)正弦函数及频谱;(b)余弦函数及频谱

3. 周期单位脉冲序列的傅氏变换

周期单位脉冲序列的表达式为

$$\delta_T(t)=\sum_{n=-\infty}^{\infty}\delta(t-nT) \tag{2-61}$$

式中:T 为周期。其傅里叶级数的复指数形式为

$$\delta_T(t)=\sum_{k=-\infty}^{\infty}X(k\omega_0)\mathrm{e}^{\mathrm{j}k\omega_0 t}$$

在$(-T/2,T/2)$区间内,式(2-61)只在零点有一个单位脉冲,即 $\delta(t)$,所以傅里叶系数

$$X(k\omega_0)=\frac{1}{T}\int_{-T/2}^{T/2}\delta_T(t)\mathrm{e}^{-\mathrm{j}k\omega_0 t}\mathrm{d}t=\frac{1}{T}\int_{-T/2}^{T/2}\delta(t)\mathrm{e}^{-\mathrm{j}k\omega_0 t}\mathrm{d}t=\frac{1}{T}$$

因此,其傅里叶级数的复指数形式为

$$\delta_T(t)=\frac{1}{T}\sum_{k=-\infty}^{\infty}\mathrm{e}^{\mathrm{j}k\omega_0 t}$$

根据 $\mathrm{e}^{\pm\mathrm{j}\omega_0 t}\leftrightarrow 2\pi\delta(\omega\mp\omega_0)$,可得周期单位脉冲序列的频谱为

$$X(\omega)=\frac{2\pi}{T}\sum_{n=-\infty}^{\infty}\delta(\omega-k\omega_0)=\omega_0\sum_{k=-\infty}^{\infty}\delta(\omega-k\omega_0),\quad \omega_0=\frac{2\pi}{T} \tag{2-62}$$

周期单位脉冲序列的频谱图如图 2.23 所示,其频谱仍是周期的脉冲序列。

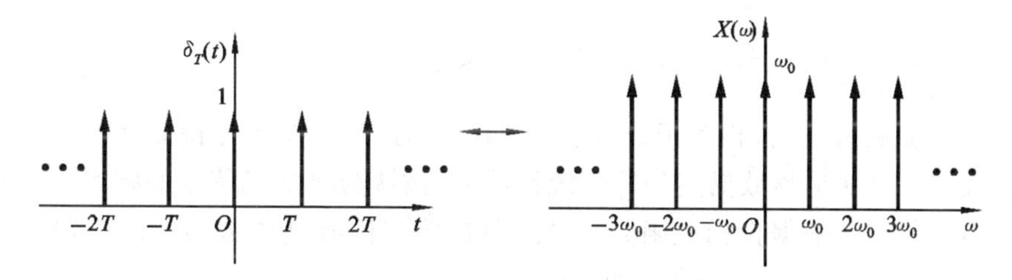

图 2.23 周期脉冲序列及其频谱

常用功率信号的傅氏变换如表 2.4 所示。

表 2.4 常用功率信号的傅氏变换

序号	时域信号 $x(t)$	频域信号 $X(\omega)$
1	$k\delta(t)$	k
2	k	$2\pi k\delta(\omega)$
3	$u(t)$	$\pi\delta(\omega)+1/(\mathrm{j}\omega)$
4	$\mathrm{sgn}\ (t)$	$2/(\mathrm{j}\omega)$
5	$\cos\omega_0 t$	$\pi[\delta(\omega-\omega_0)+\delta(\omega+\omega_0)]$
6	$\sin\omega_0 t$	$\mathrm{j}\pi[\delta(\omega+\omega_0)-\delta(\omega-\omega_0)]$
7	$\mathrm{e}^{\mathrm{j}\omega_0 t}$	$2\pi\delta(\omega-\omega_0)$
8	$\sum_{n=-\infty}^{\infty}\delta(t-nT)$	$\omega_0\sum_{k=-\infty}^{\infty}\delta(\omega-k\omega_0),\omega_0=\frac{2\pi}{T}$

2.4.4 随机信号的频谱

由于随机信号是时域无限信号,不具备绝对可积条件,不能直接进行傅里叶变换,而且随机信号的频率、幅值、相位都是随机的,因此,一般不做幅频谱和相频谱分析,而是用具有统计特征的功率谱密度函数来做谱分析。需要说明的是,功率谱密度函数引入的初衷是解决随机信号的谱分析,但在实际应用中,功率谱密度函数的谱分析方法也适用于确定性信号。

1. 功率谱密度函数

1) 自功率谱密度函数

设 $x(t)$ 为一零均值的随机过程,有 $R_x(\tau\rightarrow\infty)=0$,其自功率谱密度函数为

$$S_x(\omega)=\int_{-\infty}^{\infty}R_x(\tau)\mathrm{e}^{-\mathrm{j}\omega\tau}\mathrm{d}\tau \tag{2-63}$$

$S_x(\omega)$简称为自谱或功率谱，它是 $x(t)$自相关函数 $R_x(\tau)$的傅氏变换，其逆变换为

$$R_x(\tau)=\frac{1}{2\pi}\int_{-\infty}^{\infty}S_x(\omega)\mathrm{e}^{\mathrm{j}\omega\tau}\mathrm{d}\omega \tag{2-64}$$

对于随机信号，自相关函数 $R_x(\tau)$是时域描述的重要统计特征，而功率谱密度函数 $S_x(\omega)$则是频域描述的重要统计特征，被认为是随机信号的频谱。

当 $\tau=0$ 时，根据自相关函数 $R_x(\tau)$和自功率谱密度函数 $S_x(\omega)$的定义，可得

$$R_x(0)=\lim_{T\to\infty}\frac{1}{T}\int_0^T x^2(t)\mathrm{d}t=\frac{1}{2\pi}\int_{-\infty}^{\infty}S_x(\omega)\mathrm{d}\omega \tag{2-65}$$

由此可见，$S_x(\omega)$曲线和频率轴所包围的面积即为信号的平均功率，$S_x(\omega)$就是信号的功率密度沿频率轴的分布，故称 $S_x(\omega)$为自功率谱密度函数。

由于 $R_x(\tau)$为实偶函数，因此，$S_x(\omega)$亦为实偶函数。由于 ω 可取正值，也可取负值，所以 $S_x(\omega)$又称为双边功率谱，其图形如图 2.24 中 $S_x(\omega)$曲线所示。实际中常用单边功率谱进行随机信号的谱分析，定义为

$$\begin{cases}G_x(\omega)=2S_x(\omega), & \omega\geqslant 0\\ G_x(\omega)=0, & \omega<0\end{cases} \tag{2-66}$$

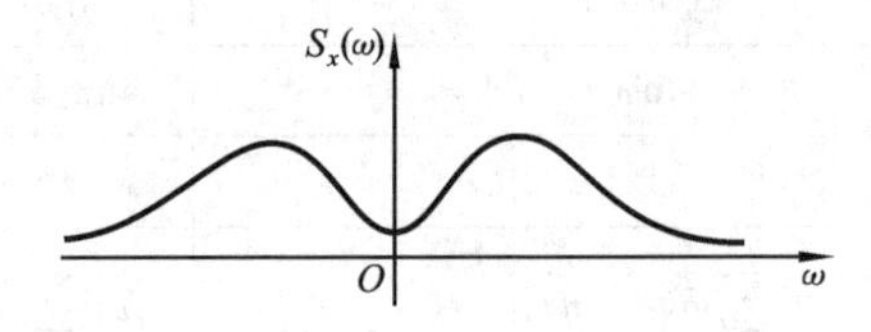

图 2.24　双边功率谱

2）互功率谱密度函数

信号 $x(t)$和 $y(t)$的互功率谱密度函数

$$S_{xy}(\omega)=\int_{-\infty}^{\infty}R_{xy}(\tau)\mathrm{e}^{-\mathrm{j}\omega\tau}\mathrm{d}\tau \tag{2-67}$$

$$R_{xy}(\tau)=\frac{1}{2\pi}\int_{-\infty}^{\infty}S_{xy}(\omega)\mathrm{e}^{\mathrm{j}\omega\tau}\mathrm{d}\omega \tag{2-68}$$

$S_{xy}(\omega)$简称为互谱密度函数或互谱。单边互谱密度函数可定义为

$$\begin{cases}G_{xy}(\omega)=2S_{xy}(\omega), & \omega\geqslant 0\\ G_{xy}(\omega)=0, & \omega<0\end{cases} \tag{2-69}$$

2. 自功率谱的估计

在实际的应用中，为了获得随机信号的频谱信息，很少直接采用式(2-63)或式(2-66)，而是采用功率谱的初步估计。

根据巴塞伐尔定理，即在时域中信号的总能量等于在频域中信号的总能量，可以获得信号自谱和其幅值谱的关系为

$$S_x(\omega)=\lim_{T\to\infty}\frac{1}{T}\left|X(\omega)\right|^2 \tag{2-70}$$

式(2-70)的推导过程可参阅相关书籍与文献。利用该式就可以通过对时域随机信号作傅氏变换来计算功率谱。一般取随机信号有限时间 T 的样本记录来计算，随机信号的双边、单边功率谱的初步估计分别为

$$\begin{cases}\hat{S}_x(\omega)=\dfrac{1}{T}\left|X(\omega)\right|^2\\ \hat{G}_x(\omega)=\dfrac{2}{T}\left|X(\omega)\right|^2\end{cases} \tag{2-71}$$

对于数字信号，其功率谱估计为

$$\begin{cases}\hat{S}_x(k)=\dfrac{1}{N}\left|X(k)\right|^2\\ \hat{G}_x(k)=\dfrac{2}{N}\left|X(k)\right|^2\end{cases} \tag{2-72}$$

由式(2-72)可知，可以对时域离散序列 $x(n)$进行快速傅里叶变换获得 $X(k)$，再取其模的平方并除以 N(或乘以 $2/N$)，便可得到信号的功率谱初步估计，方便在计算机中实现。这种谱估计的方法称为周期图法。它也是一种最简单、最常用的功率谱估计算法。

关于互谱的初步估计具体方法请参阅相关书籍与文献。

3. 相干函数

相干函数是在频谱内鉴别两信号相关程度的指标，信号 $x(t)$和 $y(t)$的相干函数为

$$\gamma_{xy}^2(\omega)=\frac{\left|S_{xy}(\omega)\right|^2}{S_x(\omega)S_y(\omega)} \tag{2-73}$$

式中：$S_x(\omega)$和 $S_y(\omega)$分别为信号 $x(t)$和 $y(t)$的自功率谱。

$\gamma_{xy}^2(\omega)$是一个无量纲系数，它的取值范围为 $0\leqslant\gamma_{xy}^2(\omega)\leqslant 1$。当 $\gamma_{xy}^2(\omega)=0$ 时，称信号 $x(t)$和 $y(t)$在频率上不相干；当 $\gamma_{xy}^2(\omega)=1$ 时，称 $x(t)$和 $y(t)$在频率上完全相干；当 $\gamma_{xy}^2(\omega)<1$ 时，说明信号受到噪声干扰，或说明系统具有非线性。

相干函数常用来检验信号之间的因果关系，即确定输出信号 $y(t)$中各分量有多大程度是来自输入信号 $x(t)$。图 2.25 所示是柴油机润滑油泵的油压脉动

信号 $x(t)$ 与油压管道振动信号 $y(t)$ 的自谱和相干函数的图形。假设根据润滑油泵转速及油泵齿轮的齿数获得油压脉动的基频为 $\omega_0=1\ 144.43\ \text{rad/s}$。油压脉动信号 $x(t)$ 的自功率谱 $S_x(\omega)$ 如图 2.25(a)所示,它除了包含基频谱线外,还存在二、三、四次甚至更高的谐波谱线。此时在油压管道上的振动信号 $y(t)$ 的自功率谱 $S_y(\omega)$ 如图 2.25(b)所示。将油压信号 $x(t)$ 和油压管道的振动信号 $y(t)$ 作相干分析,得到图 2.25(c)所示的曲线。当 $\omega=\omega_0$ 时,$\gamma_{xy}^2(\omega)\approx 0.9$;$\omega=2\omega_0$ 时,$\gamma_{xy}^2(\omega)\approx 0.37$;$\omega=3\omega_0$ 时,$\gamma_{xy}^2(\omega)\approx 0.8$;$\omega=4\omega_0$ 时,$\gamma_{xy}^2(\omega)\approx 0.75$。可以看到,由于油压脉动而引起的各次谐波所对应的相干函数值都比较大,而在非谐波的频率上相干函数值则很小。所以,油压管道振动 $y(t)$ 主要是由于油压脉动 $x(t)$ 所引起的。

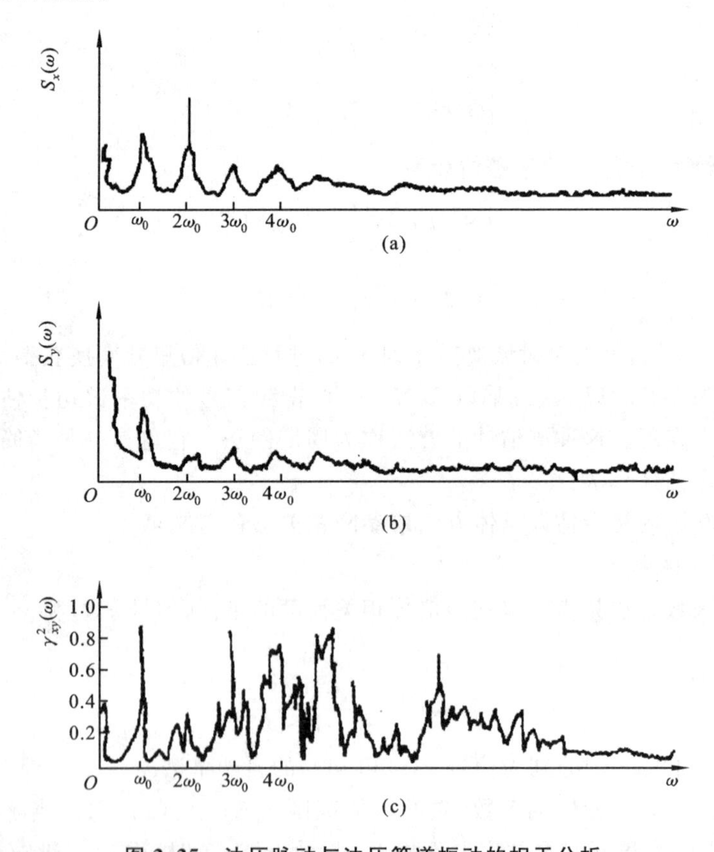

图 2.25　油压脉动与油压管道振动的相干分析

(a) $x(t)$ 的自功率谱 $S_x(\omega)$;(b) $y(t)$ 的自功率谱 $S_y(\omega)$;(c) $x(t)$ 和 $y(t)$ 相干函数

2.5 模拟信号的数字化分析

数字信号分析是利用计算机或专用数字信号分析处理设备，以数值计算的方法对信号作分析处理，从而达到提取有用信息的目的。与模拟信号相比，数字信号分析技术不但具有处理精度高、灵活性强、抗干扰性强和计算速度快等特点，而且数字信号分析方法还可以完成很多模拟分析方法无法实现的运算分析。

1965年，快速傅里叶变换(fast Fourier transform，FFT)的问世标志着数字信号处理这一学科的开始。随着计算机和信息技术的飞速发展，数字信号处理技术也得到了迅猛的发展，形成了一套完整的理论体系。在数字信号处理中，离散傅氏变换是最常用的方法之一。此外，由于有了离散傅里叶的快速算法(快速傅里叶变换)，离散傅里叶应用更加普遍，在数字信号处理中扮演着极其重要的角色。

传感器输出的往往是模拟信号，无法被计算机或数字信号分析处理设备处理，因此，往往需要先对模拟测试信号进行数字化处理，然后采用数字信号分析技术进行分析处理。

本节着重介绍模拟信号的数字化过程和在数字化过程中出现的问题，以及数字信号分析方法中的离散傅里叶变换。

2.5.1 模拟信号的数字化

传感器输出的大多为模拟信号，进行数字分析之前，一般要对模拟信号作数字化处理，即模拟信号的预处理和模拟/数字转换。因此，模拟信号的数字化分析主要包括：模拟信号的预处理、模拟/数字转换、数字分析。图2.26所示为模拟信号数字化分析过程框图。

(1) 模拟信号预处理　模拟电压信号 $x(t)$ 经抗混叠滤波(在2.5.2小节中解释)和幅值调节等预处理后，变为带宽有限、幅值适当(一般是±5 V)的信号 $x'(t)$，为模拟/数字转换做好准备。这一预处理虽然仍采用模拟手段来实现，但由于是信号数字化中特有的和不可缺少的部分，通常也把它归于信号数字化分析系统。

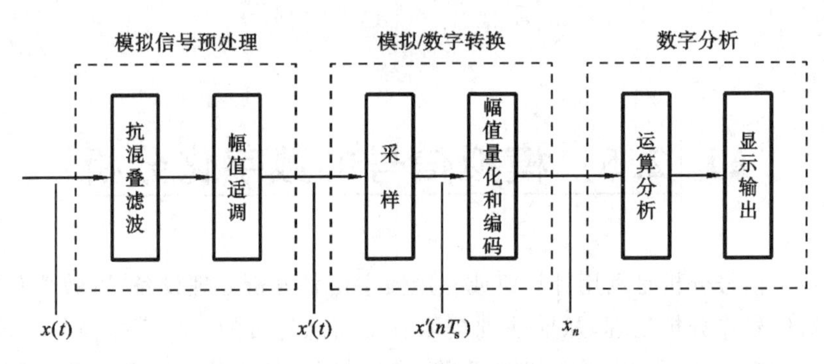

图 2.26 信号数字分析过程框图

(2) 模拟/数字转换　该部分完成模拟电压采样、幅值量化及编码，将模拟电压信号转换为数字信号。首先，采样保持器以采样周期 T_s 把 $x'(t)$采样为离散序列 $x'(nT_s)$，这样的时间轴上离散而幅值连续的信号通常称为采样信号。而后，量化编码装置将每一个采样信号的电压幅值转换为数字码，最终把信号 $x'(t)$变为数字信号 x_n。模拟/数字转换由模/数(A/D)转换器完成。模/数转换器的详细介绍见第 5 章。

(3) 数字分析　该部分的输入为数字信号 x_n，将其分为点数固定的一系列数据块，实现信号的时域截断，进而完成各种分析运算，显示、输出分析结果。

2.5.2 时域采样和频谱混叠

时域采样是指以一定的时间间隔从模拟时间信号中抽取样本值，获得离散时间序列的过程，这个离散时间序列就是采样信号$x_s(t)$，如图 2.27 所示。采样信号再经量化和编码变成数字信号，从而以数字信号替换了原来的连续信号。

模拟时间信号 $x(t)$被采样后，是否保留了原信号的全部信息？换句话说，要想从采样信号$x_s(t)$中无失真地恢复原来的模拟信号 $x(t)$，应如何选择采样周期 T_s 呢？过大的采样周期会丢失信号的细节。虽然采样周期越小越好，但采样周期越小，在相同样本下，数据点数也越多。下面的时域采样定理将讨论如何选择采样周期，即如何选择采样频率。

以采样周期 T_s 对模拟信号 $x(t)$进行采样，在理想采样情况下，采样信号 $x_s(t)$在数学上可以表示为被采样的模拟信号 $x(t)$与单位脉冲序列 $\delta_T(t)$的乘积，即

$$x_s(t) = x(t)\delta_T(t) = x(t)\sum_{n=-\infty}^{\infty}\delta(t-nT_s)$$

由于 $\delta(t-nT_s)$只在 $t=nT_s$ 时非零，所以

$$x_s(t)=\sum_{n=-\infty}^{\infty}x(nT_s)\delta(t-nT_s)$$

如果

$$F[\delta_T(t)]=S_1(\omega),\quad F[x(t)]=X(\omega)$$

则采样信号的频谱可以表示为

$$X_s(\omega)=F[x(t)\cdot\delta_T(t)]=\frac{1}{2\pi}X(\omega)*S_1(\omega)$$

由于脉冲函数序列的傅氏变换为

$$S_1(\omega)=\omega_s\sum_{k=-\infty}^{\infty}\delta(\omega-k\omega_s),\quad \omega_s=\frac{2\pi}{T_s}$$

所以

$$X_s(\omega)=\frac{1}{T_s}\sum_{k=-\infty}^{\infty}X(\omega-k\omega_s)\tag{2-74}$$

由式(2-74)可见，一个连续时间信号经过理想采样后，其频谱将以采样频率 $\omega_s(2\pi/T_s)$ 为间隔而重复着，即频谱产生了周期延拓，如图 2.27 所示。

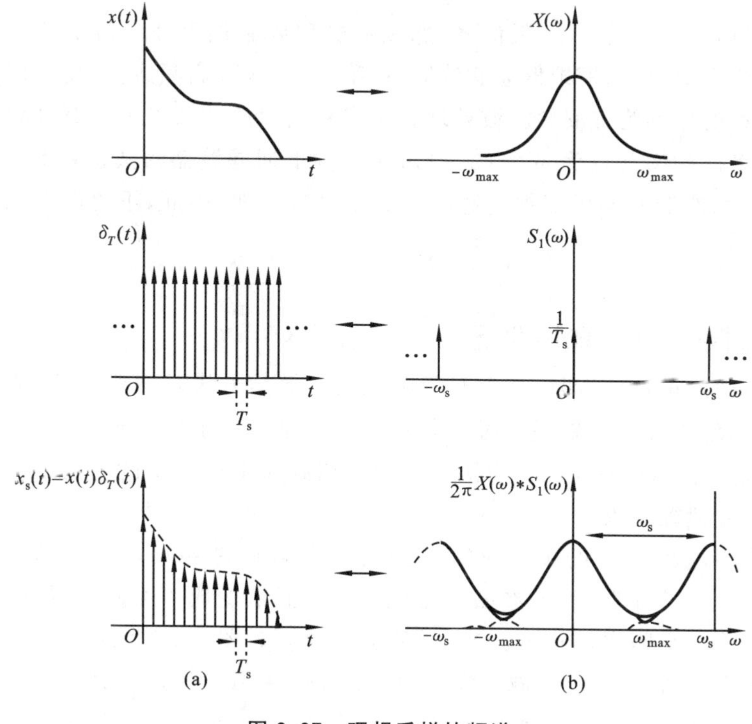

图 2.27 理想采样的频谱

(a)时域波形；(b)频谱

由图 2.27 可以看出,如果信号 $x(t)$是带限信号,即信号 $x(t)$的频谱只在区间$(-\omega_{max},\omega_{max})$有值。若采样频率 $\omega_s \geqslant 2\omega_{max}$,那么,频谱周期延拓不会相互重叠;若 $\omega_s < 2\omega_{max}$,那么,频谱周期延拓将相互重叠,这种频谱重叠的现象称为混叠(失真),如图 2.28 所示。为了使采样后的频谱不产生混叠失真,采样频率 ω_s 应等于或大于信号最高频率 ω_{max}的两倍,即

$$\omega_s \geqslant 2\omega_{max} \tag{2-75}$$

这就是采样定理,亦称香农(Shannon)定理。

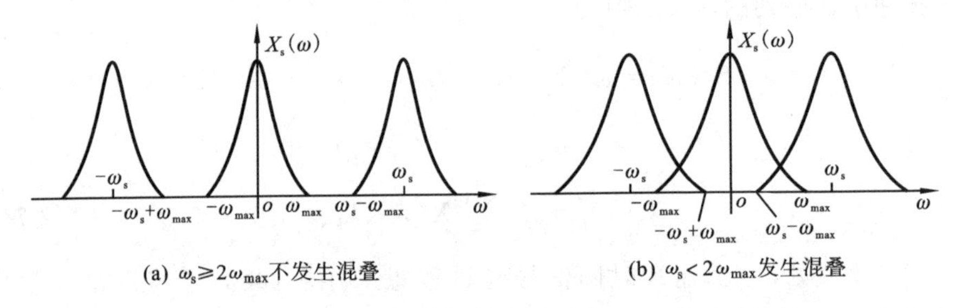

图 2.28 混叠现象

如果信号 $x(t)$不是带限信号,那么混叠现象必然存在。为了防止频谱混叠,在采样之前,可用模拟低通滤波器(见第 5 章)滤去高频成分,使其成为带限信号,这种处理称为抗混叠滤波处理。考虑到实际滤波器不可能有理想的截止特性,故采样频率常选为 $\omega_s=(3\sim4)\omega_c$($\omega_c$ 为低通滤波器的截止频率)。其实,任何低通滤波器都不可能把高频噪声完全衰减干净,因此,不可能彻底消除混叠。

2.5.3 时域截断和能量泄漏

在对信号进行分析时,必须对无限长的时域信号进行截断,使之成为有限长的信号,便于计算机处理。时域截断的方法是采用加窗处理,在时域上相当于将时域信号 $x(t)$乘以矩形窗函数 $w(t)$,在频域上产生了能量泄漏。下面介绍频域能量泄漏现象。

矩形窗函数 $w(t)$的频谱 $W(\omega)$是一个无限带宽的 $\mathrm{sinc}(x)$函数(见例 2.6)。即使 $x(t)$是一个带限信号,经截断处理之后也必然变成了无限带宽的信号,信号的能量便会沿频率轴扩展开来,导致能量泄漏。图 2.29 所示为一余弦信号 $x(t)$被加窗截断的时域、频域演变过程。设 $x(t)=A\cos(\omega_0 t)$,其频谱图是两根位于$\pm\omega_0$ 处的离散谱线。加窗截断后,时域上为 $x(t)w(t)$,在频域上对应的是原信号频谱与矩形窗函数频谱的卷积,即

$$x(t)w(t) \leftrightarrow \frac{1}{2\pi}X(\omega) * W(\omega)$$

时域截断后的频谱如图 2.29 所示。被截断信号的频谱由原来在 $\pm\omega_0$ 处的谱线变成了各有一主瓣外加旁瓣的连续谱形式。从能量的角度来讲，原先集中于 $\pm\omega_0$ 处的能量分散到 $\pm\omega_0$ 附近一个很宽的频带上了，这一现象便称为能量泄漏。

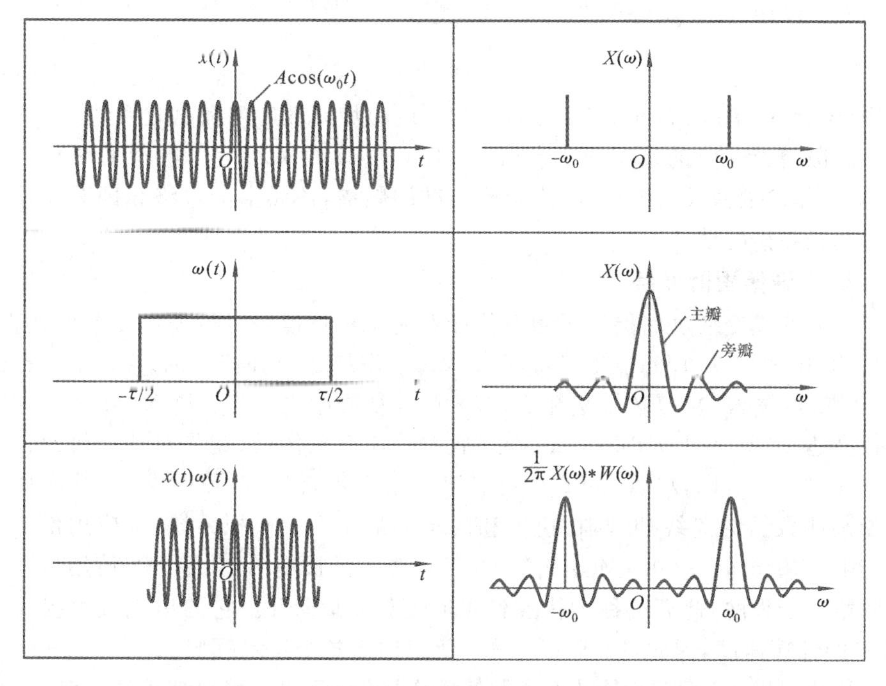

图 2.29 余弦信号被加窗截断的时域、频域演变过程

为了抑制或减小能量泄漏，需要选择性能更好的特殊窗来替代矩形窗。一般来说，一个好的窗函数其频谱的主瓣应窄，旁瓣应小。主瓣窄意味着能量集中分辨率高，旁瓣小意味着能量泄漏少。实际应用的窗函数主要有矩形、三角形、正弦或余弦函数等组合成的复合函数（如汉宁窗、海明窗等）、指数窗，在此不详述。

2.5.4 离散傅里叶变换与快速傅里叶变换

1. 离散傅里叶变换

对有限长度的离散时域序列进行傅氏变换，得到同样有限长度的离散频域序列的方法，称为离散傅里叶变换（discrete Fourier transform，DFT），简称离散傅氏变换，其定义为

$$\text{DFT}: X(k) = \sum_{n=0}^{N-1} x(n) e^{-j\frac{2\pi}{N}nk} = \sum_{n=0}^{N-1} x(n) W_N^{nk}, \quad k = 0,1,\cdots,N-1 \tag{2-76}$$

其逆变换(inverse discrete Fourier transform,IDFT)为

$$\text{IDFT}: x(n) = \frac{1}{N}\sum_{k=0}^{N-1} X(k) e^{j\frac{2\pi}{N}nk} = \frac{1}{N}\sum_{n=0}^{N-1} X(k) W_N^{-nk}, \quad n = 0,1,\cdots,N-1 \tag{2-77}$$

式中:$W_N = e^{-j\frac{2\pi}{N}}$;$x(n)$和$X(k)$分别为信号的时域离散序列和离散频谱。

离散傅氏变换的真正意义在于:对任意连续的时域信号进行采样和截断后,对其作离散傅氏变换的运算,得到离散的频谱,该频谱的包络线即对原连续信号真正频谱的估计。

2. 快速傅里叶变换

离散傅氏变换虽然提供了用数值计算的方法对信号进行傅氏变换的依据。但是,若用式(2-76)和式(2-77)进行计算,工作量是十分惊人的。求N个点的$X(k)$值,要作N^2次复数乘法和$N(N-1)$次复数加法。若点数$N=1\ 024$,乘法次数高达$1\ 024^2=1\ 048\ 576$次,如此浩大的计算工作量,就是对计算机而言也是很耗时的。所以,尽管DFT理论提出了很多年,但在一段时期内,其应用只限于某些数据的离线处理,在速度和成本上都比不上模拟系统,其应用价值相当有限。1965年,一种快速通用的DFT计算方法被提出,并编出了使用这个方法的第一个程序,此算法称为快速傅里叶变换,即FFT。它的出现极大提高了DFT的计算速度,因此,FFT方法被广泛应用于各个技术领域。

快速傅氏变换FFT是计算离散傅氏变换DFT的一种快速算法,在变换理论上仍然属于DFT的范畴。由于实际上的DFT和FFT无一不是采用FFT算法,所以人们习惯上把它们称为FFT。FFT自问世以来,已经出现了多种具体算法,速度也越来越快。标准的FFT程序可以在各种算法手册和信号分析程序库中查到,关于快速傅氏变换FFT的原理和方法在此不详述。

2.6 Matlab在信号描述与分析中的应用

1. 自相关函数的周期提取

例2.7 从含有随机噪声的信号中提取周期成分。

解

```
n=5000; fs=1000; N=512;
t=(0:n-1)/fs;
f=(0:N/2-1)*fs/N;
f0=5;
x=sin(2*pi*f0*t);
z=x+randn(size(x));   %含有随机噪声和简谐信号的测试信号
[R, tao]=xcorr(z, 600, 'coeff');   %自相关函数
subplot(2, 1, 1);
plot(t(1:1000), z(1:1000));
xlabel('时间/s');
ylabel('幅值');
subplot(2, 1, 2);
plot(tao, R);
xlabel('滞后');
ylabel('自相关函数');
```

【注】 [c, lags]=xcorr(x, maxlags, 'option')是求信号的自相关函数。Maxlags定义延时变化区间为[-maxlags:maxlags];'option'是估计选项,可以是'biased'(有偏估计)、'unbiased'(无偏估计)和'coeff'(归一化)。Lags返回延时时间序列,返回值c为对应延时的相关函数的值。该函数通过改变参数也可以求信号的互相关函数。

程序运行结果如图2.30所示。与图2.30(a)原时域波形相比,图2.30(b)中的自相关函数消除了大量的噪声,周期成分变得非常明显。

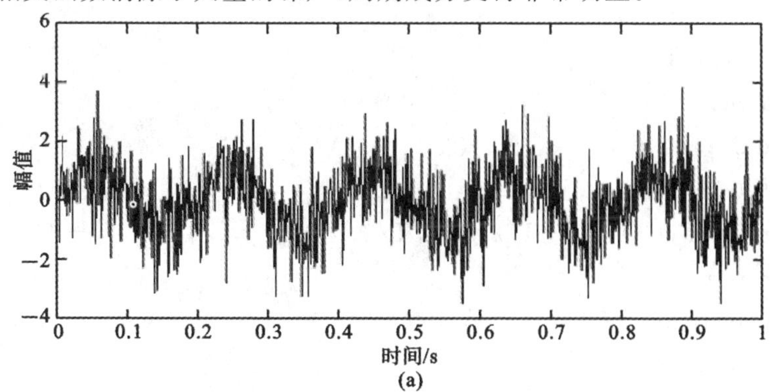

图2.30 相关分析提取周期信号

(a)原时域波形;(b)提取后的周期波形

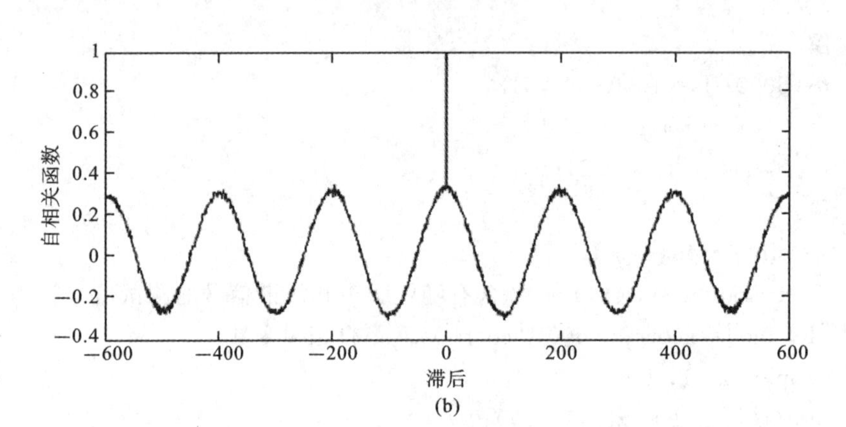

续图 2.30

2. 信号的频谱

例 2.8 利用例 2.3 求得的周期方波的频谱,对其部分谐波分量进行叠加,观察叠加的信号对周期方波的逼近情况。

解

```
A=1; T=2;  %方波信号的幅值、周期
t=-T:0.01:T;
w0=2*pi/T;  %基频
x=zeros(size(t));
n=1;  %谐波的次数
for k=1:2:n
    x=x+4*A*sin(k*w0*t)/(k*pi);  %谐波的叠加
end
plot(t,x,'k');
grid on;
hold on;
%画方波信号
plot([-T,-T/2,-T/2,0,0,T/2,T/2,T],[1,1,-1,-1,1,1,-1,
-1],'r');
xlabel('t');
ylabel('x(t)');
```

程序运行结果如图 2.31 所示。

通过修改 chap2_2.m 中变量 n 的值可以获得任意次谐波的叠加,随着 i 取

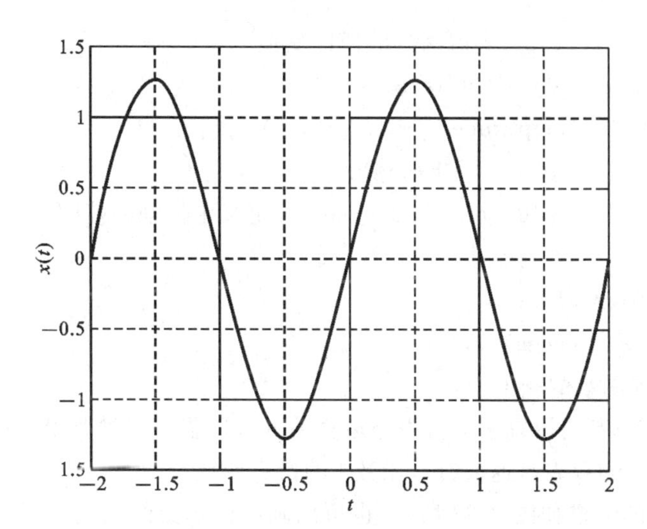

图 2.31 周期方波的一次谐波

值的增大，叠加后的波越来越逼近周期方波。例如，将上面程序中的 n 值改为15，可以得到基波到十五次谐波的叠加信号，如图 2.32 所示。

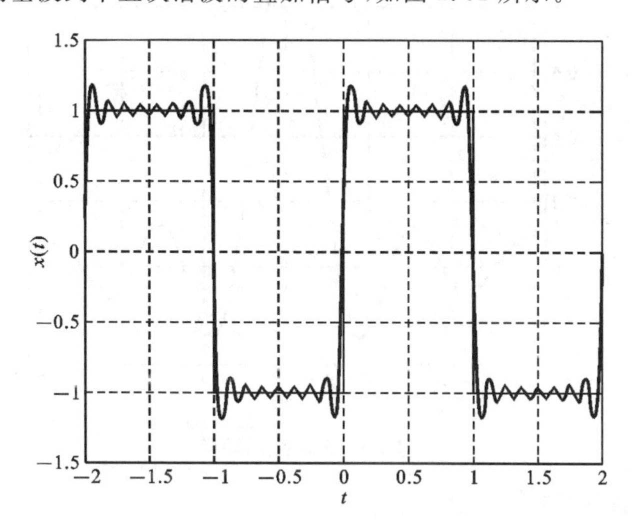

图 2.32 一到十五次谐波的叠加

例 2.9 画出例 2.6 中窗函数的频谱（设 $\tau=1$）。

解

```
syms t w;   %创建符号对象
ut=sym('Heaviside(t+0.5)-Heaviside(t-0.5)');   %窗函数的符号表达
```

```
fw=fourier(ut);  %窗函数的傅氏变换
% fw_amplitude=abs(fw);
% ezplot(fw_amplitude, [-10 * pi, 10 * pi]);
ezplot(fw,[-10 * pi, 10 * pi]);
axis([-10 * pi 10 * pi -0.3 1]);  %定义坐标轴的范围
grid;
xlabel('\omega ');
ylabel(' X(\omega) ');
title('窗函数的频谱');
```

Matlab 中专门设置了进行符号运算的 maple 程序以供调用,在此不深入讨论。F=fourier(f)表示返回符号函数 f 的傅氏变换。

窗函数的频谱如图 2.33 所示,也可以画出窗函数的幅频谱,见程序中注释掉的代码。

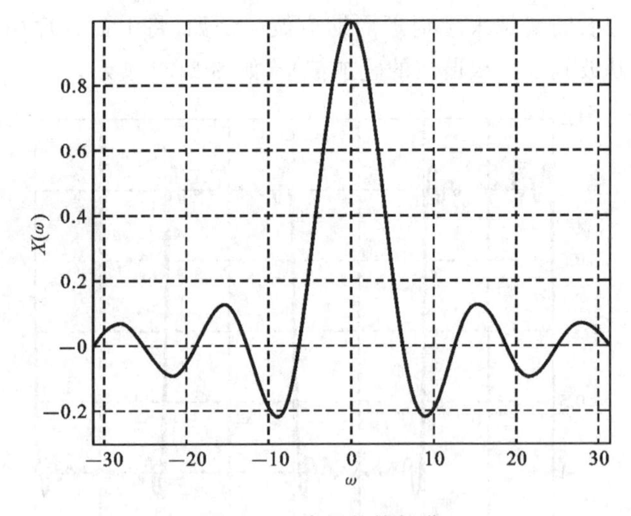

图 2.33 窗函数的频谱

3. 功率谱估计

例 2.10 估计一个含有随机噪声的信号的自功率谱,设这个信号由两个频率为 30 Hz 和 80 Hz 的正弦信号与噪声叠加而成。

解

```
fs=1000; %采样频率
n=1001; %点数
t=(0:n-1)/fs;
```

```
%由频率分别为 30 Hz、80 Hz 的两个正弦信号与随机噪声叠加而成的信号
x_n=sin(2*pi*30*t)+3*sin(2*pi*80*t)+randn(size(t));
[Pxx, w]=periodogram(x_n, [ ], 1023, fs);   %自功率谱估计
figure('color', [1 1 1]);
subplot(2, 1, 1);
plot(t, x_n);
xlabel('t');
ylabel('x(t)');
subplot(2, 1, 2);
plot(w, 10*log10(Pxx));
xlabel('频率/Hz');
ylabel('功率谱密度/(dB/Hz)');
```

【注】 [Pxx, w]=periodogram(x, window, nfft, fs)是利用周期图法来估计信号的功率谱。其中,window 为修正信号的窗函数(如海宁窗、汉宁窗),默认状态或设为空矩阵"[ ]"时,表示为矩形窗。fs 为采样频率。

程序输出结果如图 2.34 所示。从自功率谱中可以看出原信号包括的两个简谐分量的频率,而这个信息很难从信号的时域波形图中直接看出。

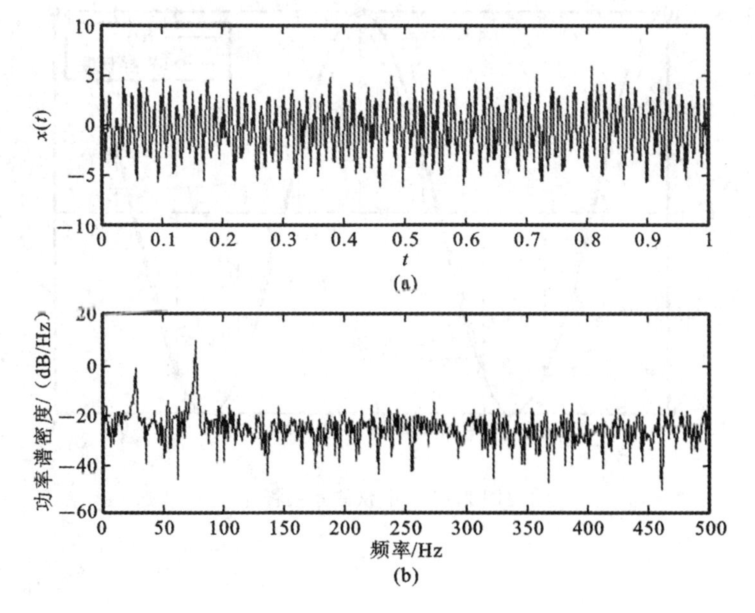

图 2.34 信号的自功率谱估计

4. 模拟信号采样

例 2.11 对余弦信号进行采样,并通过采样点恢复波形。

解

```
t=-1:0.01:1;
x_t=cos(2*pi*t);   %余弦信号,频率为 1 Hz
plot(t, x_t);
hold on;
n=-5:5;
fs=5;   %采样频率
xx=cos(2*pi*n/fs);   %采样值
stem(n/fs, xx,'r--');   %得到的采样序列
plot(n/fs, xx,'r--');   %恢复被采样信号
xlabel('t');
ylabel('x(t)');
legend('x(t)','采样恢复');
```

程序运行结果如图 2.35 所示。

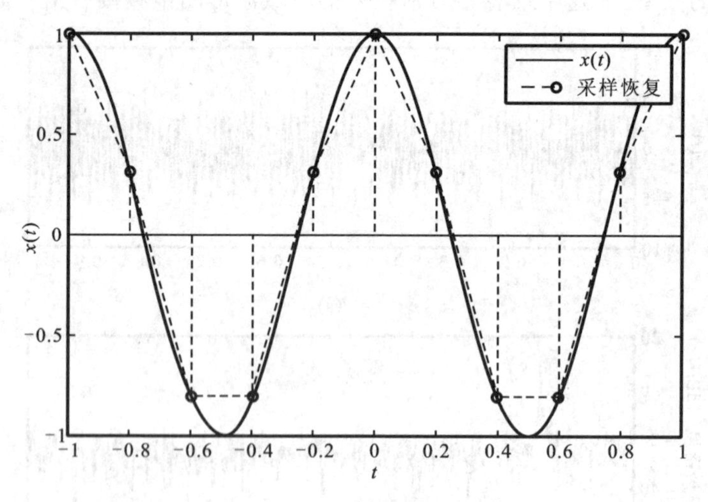

图 2.35 余弦信号采样

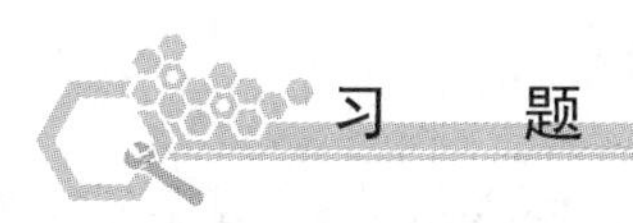

习 题

2.1 求图 2.36 所示锯齿波信号的傅里叶级数展开。

2.2 一个周期信号的傅里叶级数展开为

$$y(t)=4+\sum_{n=1}^{\infty}\left(\frac{\pi n}{5}\cos\frac{n\pi}{4}t+4n\pi\sin\frac{n\pi}{4}t\right)(t\text{ 的单位是 s})$$

求：

(1) 基频 ω_0；

(2) 信号的周期；

(3) 信号的均值；

(4) 将傅里叶级数表示成只含有余弦项的形式。

2.3 某正弦波振荡器的位移以 100 Hz 的频率在 2～5 mm 之间变化。绘制信号的时域波形和频谱图。

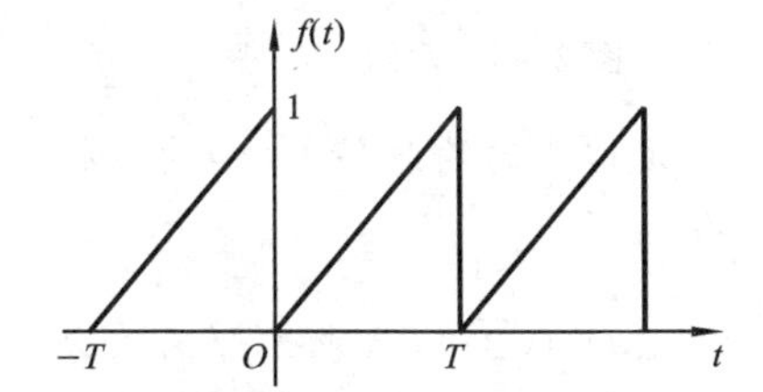

图 2.36 锯齿波信号(习题 2.1 图)

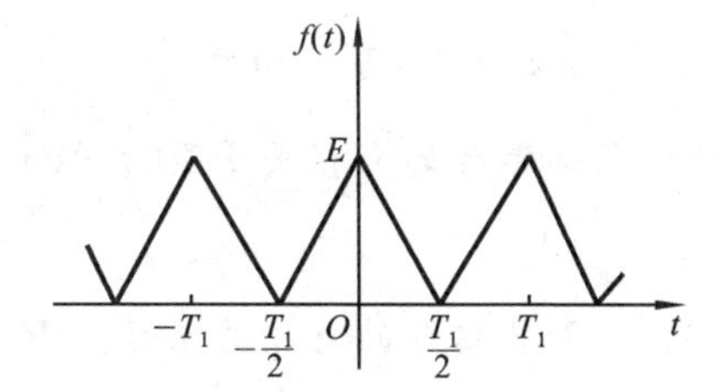

图 2.37 周期三角波信号(习题 2.4 图)

2.4 周期性三角波信号如图 2.37 所示，求信号的直流分量、基波的有效值、信号的频谱并画出频谱图。

2.5 求指数函数 $x(t)=Ae^{-at}(a>0,t>0)$ 的频谱。

2.6 对被截断的余弦信号

$$x(t)=\begin{cases}\cos\omega_0 t, & |t|<T\\ 0, & |t|\geqslant T\end{cases}$$

(见图 2.38)进行傅里叶变换。

2.7 求指数衰减振荡信号 $x(t)=e^{-\alpha t}\sin\omega_0 t(\alpha>0,t>0)$ 的频谱。

2.8 求余弦信号 $x(t)=X\cos\omega_0 t$ 的均值 μ_x 和均方根值 x_{rms}。

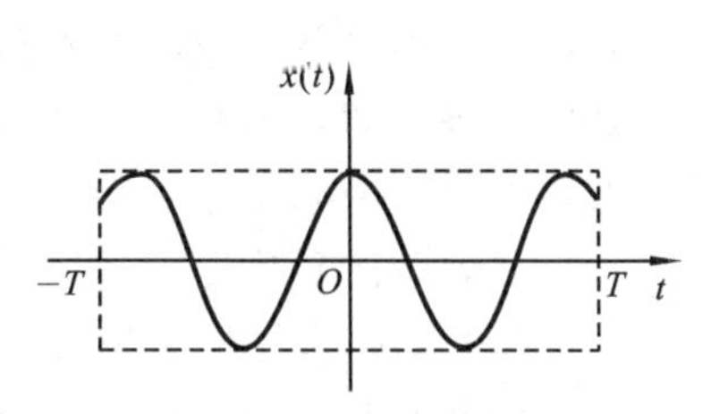

图 2.38 习题 2.6 图

2.9　求 $h(t)$ 的自相关函数，$h(t)$ 的表达式为

$$h(t)=\begin{cases}e^{-at}, & t\geqslant 0, a>0\\ 0, & t<0\end{cases}$$

2.10　求正弦波和方波(见图 2.39)的互相关函数。

2.11　某一系统的输入信号为 $x(t)$(见图 2.40)，若输出 $y(t)$ 与输入 $x(t)$ 波形相同，输入的自相关函数 $R_x(\tau)$ 和输入的互相关函数 $R_{xy}(\tau)$ 之间的关系为 $R_x(\tau)=R_{xy}(\tau+T)$，试说明该系统起什么作用？

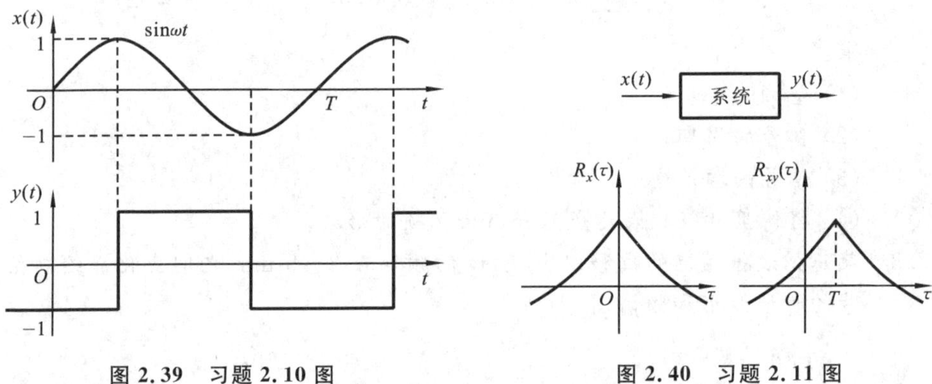

图 2.39　习题 2.10 图　　图 2.40　习题 2.11 图

2.12　已知信号的自相关函数为 $A\cos\omega_0\tau$，试确定该信号的均方值 ψ_x^2 和均方根值 $x_{\rm rms}$。

2.13　已知某信号的自相关函数为 $R_x(\tau)=\dfrac{64\sqrt{2}}{\tau}\sin(50\sqrt{2}\tau)$，试求信号的均方值 ψ_x^2 和均方根值 $x_{\rm rms}$。

2.14　已知某信号的自相关函数 $R_x(\tau)=100\cos 100\pi\tau$，试求信号的均值 μ_x，均方值 ψ_x^2 和功率谱。

2.15　已知某信号的自相关函数为 $A\cos\omega_0\tau$，求它的自功率谱 $S_x(\omega)$。

2.16　模拟信号的数字化分析主要包括哪些过程？

2.17　什么是能量泄漏？

2.18　什么叫采样定理？它在信号处理过程中起何作用？

2.19　抗混叠滤波的作用是什么？

2.20　对三个余弦信号 $x_1(t)=\cos 2\pi t$、$x_2(t)=\cos 6\pi t$、$x_3(t)=\cos 10\pi t$ 进行采样，采样频率 $f_s=4$ Hz，求：

(1) 三个采样信号序列；

(2) 画出 $x_1(t)$、$x_2(t)$ 和 $x_3(t)$ 的波形，标出采样点位置；

(3) 解释频率混叠现象。

第3章 测试系统的基本特性

3.1 概　　述

对物理量进行测量时，要用到各种各样的装置和仪器，它们对被测量进行传感、转换、传输、显示、记录和分析等，组成了所谓的测试系统。根据测试的目的和要求不同，实际的测试系统可能简单，也可能复杂。研究测试系统，不仅可以针对整个测试系统，也可以针对测试系统中的某个子系统，甚至是子系统中的某个组成环节。本书中测试系统的概念是广义的，在信号流传输通道中，任意连接输入、输出并有特定功能的环节，均可视为测试系统。

测试系统的任务是感受被测输入并将其转换为可以理解或可以量化的输出形式。测试系统对不同的输入有不同的输出，即对不同的输入进行不同的“加工”，输出就是加工后的“产品”。一个特定的系统无论是否适合测量某些输入信号，其总是对输入作出响应（输出）。输出在多大程度上反映了被测的输入信号，与测试系统的特性有关。一般的测试系统都可以用一个模型（如微分方程、传递函数、频率特性函数、脉冲响应函数等）来描述，模型反映的就是测试系统对输入的“加工”特性。

用模型来描述一个测试系统时，测试系统与其输入、输出之间的关系可用图 3.1 表示，其中 $x(t)$ 和 $y(t)$ 分别表示输入与输出，$h(t)$ 表示系统的传递特性。此三者是彼此具有确定关系的量，已知其中任意两个量，便可以推断和估计第三个量，这便构成了工程测试中需要解决的三个方面的实际问题：

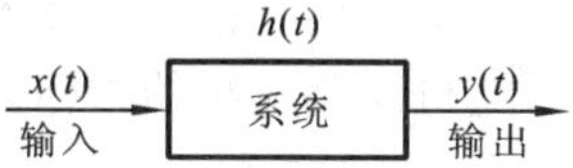

(1) 输入和输出能观测，推断系统的传递特性；

(2) 输入能观测，系统的传递特性已知，估计输出；

$h(t)$
$x(t)$ 输入 → 系统 → $y(t)$ 输出

图 3.1　系统、输入和输出

(3) 输出能观测,系统的传递特性已知,推断输入。

1. 测试系统的静态特性与动态特性

测试系统的基本特性分为静态特性和动态特性。被测量是静态信号的测量过程称为静态测量。静态测量时,测试系统的输入与输出的关系或技术指标称为静态特性。被测量是动态信号的测量过程称为动态测量。测试系统对输入的动态信号随时间变化的响应特性称为动态特性。本章的重点是测试系统动态特性的描述与分析。

2. 测试系统的标定

测试系统的特性通过标定来确定。测试系统在使用过程中,还要定期对其特性进行校验。无论是标定还是校验,都是指在规定的标准工作条件下(规定的温度、湿度、大气压等)用试验的方法对系统特性进行测试。二者的实现方法相同,只是目标不同。标定是为了获得测试系统的特性,校验是对测试系统原有的特性参数值进行检验和校准。本章将统一使用“标定”这个术语。根据标定时输入到测试系统中的已知量是静态信号还是动态信号,将标定分为静态标定与动态标定。

3.2 测试系统的静态特性和静态标定

测试系统的静态特性是指静态测量时系统的输入与输出的关系或技术指标。测试系统的静态特性可以通过静态标定来确定。理想测试系统的输入与输出之间呈单值线性关系,但实际上测试系统总是以不同方式、不同程度地偏离理想状态。工程上常采用一些技术指标来描述测试系统的静态特性。

3.2.1 测试系统的静态特性

静态特性一般包括:重复性、灵敏度、线性度、分辨率、迟滞与回程误差、稳定度和漂移等。

1. 重复性

重复性是指等精度测量所得结果之间的符合程度。重复性是衡量测量仪器随机误差大小的指标。

2. 灵敏度

灵敏度是指静态测量时测试系统输出的变化量 Δy 与输入的变化量 Δx 的

比值，即

$$K = \frac{\Delta y}{\Delta x} \tag{3-1}$$

对于线性系统，输出量与输入量之间的关系是一条直线，灵敏度就是该直线的斜率，为一常数。对于非线性系统，灵敏度随输入量的变化而变化。

3. 线性度

实际的测试系统输出与输入之间并非是严格的线性关系。因此，实际输入和输出关系可以用一条曲线来表示，该曲线称为测试系统的静态特性曲线，也称为静态校准曲线或静态标定曲线。实际使用时，常用某种拟合直线近似地表示输入和输出的关系，该拟合直线称为测试系统的工作直线。校准曲线偏离工作直线的程度称为测试系统的线性度，如图 3.2 所示。线性度用标定曲线与工作直线之间的最大偏差 B 与测试系统满量程输出值 A 之比值的百分数来表示

$$线性度 = \frac{B}{A} \times 100\% \tag{3-2}$$

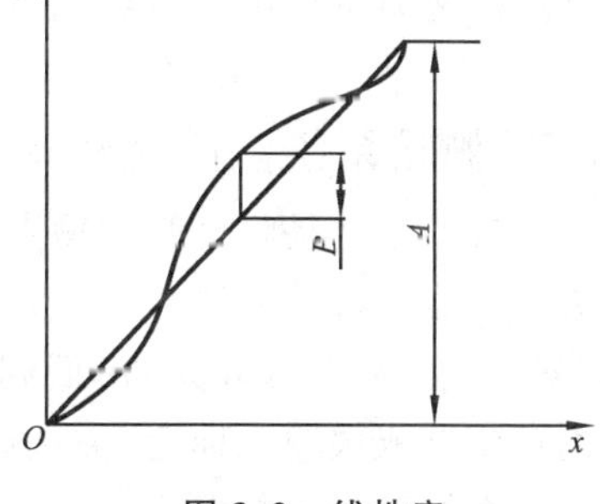

图 3.2 线性度

由于最大偏差 B 是以工作直线为基准计算的，因此，不同的拟合方法所得的工作直线不同，最大偏差 B 值也不一样。

拟合直线的方法有很多，请参阅相关资料，这里只简单介绍常用的两种。

(1) 端值法　将一条通过量程上、下极限点的连线作为工作直线。

(2) 最小二乘直线法　将满足测试系统校准数据与拟合直线的偏差的平方和为最小值条件所确定的直线作为工作直线。

4. 分辨率

分辨率是指测试系统能测量到的最小输入变化量的能力，也就是能引起输出量发生变化的最小输入变化量。

5. 迟滞与回程误差

由于内部的弹性元件的弹性滞后、磁性元件的迟滞现象及机械摩擦、材料受力变形、间隙等原因，实际的测试系统使得在相同的测试条件下，在输入量由小增大和由大减小的测试过程中，对应于同一输入量所得到的输出量往往存在差值，这种现象称为迟滞，这个差值称为迟滞误差。对于测试系统的迟滞程度，用回程误差来描述。如图 3.3 所示，在

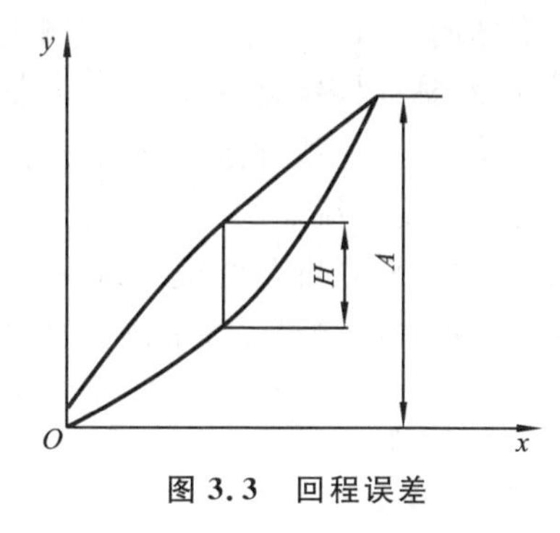

图 3.3 回程误差

相同的测试条件下,将全量程范围内的最大迟滞误差 H 与测量装置满量程输出 A 的比值的百分数定义为回程误差,即

$$\text{回程误差}=\frac{H}{A}\times 100\% \tag{3-3}$$

6. 稳定度和漂移

稳定度是指测试系统在规定条件下保持其测量特性恒定不变的能力。通常稳定度是对时间变化而言的。漂移是指测量装置的输入未产生变化时,其输出发生变化的现象。例如,仪表在没有输入的情况下,指针却偏离零点的零点漂移。漂移通常是由测量装置内部温度变化和元件的不稳定性引起的。

3.2.2 测试系统的静态标定

静态标定就是将已知的输入作用于测试系统,得出测试系统的输入和输出的关系或静态特性曲线。对测试系统进行标定时,一般在全量程范围内均匀地选取标定点,从零点开始,由低到高,逐次输入标定点的值,这是正行程;然后,再由高到低依次输入标定点的值,直至返回零点为止,这是反行程。正、反行程作为一个循环。重复多个循环,记录下测试系统相应的输出值,从而由记录值绘制静态特性曲线或得到经验公式,根据此曲线(或经验公式)便可获得其他的静态特性指标。

3.3 测试系统的动态特性

一个理想的测试系统应该具有单一的、确定的输入-输出关系,系统的特性不应随时间发生变化,且输入输出之间呈线性关系,这样的系统是线性时不变系统,也称线性定常系统。在动态测量中,实际中的大多数系统属于线性时不变系统,一些非线性系统或时变系统往往在一定的工作误差允许范围内可视为线性时不变系统。线性时不变系统的分析方法已经形成了比较完整严密的体系,而非线性系统与时变系统在动态测试中要作非线性校正还比较困难,因此,本章中提到的测试系统都为线性时不变系统。

3.3.1 线性时不变系统的性质

如果以 $x(t) \to y(t)$ 描述线性时不变系统的输入与输出的对应关系，则线性时不变系统具有如下的性质。

(1) 叠加特性　几个输入之和(或差)所产生的输出是各个输入所产生的输出之和(或差)。如有

$$\begin{cases} x_1(t) \to y_1(t) \\ x_2(t) \to y_2(t) \end{cases}$$

则有

$$x_1(t) \pm x_2(t) \to y_1(t) \pm y_2(t) \tag{3-4}$$

(2) 比例特性　对于任意常数 a，必有

$$ax(t) \to ay(t) \tag{3-5}$$

(3) 微分特性　系统对输入导数的响应等于对原输入响应的导数，即

$$\frac{\mathrm{d}x(t)}{\mathrm{d}t} \to \frac{\mathrm{d}y(t)}{\mathrm{d}t} \tag{3-6}$$

(4) 积分特性　如果系统的初始状态为零，有

$$\int_0^t x(t)\mathrm{d}t \to \int_0^t y(t)\mathrm{d}t \tag{3-7}$$

(5) 频率保持性　若输入为某一频率的简谐信号 $x(t)=X_0\cos(\omega t+\varphi_1)$，系统的稳态输出应是与之同频的简谐信号，即

$$y(t) = Y_0\cos(\omega t + \varphi_2) \tag{3-8}$$

线性系统的这些性质，尤其是叠加特性和频率保持性在测量过程中具有重要的意义。对于一个线性系统来说，若已知其输入的激励频率，则测试系统的输出信号必然具有与之相同的频率成分。因此，研究复杂输入信号所引起的输出时，根据叠加原理和频率保持性，就可以转换到频域中去研究。

3.3.2 测试系统动态特性的描述方法

一般的测试系统都可以用一个模型来描述。这个模型可以是线性系统的数学模型、传递函数、频率特性函数和脉冲响应函数等。

1. 线性系统的数学模型

测试系统动态特性的数学模型可以用常系数线性微分方程来描述，方程式的一般形式为

$$a_n \frac{\mathrm{d}^n y(t)}{\mathrm{d}t^n} + a_{n-1} \frac{\mathrm{d}^{n-1} y(t)}{\mathrm{d}t^{n-1}} + \cdots + a_1 \frac{\mathrm{d}y(t)}{\mathrm{d}t} + a_0 y(t)$$

$$= b_m \frac{\mathrm{d}^m x(t)}{\mathrm{d}t^m} + b_{m-1} \frac{\mathrm{d}^{m-1} x(t)}{\mathrm{d}t^{m-1}} + \cdots + b_1 \frac{\mathrm{d}x(t)}{\mathrm{d}t} + b_0 x(t) \tag{3-9}$$

式中:$x(t)$为系统的输入;$y(t)$为系统的输出;$a_n, a_{n-1}, \cdots, a_1, a_0$ 和 $b_m, b_{m-1}, \cdots, b_1, b_0$ 分别为与系统结构有关的常量。

2. 传递函数

传递函数的定义:在初始条件为零时,即输入和输出及它们的各阶导数的初始值均为零时,系统输出的拉氏变换与输入的拉氏变换之比。对式(3-9)取拉氏变换得

$$Y(s)(a_n s^n + a_{n-1} s^{n-1} + \cdots + a_1 s + a_0)$$

$$= X(s)(b_m s^m + b_{m-1} s^{m-1} + \cdots + b_1 s + b_0) \tag{3-10}$$

则系统的传递函数 $H(s)$为

$$H(s) = \frac{Y(s)}{X(s)} = \frac{b_m s^m + b_{m-1} s^{m-1} + \cdots + b_1 s + b_0}{a_n s^n + a_{n-1} s^{n-1} + \cdots + a_1 s + a_0} \tag{3-11}$$

传递函数 $H(s)$表征了一个系统的传递特性。分母中 s 的幂次 n 代表了系统的阶次,也称为传递函数的阶次。一般的测量装置总是稳定的,其分母中 s 的幂次总是高于分子中 s 的幂次,即 $n>m$。

传递函数有以下几个特点:

(1) $H(s)$与输入 $x(t)$无关,它只表达系统的传输特性,传递函数不因输入 $x(t)$的改变而改变;

(2) 由传递函数描述的系统对于任一具体的输入 $x(t)$都明确地给出了相应的输出 $y(t)$;

(3) 等式中各系数 $a_n, a_{n-1}, \cdots, a_1, a_0$ 和 $b_m, b_{m-1}, \cdots, b_1, b_0$ 是由测试系统本身结构特性所唯一确定的常量。

3. 频率特性函数

1) 频率特性函数的定义

根据线性时不变系统的频率保持性,测试系统在简谐信号 $x(t)=X\sin\omega t$ 的激励下所产生的稳态输出也是简谐信号 $y(t)=Y\sin(\omega t+\varphi)$。此时,输出信号和输入信号虽为同频率的简谐信号,但两者的幅值和相位不同。两者的幅值比 $A=Y/X$ 和相位差 φ 都随输入的简谐信号的频率 ω 的变化而变化,它们是 ω 的函数。

系统的频率特性是指系统在简谐信号激励下,其稳态输出对输入的幅值比和相位差随激励频率 ω 变化的特性。频率特性包括幅频特性和相频特性。稳

态输出信号和输入信号的幅值比定义为系统的幅频特性，记为 $A(\omega)$；稳态输出对输入的相位差定义为系统的相频特性，记为 $\varphi(\omega)$。系统的幅频和相频特性分别表征了系统对输入信号中各个频率分量幅值的缩放能力和相位角前后移动的能力。

系统的频率特性函数 $H(\omega)$ 是以 $A(\omega)$ 为模、$\varphi(\omega)$ 为幅角构成的复数，即

$$H(\omega) = A(\omega)e^{j\varphi(\omega)} \tag{3-12}$$

$H(\omega)$ 表示系统的频率特性，也称为系统的频率响应函数，在频域中描述测试系统的特性。

如果将 $H(\omega)$ 用实部 $\mathrm{Re}\{H(\omega)\}$ 和虚部 $\mathrm{Im}\{H(\omega)\}$ 的组合形式，可表示为

$$H(\omega) = \mathrm{Re}\{H(\omega)\} + j\mathrm{Im}\{H(\omega)\} \tag{3-13}$$

则其幅频特性和相频特性分别为

$$A(\omega) = \sqrt{\mathrm{Re}^2\{H(\omega)\} + \mathrm{Im}^2\{H(\omega)\}} \tag{3-14}$$

$$\varphi(\omega) = \arctan\frac{\mathrm{Im}\{H(\omega)\}}{\mathrm{Re}\{H(\omega)\}} \tag{3-15}$$

频率特性函数的定义是对简谐激励而言的。但根据第 2 章所述，任何信号都可以分解成简谐信号的叠加，因而，在任何复杂信号输入下，系统频率特性也是适用的。对于动态输入信号的重构一般需要重构信号的振幅、频率和相位，因此，通过分析测试系统的幅频和相频特性，利用测试系统的输出，可以重构系统的输入，即被测信号。

2）幅频和相频特性的图像描述

以角频率 ω 为自变量分别画出 $A(\omega)$ 和 $\varphi(\omega)$ 的图形，所得的曲线分别称为幅频特性曲线和相频特性曲线。

以 $\lg(\omega)$ 为横坐标，以 $20\lg A(\omega)$ 为纵坐标画出的曲线称为系统的对数幅频特性曲线。其中，$20\lg A(\omega)$ 是对数幅值，单位是分贝(dB)。以 $\lg(\omega)$ 为横坐标，以 $\varphi(\omega)$ 为纵坐标画出的曲线称为系统的对数相频特性曲线。对数幅频特性曲线与对数相频特性曲线总称为系统的伯德(Bode)图。在伯德图中，横坐标是用对数 $\lg(\omega)$ 的大小来刻度的，但坐标轴上标明的数值是实际的 ω 值。频率 ω 每变化十倍称为十倍频程或十进程，记作 decade，或简写为 dec。

3）频率特性函数的求法

（1）通过传递函数求 $H(\omega)$　在系统的传递函数 $H(s)$ 已知的情况下，令 $H(s)$ 中 $s=j\omega$，并代入式(3-11)中，可得

$$H(\omega) = \frac{b_m(j\omega)^m + b_{m-1}(j\omega)^{m-1} + \cdots + b_1(j\omega) + b_0}{a_n(j\omega)^n + a_{n-1}(j\omega)^{n-1} + \cdots + a_1(j\omega) + a_0} \tag{3-16}$$

由此可以看出，频率特性函数只不过是传递函数的一种特例，是 $s=j\omega$ 时的

传递函数。有时将频率特性函数记为$H(\mathrm{j}\omega)$,以强调其与$H(s)|_{s=\mathrm{j}\omega}$的联系。

(2) 利用傅氏变换求$H(\omega)$　在系统的微分方程已知的情况下,频率特性函数也可由式(3-9)作傅氏变换推导得到,推导时应用了傅氏变换性质中的微分定理。因而,$H(\omega)$就成为输出$y(t)$的傅氏变换$Y(\omega)$与输入$x(t)$的傅氏变换$X(\omega)$之比,即

$$H(\omega)=\frac{Y(\omega)}{X(\omega)} \tag{3-17}$$

(3) 通过试验求$H(\omega)$　与传递函数相比较,测试系统的频率特性函数物理概念明确,可以通过试验求得。通过试验求频率特性函数的方法:依次用不同频率ω_i的简谐信号(幅值为X_i)去激励测试系统,同时测出系统稳态输出的幅值Y_i和相位差φ_i。这样,便有一组$\frac{Y_i}{X_i}=A_i$和φ_i,全部的A_i-ω_i和φ_i-ω_i便可表达系统的频率特性。

4) 传递函数与频率响应函数的区别

用传递函数和频率特性函数均可描述系统的传递特性,但两者含义不同。对于传递函数,当输入为简谐信号,采用拉氏变换解得的系统输出将由两部分组成:由激励引起的、反映系统固有特性的瞬态输出及该激励所对应的稳态输出。如图3.4(a)所示,系统的输出在激励开始有一段过渡过程,经过一段时间后,输出进入稳态。对于频率特性函数,当输入为简谐信号时,由傅氏变换和逆变换解得的输出是稳态输出,如图3.4(b)所示。由频率特性函数可知,系统的输出是在到达稳态时才进行观察。因此,用频率特性函数不能反映过渡过程,其仅仅是对简谐输入信号的稳态输出的反映,必须用传递函数才能反映系统响应的全过程。

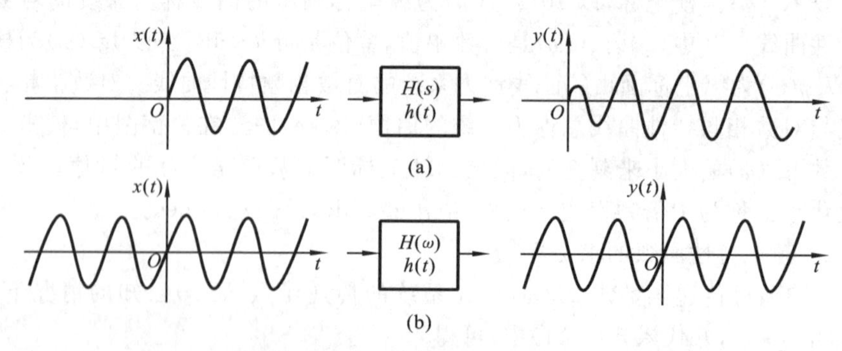

图3.4　用传递函数和频率特性函数分别表示系统的输出

(a)传递函数;(b)频率特性函数

在测试领域，常用频率特性函数来描述系统的动态特性。因为在实际测量时，为了获得较好的测量结果，常常在系统到达稳态输出的阶段进行测试。在控制领域，常用传递函数来描述系统的动态特性。由于控制技术常常要研究典型的扰动所引起的系统响应，研究一个过程从起始的瞬态变化过程到最终的稳态过程的全部特性。因此，本章在讨论测试系统的动态特性时以频率特性函数描述方式为主。

4. 脉冲响应函数

对于式(3-11)来说，若测试系统输入为单位脉冲信号 $\delta(t)$，而 $\delta(t)$ 的拉氏变换为 1，即 $X(s)=1$，因此，输出 $y(t)_\delta$ 的拉氏变换 $Y_\delta(s)$ 为

$$Y_\delta(s) = H(s)X(s) = H(s) \tag{3-18}$$

因此，有 $y(t)_\delta = L^{-1}[H(s)]$，记为 $h(t)$，常称它为测试系统的脉冲响应函数或权函数。脉冲响应函数可以视为系统特性的时域描述。

同理，$\delta(t)$ 的傅氏变换为 1，即 $X(\omega)=1$，则

$$Y(\omega) = X(\omega)H(\omega) = H(\omega)$$

对上式取傅氏逆变换，可得

$$y(t)_\delta = F^{-1}[H(\omega)] = h(t) \tag{3-19}$$

系统特性在时域、频域和复数域可分别用脉冲响应函数、频率特性函数和传递函数来描述，三者之间存在着一一对应的关系。脉冲响应函数和传递函数是一对拉氏变换对，脉冲响应函数和频率特性函数又是一对傅氏变换对。

5. 环节的串联并联

n 个环节串联组成的系统(见图 3.5)，如果它们之间没有能量交换，则串联后所组成的系统的传递函数和频率特性函数分别为

$$H(s) = \prod_{i=1}^{n} H_i(s) \tag{3-20}$$

$$H(\omega) = \prod_{i=1}^{n} H_i(\omega) \tag{3-21}$$

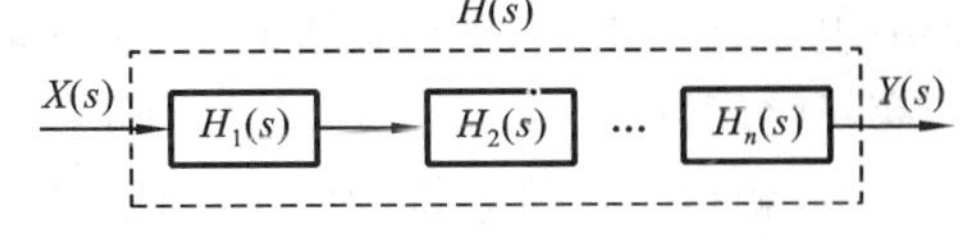

图 3.5 n 个环节串联

其幅频和相频特性分别为

$$A(\omega) = \prod_{i=1}^{n} A_i(\omega) \tag{3-22a}$$

$$\varphi(\omega)=\sum_{i=1}^{n}\varphi_i(\omega) \tag{3-22b}$$

由 n 个环节并联组成的系统(见图 3.6)的传递函数和频率特性函数分别为

$$H(s)=\sum_{i=1}^{n}H_i(s) \tag{3-23}$$

$$H(\omega)=\sum_{i=1}^{n}H_i(\omega) \tag{3-24}$$

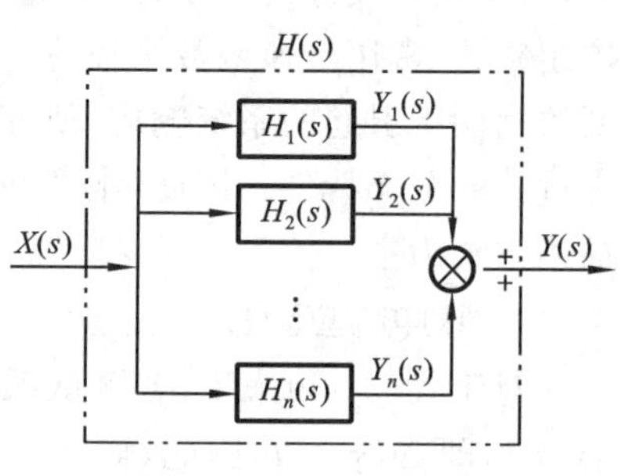

图 3.6　n 个环节并联

理论分析表明,任何分母中 s 高于三次($n\geqslant 3$)的高阶系统都可以看成若干个一阶环节和二阶环节的串联和并联。因此,分析并了解一、二阶环节的传输特性是分析并了解高阶、复杂系统传输特性的基础。因此,随后的章节重点介绍最常见的一阶和二阶系统的动态特性。

3.3.3　一阶系统的动态特性

1. 一阶系统的数学描述

在式(3-9)中,若除了 a_0、a_1 和 b_0 之外其他所有的系数均为零,则得到等式

$$a_1\frac{\mathrm{d}y(t)}{\mathrm{d}t}+a_0y(t)=b_0x(t) \tag{3-25}$$

遵循式(3-25)数学关系的系统称为一阶系统。将式(3-25)两边除以 a_0,得

$$\frac{a_1}{a_0}\frac{\mathrm{d}y(t)}{\mathrm{d}t}+y(t)=\frac{b_0}{a_0}x(t) \tag{3-26}$$

2. 一阶系统的传递函数

对式(3-26),定义 $\tau=a_1/a_0$ 为系统时间常数;定义 $K=b_0/a_0$ 为系统的静态灵敏度,线性系统中 K 为常数,因此为了讨论和分析的方便,在对系统进行动态特性分析时,约定 $K=1$。对式(3-26)作拉氏变换,则获得一阶系统的传递函数

$$H(s)=\frac{Y(s)}{X(s)}=\frac{1}{\tau s+1} \tag{3-27}$$

常见的一阶系统有弹簧-阻尼、RC 电路、液体温度计等,如图 3.7 所示。

3. 一阶系统的频率特性函数

令式(3-27)中的 $s=\mathrm{j}\omega$,就得到一阶系统的频率特性函数

$$H(\omega)=\frac{1}{\mathrm{j}\tau\omega+1} \tag{3-28}$$

一阶系统的幅频特性和相频特性的表达式分别为

$$A(\omega)=|H(\mathrm{j}\omega)|=\frac{1}{\sqrt{1+(\tau\omega)^2}} \tag{3-29}$$

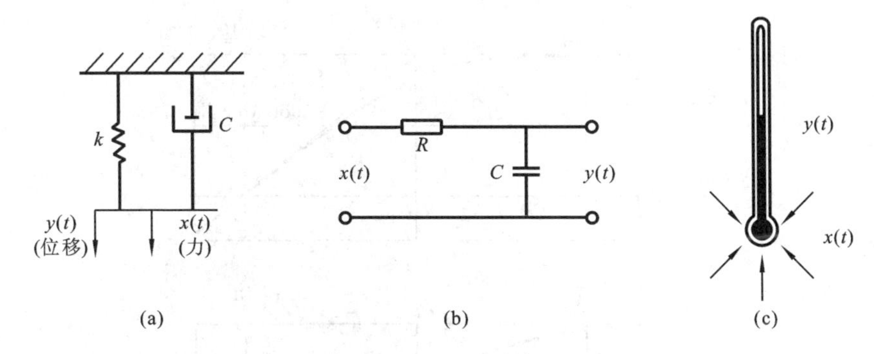

图 3.7 一阶系统

(a)弹簧-阻尼系统；(b)RC 电路；(c)液体温度计

$$\varphi(\omega)=-\arctan(\omega\tau) \tag{3-30}$$

当 $K=1$ 时，根据式(3-29)和式(3-30)绘出一阶系统幅频特性曲线和相频特性曲线如图 3.8 所示，伯德图如图 3.9 所示。

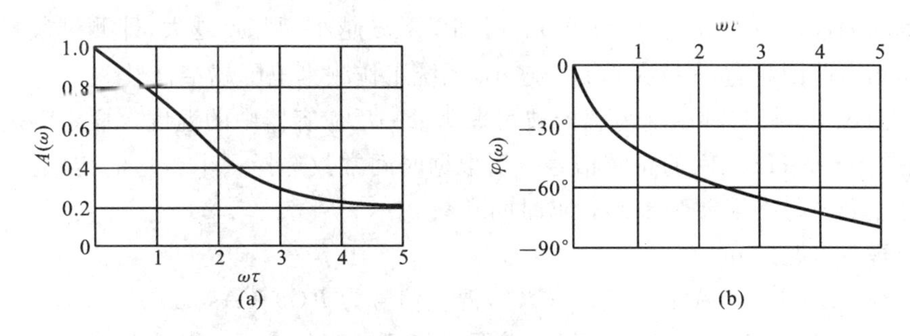

图 3.8 一阶系统的幅频与相频特性图

伯德图的绘制使用分贝坐标，因此测试系统的幅值衰减量 $\delta(\omega)$ 也常用分贝单位衡量，即表示为

$$\delta(\omega)=-20\lg A(\omega)\,\mathrm{dB} \tag{3-31}$$

通常，将系统的衰减量为 $-3\mathrm{dB}$(即 $A(\omega)=0.707$)时所对应的频率点称为系统的截止频率，用 ω_c 表示。一阶系统的截止频率 $\omega_c=1/\tau$。

从频率响应特性图上可以看出，一阶系统有以下几个特点。

(1) 一阶系统是一个低通环节 只有输入的被测信号的频率 $\omega\ll 1/\tau$ 时，幅频特性才近似为 1，且相位差趋近于 0，这时测量误差较小。当输入信号的频率 $\omega>4/\tau$ 时，$A(\omega)<0.25$，即幅值有很大的衰减，且存在较大的相位差。

(2) 时间常数 τ 决定了一阶系统的工作频率范围 工作频率是指测试装置在允许的误差范围内能不失真传递的被测信号的频率范围。这里假设工作频

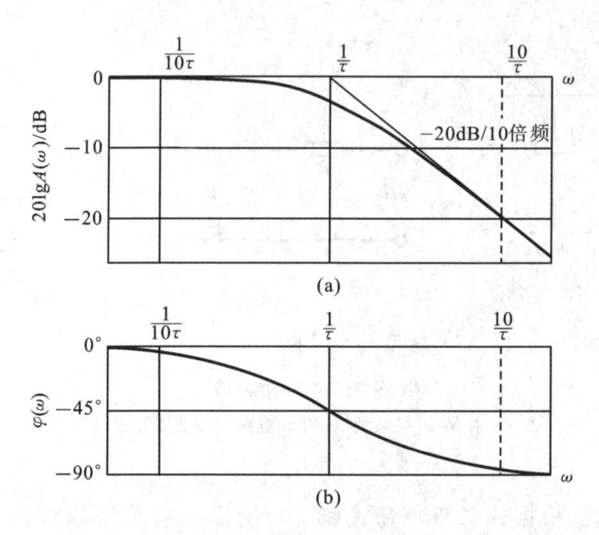

图 3.9　一阶系统的伯德图

率范围为$(0,\omega_c)$。由 $\omega_c=1/\tau$ 可知,时间常数 τ 越小,则 ω_c 越大,即测试装置的工作频率范围越宽;τ 越大,则 ω_c 越小,系统工作频率范围越窄。

例 3.1　某一阶温度传感器被用来测量一反应容器中的温度。假定温度为频率在 1～5 Hz 之间的正弦信号。请根据时间常数选择一个合适的传感器,假定可接受的稳态误差为±2%,求时间常数 τ。

解　由题意知

$2\pi\leqslant\omega\leqslant10\pi$,$|A(\omega)-1|\leqslant0.02$,温度信号为 $F(t)=A\sin\omega t$。

其中,$|A(\omega)-1|\leqslant0.02$ 意味着要寻找幅频满足 $0.98\leqslant A(\omega)\leqslant1.02$ 的温度传感器。由图 3.9 可以看出,一阶系统 $A(\omega)$不超越 1,所以有

$$0.98\leqslant A(\omega)=\frac{1}{\sqrt{1+(\omega\tau)^2}}$$

由这个约束求得 $0\leqslant\omega\tau\leqslant0.2$。在图 3.8 中还可看到,对于一确定时间常数的系统,$A(\omega)$的最小值发生在输入信号最大频率 $f=5$ Hz 处。所以由 $\omega=10\pi$ rad/s,解得 $\tau\leqslant6.5$ ms。因此,应选择时间常数为 6.5 ms 或更小的温度传感器。

4. 一阶系统的脉冲响应函数

对一阶系统传递函数取拉氏逆变换,求得脉冲响应函数为

$$h(t)=\frac{1}{\tau}e^{-t/\tau}\tag{3-32}$$

一阶系统脉冲响应如图 3.10 所示。输入 $\delta(t)$后,系统的输出从 $1/\tau$ 突变值迅速

衰减，衰减的快慢与 τ 的大小有关，一般经过时间 4τ 后，衰减到零。τ 越小，系统的输出越接近 $\delta(t)$。

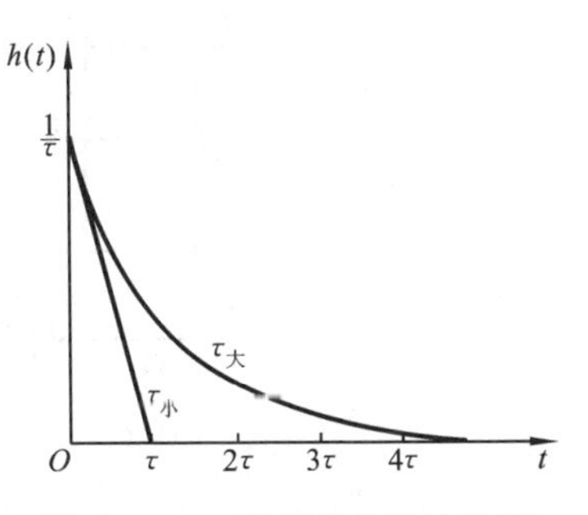

图 3.10 一阶系统的脉冲响应

5. 一阶系统的单位阶跃响应

当测试系统的输入为单位阶跃信号，其对应的输出称为单位阶跃响应。阶跃函数的拉氏变换为 $1/s$，所以其输出的拉氏变换为

$$Y_u(s)=\frac{1}{s(\tau s+1)}$$

上式的拉氏逆变换为

$$y_u(t)=1-e^{-t/\tau} \tag{3-33}$$

式(3-33)称为一阶系统的单位阶跃响应，其波形如图 3.11 所示。由图可见，单位阶跃响应是指数曲线，初始值为零，随着时间 t 的增加，最终趋向于阶跃幅值 1。τ 值越大，曲线趋近 1 的时间越长；反之，τ 值越小，曲线趋近 1 的时间越短。τ 是系统响应快慢的决定因素。当 $t=\tau$ 时，$y_u(\tau)=0.63$，输出只达到稳态值的 63%；当 $t=3\tau$、4τ 和 5τ 时，输出分别为 95%、98% 和 99%。通常，将到达最终值的 95% 或 98% 所需要的时间 3τ 或 4τ 定义为系统的调整时间，以此作为评价测试系统响应快慢的指标。

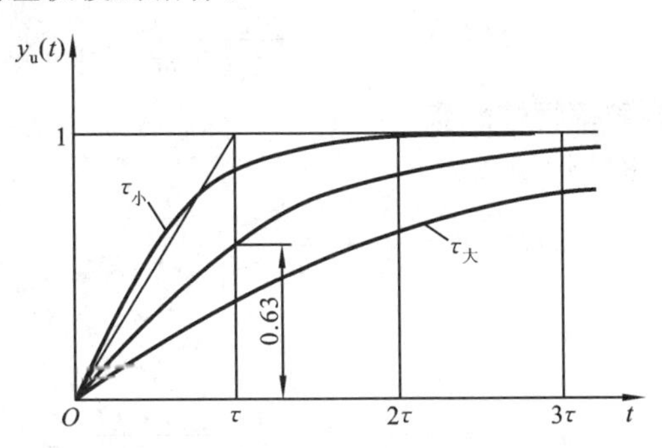

图 3.11 一阶系统的单位阶跃响应

3.3.4 二阶系统的动态特性

1. 二阶系统的数学描述

二阶系统的微分方程式为

$$a_2\frac{d^2y(t)}{dt^2}+a_1\frac{dy(t)}{dt}+a_0y(t)=b_0x(t) \tag{3-34}$$

图 3.12 所示的质量-弹簧-阻尼系统和 RLC 电路均为典型的二阶系统。

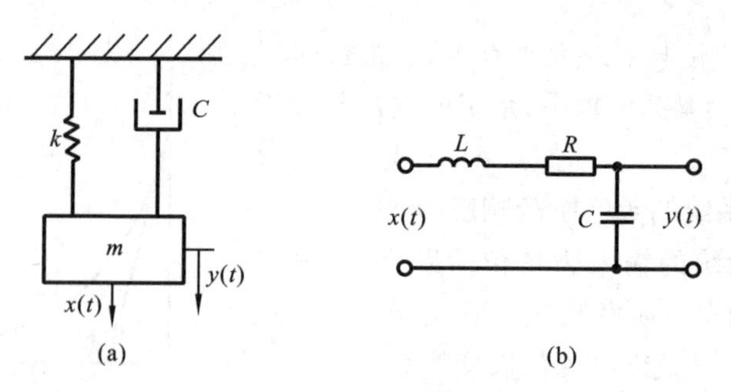

图 3.12　二阶系统实例

(a)质量-弹簧-阻尼系统;(b)RLC 电路

2. 二阶系统的传递函数

定义 $K=\frac{b_0}{a_0}$ 为系统的静态灵敏度,并假设 $K=1$;$\omega_n=\sqrt{\frac{a_0}{a_2}}$ 为系统的无阻尼固有频率(rad/s);$\zeta=\frac{a_1}{2\sqrt{a_0 a_2}}$ 为系统的阻尼比。对式(3-34)两边取拉氏变换并整理,得

$$\left(\frac{s^2}{\omega_n^2}+\frac{2\zeta s}{\omega_n}+1\right)Y(s)=X(s)$$

系统的传递函数为

$$H(s)=\frac{\omega_n^2}{s^2+2\omega_n\zeta s+\omega_n^2} \tag{3-35}$$

3. 二阶系统的频率特性函数

二阶系统的频率特性函数为

$$H(\omega)=\frac{1}{1-\left(\frac{\omega}{\omega_n}\right)^2+2j\zeta\frac{\omega}{\omega_n}} \tag{3-36}$$

幅频特性为

$$A(\omega)=\frac{1}{\sqrt{\left[1-\left(\frac{\omega}{\omega_n}\right)^2\right]^2+\left(2\zeta\frac{\omega}{\omega_n}\right)^2}} \tag{3-37}$$

相频特性为

$$\varphi(\omega)=-\arctan\frac{2\zeta\frac{\omega}{\omega_n}}{1-\left(\frac{\omega}{\omega_n}\right)^2} \tag{3-38}$$

按式(3-37)和式(3-38),二阶系统频率特性如图 3.13 和图 3.14 所示。由图 3.13 幅频特性曲线和相频特性曲线可以看出,系统的固有频率 ω_n 和阻尼比

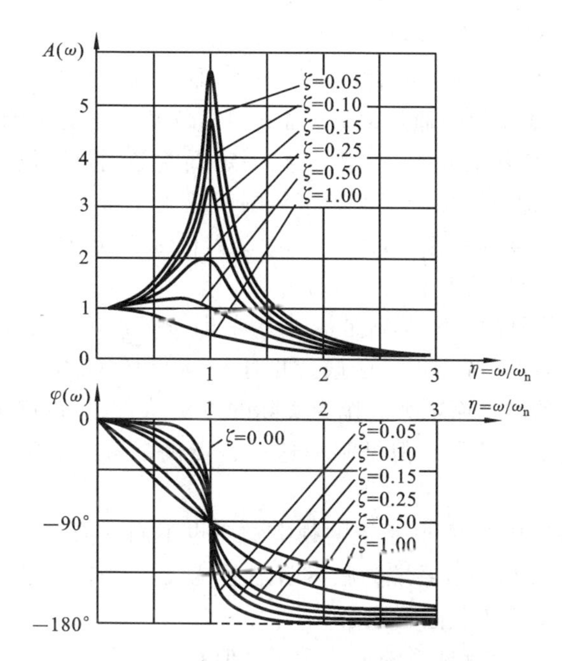

图 3.13　二阶系统的幅频特性和相频特性

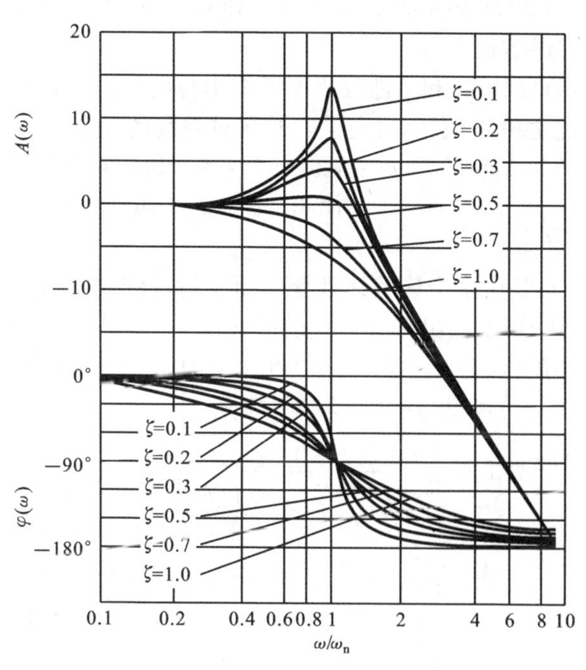

图 3.14　二阶系统伯德图

ζ决定了测试系统频率响应特性。

(1) 当输入信号的频率ω满足$\omega/\omega_n \ll 1$，即$\omega \ll \omega_n$时，$A(\omega)\approx 1$，$\varphi(\omega)\approx 0$，表明该频率段的输入信号通过以后，幅值和相位基本不受影响，测量的误差较小。因此，测试系统固有频率ω_n越大，在一定误差范围可以测量的输入信号的频率范围就越宽，即测试系统工作频率范围就越宽。

(2) 当输入信号的频率ω满足$\omega/\omega_n \gg 1$，即$\omega \gg \omega_n$时，$A(\omega)\approx 0$，$\varphi(\omega)\approx -180°$。此时，将产生较大的测量误差。

(3) 当输入信号的频率ω满足$\omega/\omega_n = 1$，即$\omega = \omega_n$时，幅频特性曲线出现了一个很大的峰值，即系统出现了谐振。此时，$A(\omega)=1/(2\zeta)$，$\varphi(\omega)=-90°$，且曲线的峰值随着ζ的减小而增大。作为实际的测试装置，应该避免测量频率接近自身固有频率的输入信号。但是利用这一特点倒是可以确定测试系统自身的固有频率ω_n。

测试系统阻尼比ζ不同，系统的频率响应也不同。当$\zeta>1$时，测试系统为过阻尼系统；$\zeta=1$时，测试系统为临界阻尼系统；$\zeta<1$时，测试系统为欠阻尼系统。一般系统都工作于欠阻尼状态。

综上所述，对二阶测试系统推荐采用ζ值在0.7左右，工作频率范围为$(0, 0.4\omega_n)$，这样，可使测试系统的幅频特性工作在平直段，相频特性工作在直线段，从而使测量的误差较小。

二阶系统中的参数ω_n和ζ都取决于系统本身的结构。系统一经组成、调整完毕，ω_n和ζ也随之确定，它们决定了二阶测试系统的动态特性。

例 3.2 用$K=2$，$\zeta=2$和$\omega_n=628$ rad/s的二阶测试装置测量输入信号

$$F(t) = 5 + 10\sin 25t + 20\sin 400t$$

求系统的稳态输出。

解 因为$F(t)$是由多个信号线性叠加而成的，根据线性时不变系统的叠加特性和频率保持性，稳态输出将有下式的形式

$$y(t) = 5K + 10KA(25)\sin[25t + \varphi(25)] + 20KA(400)\sin[400t + \varphi(400)]$$

由式(3-37)和式(3-38)可得

$$\begin{aligned} A(25) &= \frac{1}{\sqrt{\left[1-\left(\frac{\omega}{\omega_n}\right)^2\right]^2 + \left(2\zeta\frac{\omega}{\omega_n}\right)^2}} \\ &= \frac{1}{\sqrt{\left[1-\left(\frac{25}{628}\right)^2\right]^2 + \left[2\times 2\times\left(\frac{25}{628}\right)\right]^2}} \\ &= 0.99 \end{aligned}$$

$$A(400) = 0.39$$

$$\begin{aligned}\varphi(25) &= -\arctan\frac{2\zeta\omega/\omega_n}{1-(\omega/\omega_n)^2}\\ &= -\arctan\frac{2\times 2\times(25/628)}{1-(25/628)^2}\\ &= -9.1^\circ\end{aligned}$$

$$\varphi(400) = -77^\circ$$

所以稳态输出为

$$y(t) = 10 + 19.8\sin(25t - 9.1^\circ) + 15.6\sin(400t - 77^\circ)$$

可以看出，角频率为 25 rad/s 分量对应的输出信号的幅值衰减和相位滞后都较小。但角频率为 400 rad/s 分量对应的输出信号幅值出现了较大的衰减（下降 61%），相位滞后严重。因此，如果输入信号 400 rad/s 分量的信息是重要的，最好选择一个在 400 rad/s 频率处也有较好频率特性的测量装置。

例 3.3 选择测量用的加速度计（二阶系统），主要测量频率小于 100 Hz 的输入信号。假定允许的稳态误差为±5%，请为加速度计选择合适的参数（详见参考文献[13]）。

解 由题意知，频率范围 $f\leqslant 100$ Hz，即 $0\leqslant\omega\leqslant 628$ rad/s。为了满足稳态误差为±5%的约束，系统的幅频需要满足 $0.95\leqslant A(\omega)\leqslant 1.05$。对于这个约束，有许多 ω_n 值不同的加速度计都可以胜任，作为其中一个解，设 $\zeta=0.7$，然后用式(3-37)求解所需的 ω_n，即

$$0.95 \leqslant A(\omega) = \frac{1}{\sqrt{[1-(\omega/\omega_n)^2]^2 + [2\zeta(\omega/\omega_n)]^2}}$$

已知 $\omega=628$ rad/s，由上面的不等式求得 $\omega_n\geqslant 1\,047$ rad/s。当 $\zeta=0.7$ 时的幅频特性如图 3.15 所示，可见，在频率范围 $0\leqslant\omega/\omega_n\leqslant 0.6$ 内满足条件 $0.95\leqslant A(\omega)\leqslant 1.05$，这再一次说明 $\omega_n\geqslant 1\,047$ rad/s 是可以接受的。所以，作为其中一个解，$\zeta=0.7$ 和 $\omega_n\geqslant 1\,047$ rad/s 的加速度计满足测量需要。

4. 二阶系统的脉冲响应函数

在欠阻尼（$\zeta<1$）的情况下，可求得二阶测试系统的脉冲响应函数

$$h(t) = \frac{\omega_n}{\sqrt{1-\zeta^2}}\mathrm{e}^{-\zeta\omega_n t}\sin(\sqrt{1-\zeta^2}\,\omega_n t) \tag{3-39}$$

其波形见图 3.16。

5. 二阶系统的单位阶跃响应

二阶系统的单位阶跃响应为

$$
\begin{cases}
y_u(t) = 1 - \dfrac{e^{-\zeta\omega_n t}}{\sqrt{1-\zeta^2}}\sin\left(\sqrt{1-\zeta^2}\,\omega_n t + \arctan\dfrac{\sqrt{1-\zeta^2}}{\zeta}\right), & \zeta < 1 \\
y_u(t) = 1 - (1+\omega_n t)e^{-\zeta\omega_n}, & \zeta = 1 \\
y_u(t) = 1 - \dfrac{\zeta+\sqrt{\zeta^2-1}}{2\sqrt{\zeta^2-1}}e^{-(\zeta-\sqrt{\zeta^2-1})\omega_n t} + \dfrac{\zeta-\sqrt{\zeta^2-1}}{2\sqrt{\zeta^2-1}}e^{-(\zeta+\sqrt{\zeta^2-1})\omega_n t}, & \zeta > 1
\end{cases}
\tag{3-40}
$$

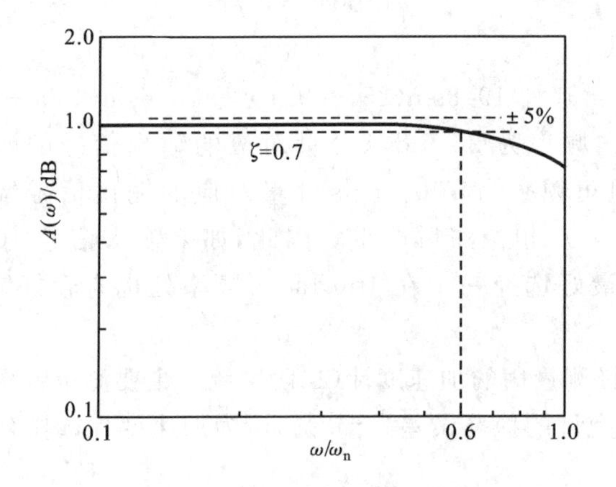

图 3.15　$\zeta=0.7$ 时系统的幅频特性图

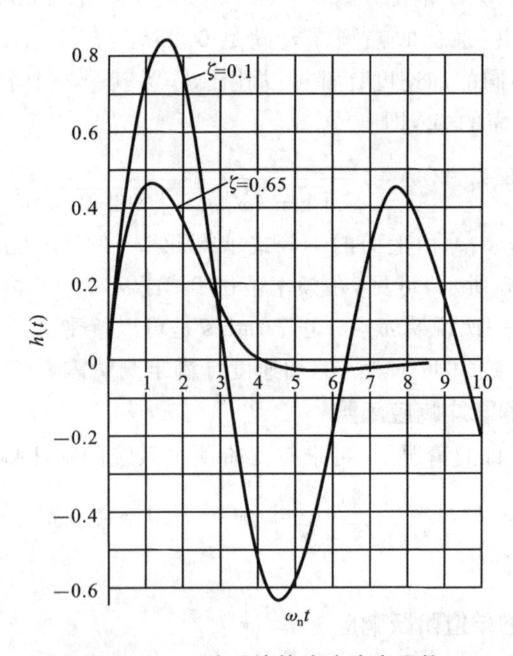

图 3.16　二阶系统的脉冲响应函数

将式(3-40)用曲线表示，如图 3.17 所示。由图可见，二阶系统的单位阶跃响应具有以下特征。

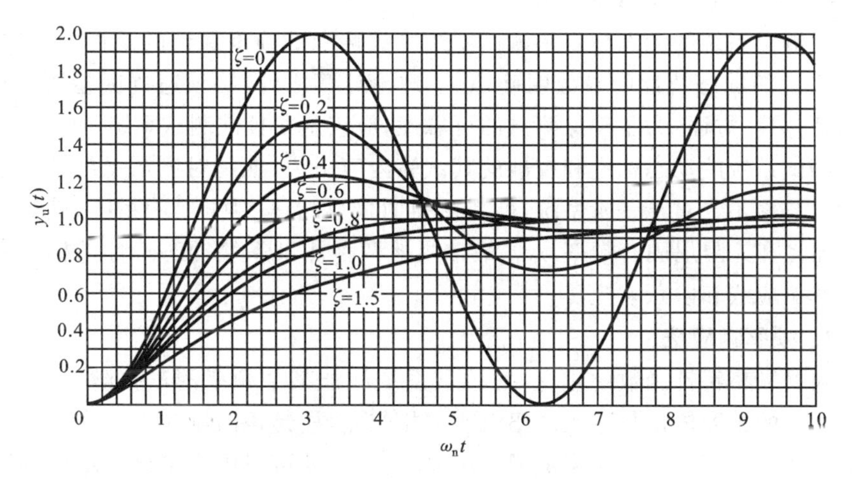

图 3.17　二阶系统的单位阶跃响应

(1) 当阻尼比 $\zeta<1$ 时，二阶系统将出现衰减正弦振荡；当 $\zeta\geqslant 1$ 时，不出现振荡。无论哪种情况，输出都要经过一段时间才能达到阶跃稳态值，这个过程称为动态过渡过程。

(2) 不同的 ζ 值对应不同的响应曲线，即 ζ 值的大小决定了阶跃响应趋于稳态值的时间长短，ζ 值过大或过小，趋于稳态值的时间都过长。为了提高响应速度，减小动态误差，通常 $\zeta=0.6\sim0.8$。

(3) 二阶系统的单位阶跃响应速度随固有角频率 ω_n 的变化而变化。当 ζ 一定时，ω_n 越大，则响应速度越快；ω_n 越小，则响应速度越慢。

3.3.5　测试系统对任意输入的响应

工程控制论指出：系统对输入 $x(t)$ 的响应 $y(t)$ 等于输入 $x(t)$ 和其单位脉冲响应函数 $h(t)$ 的卷积，即

$$y(t) = x(t) * h(t) \tag{3-41}$$

它是系统输入-输出关系的最基本的表达式。其形式简单，含义明确，但是卷积计算麻烦。利用 $h(t)$ 和 $H(\omega)$ 与 $H(s)$ 的关系，以及拉氏变换和傅氏变换的卷积定理，即时域的卷积对应的是复数域、频域的乘积，可以将卷积运算变换成复数域和频域的乘法运算，从而大大简化计算工作。对于复数域，系统的响应 $y(t)=L^{-1}[H(s)X(s)]$；对于频域，系统的响应 $y(t)=F^{-1}[H(\omega)X(\omega)]$。

3.3.6 测试系统的动态标定

对测试系统的动态标定是测试系统可靠性和准确度保证的前提。一方面，测试系统的动态特性的参数明确，除了理论计算之外，必须通过试验加以确定和验证；另一方面，为了确保测试的可靠性，应该定期校准测试系统。

测试系统的动态标定和校准就其试验内容来说，就是对测试系统特性参数的测定与修正。对于一阶系统，就是测得时间常数 τ；对于二阶系统，就是测得阻尼比 ζ 和无阻尼固有频率 ω_n。最常用的两种测试系统动态特性的标定方法为频率响应法和阶跃响应法。

1. 频率响应法

根据频率特性函数的定义，对测试系统施加某个频率的正弦激励，测出稳态时相应的正弦输出与输入的幅值比和相位差，便是该激励频率下测试装置的频率特性。如果在一定频率范围内做频率扫描，就可以画出测试系统的幅频特性曲线和相频特性曲线。

1）一阶系统时间常数 τ 的确定

对于一阶系统，利用试验获得的 $A(\omega)$ 值，根据式(3-29)可直接求得时间常数 τ。

2）二阶系统阻尼比和固有角频率的确定

对于二阶系统，通常利用试验所得的幅频特性曲线求系统的动态特性参数。对于欠阻尼系统，其幅频特性曲线峰值处于偏离 ω_n 的 ω_r 处，两者之间的关系为

$$\omega_r = \omega_n \sqrt{(1-2\zeta^2)} \tag{3-42}$$

欠阻尼二阶系统 ω_r 处和零频率处的幅频特性比为

$$A(\omega_r) = \frac{1}{2\zeta\sqrt{(1-\zeta^2)}} \tag{3-43}$$

利用试验获得 $A(\omega_r)$后，由式(3-42)和式(3-43)就可以解出 ω_n 和 ζ。

2. 阶跃响应法

1）一阶系统时间常数 τ 的确定

确定一阶系统时间常数 τ 的最简单的方法是在输入阶跃信号后，测其阶跃响应，取输出值达到稳态值的 63%所经过的时间即为时间常数 τ(见图 3.11)。但是，如此求取的时间常数 τ 值，因未涉及阶跃响应的全过程，因此，可靠性不高。

下面介绍另一种确定一阶系统时间常数 τ 的方法。一阶系统的单位阶跃

响应为

$$y_u(t) = 1 - e^{-t/\tau}$$

对上式移项后可改成

$$1 - y_u(t) = e^{-t/\tau}$$

对等式两边取对数得

$$\ln\left[1 - y_u(t)\right] = -\frac{t}{\tau}$$

定义 $Z=\ln[1-y_u(t)]$，则

$$Z = -\frac{t}{\tau}$$

由上式可见 Z 和 t 呈线性关系。可根据试验获得阶跃响应曲线（y-t 的关系曲线）从而作出 Z-t 关系曲线，如图 3.18 所示。由 Z-t 曲线的斜率即可求得时间常数为

$$\tau = \frac{\Delta t}{\Delta Z} \tag{3-44}$$

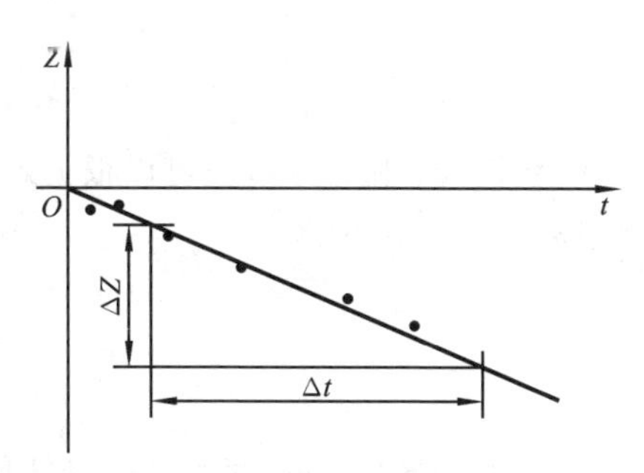

图 3.18　一阶系统时间常数的测定

显然，这种方法考虑了阶跃响应的全过程，可靠性高。

2）二阶系统阻尼比和固有角频率的确定

典型的欠阻尼二阶系统阶跃响应曲线如图 3.19 所示，该曲线是以 $\omega_d=\omega_n\sqrt{1-\zeta^2}$ 为角频率作衰减振荡，ω_d 称为有阻尼固有角频率。ω_d 可以由试验获得的阶跃响应曲线确定，如图 3.19 所示，$\omega_d=2\pi/t_d$。

二阶系统的单位阶跃响应为

$$y_u(t) = 1 - \frac{e^{-\zeta\omega_n t}}{\sqrt{1-\zeta^2}}\sin\left(\sqrt{1-\zeta^2}\,\omega_n t + \arctan\frac{\sqrt{1-\zeta^2}}{\zeta}\right),\zeta < 1$$

按照求极值的方法，可求得峰值对应的时间 $t_p=\pi/\omega_d, 2\pi/\omega_d, \cdots$。最大超调量 M_1 出现在 $t_p=\pi/\omega_d$ 处，将 $t_p=\pi/\omega_d$ 代入上式 $y_u(t)$ 中，则超调量 M_1 和阻尼比 ζ 可表示为

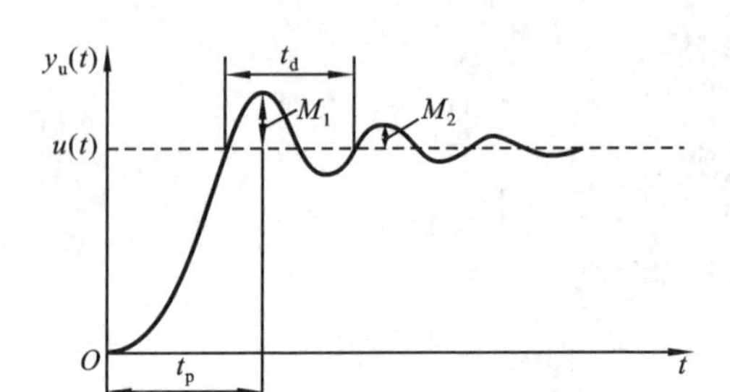

图 3.19　二阶系统阶跃响应曲线

$$M_1 = y(t) - 1 = \mathrm{e}\,\frac{\zeta\pi}{\sqrt{1-\zeta^2}}$$

$$\zeta = \sqrt{\frac{1}{\left(\frac{\pi}{\ln M_1}\right)^2 + 1}} \tag{3-45}$$

由 $\omega_d = \omega_n \sqrt{1-\zeta^2}$，可求得

$$\omega_n = \frac{\omega_d}{\sqrt{1-\zeta^2}} \tag{3-46}$$

因此，从阶跃响应曲线获得 M_1 和 ω_d 后，便可以根据式(3-45)和式(3-46)求得阻尼比 ζ 和固有角频率 ω_n。

3.4　测试系统不失真传递信号的条件

测试实际上是应用测量装置或系统来重现被测信号。因此，对于一个理想的测试系统来说，必须能够精确地传递被测信号，且在时间上没有任何的延时，但在实际测试中，这是不可能的，也是不必要的。根据测试技术的要求，经测试系统传递后的信号，只要能够准确地、有效地反映被测信号的运动与变化状态并保留原信号的特征和全部有用信息，则测试系统对信号的传递属于不失真传递。

1. 测试系统不失真传递信号的时域条件

设一个测试系统的输入 $x(t)$ 与输出 $y(t)$ 满足下列关系

$$y(t) = A_0 x(t - t_0) \tag{3-47}$$

式中：A_0 和 t_0 都是常量。满足式(3-47)的测试系统称为不失真测试系统，该系统能不失真地传递信号。

式(3-47)表明，输出信号 $y(t)$ 仅仅是输入信号 $x(t)$ 波形的幅值被线性放大 A_0 倍，在时间上有一定的滞后 t_0。如图 3.20 所示，测试系统的输出和输入波形完全一致。

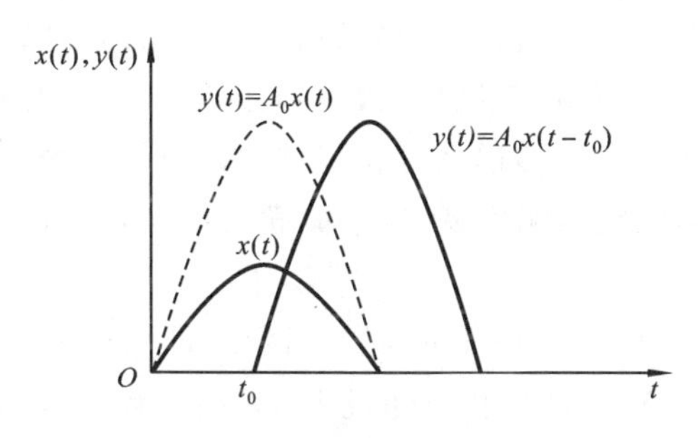

图 3.20　波形不失真复现

2. 测试系统不失真传递信号的频域条件

不失真传递输入信号 $x(t)$ 的测试系统应该具有什么样的频率特性呢？式(3-47)的傅氏变换为

$$Y(\omega)=A_0X(\omega)\mathrm{e}^{-\mathrm{j}\omega t_0} \tag{3-48}$$

则系统的频率特性函数为

$$H(\omega)=\frac{Y(\omega)}{X(\omega)}=A_0\mathrm{e}^{-\mathrm{j}\omega t_0} \tag{3-49}$$

其幅频和相频特性分别为

$$\begin{cases}A(\omega)=A_0\\ \varphi(\omega)=-\omega t_0\end{cases} \tag{3-50}$$

幅频和相频特性如图 3.21 所示，由图可知，测试系统实现不失真传递信号在频域需满足两个条件：

(1) 幅频特性为平行于频率轴的直线；

(2) 相频特性是发自原点并具有一定斜率的直线。

实际的测试系统不可能在很宽的频带范围内满足不失真传递信号的两个

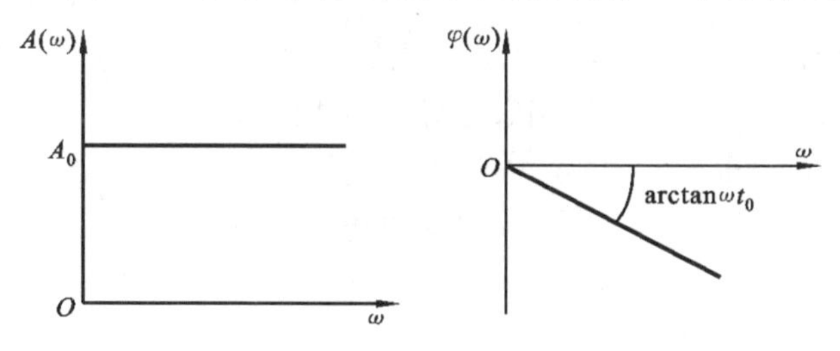

图 3.21　不失真测试系统的幅频图和相频图

条件,即使只在某一频段范围内,也难以理想地实现不失真传递信号。在实际测试时,首先根据测试精度的要求,选择适当的测试系统,使被测信号的频带宽度处于测试装置的工作频率范围内,并使测试系统的幅频和相频特性尽可能接近不失真传递的条件;其次,对输入信号做必要的前置处理,及时滤去信号内的噪声,尤其要防止某些频率位于测量装置共振区的噪声输入测试系统。

从实际测试系统不失真传递信号和测量的其他性能来看,对于一阶测试系统,时间常数 τ 越小,系统的响应越快,近似满足不失真传递信号条件的工作频带也就越宽。

对于二阶系统,影响频率特性的参数有两个,即固有频率 ω_n 和阻尼系数 ζ。在 $\omega<0.3\omega_n$ 范围内,$A(\omega)$的变化不超过 10%,在该频段范围内相位滞后较小,且相频特性曲线接近一条直线,则测试系统对该频段信号的传递失真很小;当 ω 在$(0.3\omega_n,2.5\omega_n)$区间内时,测试系统的频率特性受 ζ 的影响较大,分析表明,在 $\zeta=0.6\sim0.8$ 时,可以获得较为合适的综合特性。ω 在$(2.5\omega_n,3\omega_n)$区间内,相位滞后接近 180°,且随 ω 的变化很小,若在实际测量电路中或数据处理中减去固定相位差或把测量信号反相 180°,则可满足不失真传递信号的相位条件。

3.5 Matlab 在测试系统分析中的应用

1. 传递函数的 Matlab 表示

例 3.4 已知测试系统的传递函数为 $H(s)=\dfrac{4}{s^2+0.8s+1}$,请用 Matlab 表示该系统。

解

```
num=[4];   %传递函数分子多项式的系数
den=[1 0.8 1];   %传递函数分母多项式的系数
sys=tf(num, den);   %系统的传递函数
printsys(num, den, 's');   %打印出传递函数
```

显示结果为

```
        4
  ----------------
  s^2+0.8 s+1
```

2. 利用传递函数求测试系统的响应

例 3.5　二阶系统的传递函数为 $H(s)=\dfrac{\omega_n^2}{s^2+2\omega_n\zeta s+\omega_n^2}$(设 $\omega_n=1$),求其单位阶跃响应和单位脉冲响应。

解

```
t=0 : 0.01 : 12;
zeta=[0.2 0.7 1];
wn=1;
num=wn^2;
for k=1:3
    den=[1 2 * zeta(k) * wnwn^2];
    sys=tf(num, den);   %二阶系统
y_step(:, k)=step(sys, t);   %系统单位阶跃响应
y_impulse(:, k)=impulse(sys, t);   %系统单位脉冲响应
end
subplot(2, 1, 1);
for k=1:3
    plot (t, y_step( :, k));
    hold on;
end
xlabel(' t ');
ylabel(' y(t)');
%zeta 取不同值的注释
gtext('\zeta=0.2 '); gtext('\zeta=0.7 '); gtext('\zeta=1 ');
subplot(2, 1, 2);
for k=1:3
    plot(t, y_impulse(:, k));
    hold on;
end
xlabel(' t ');
ylabel(' y(t)');
gtext('\zeta=0.2 '); gtext('\zeta=0.7 '); gtext('\zeta=1 ');
```

【注】　(1) y=step(sys, t)获得系统的单位阶跃响应。其中:sys 表示系统;t 为仿真的时间向量,一般可由 t=0:step:end 等步长地产生。该函数返回

的 y 即为系统的阶跃响应。

(2) y=impulse(sys, t)是求系统单位脉冲响应。其参数的含义与对应的step 函数中的一样。

阶跃响应和脉冲响应分别如图 3.22 和图 3.23 所示。

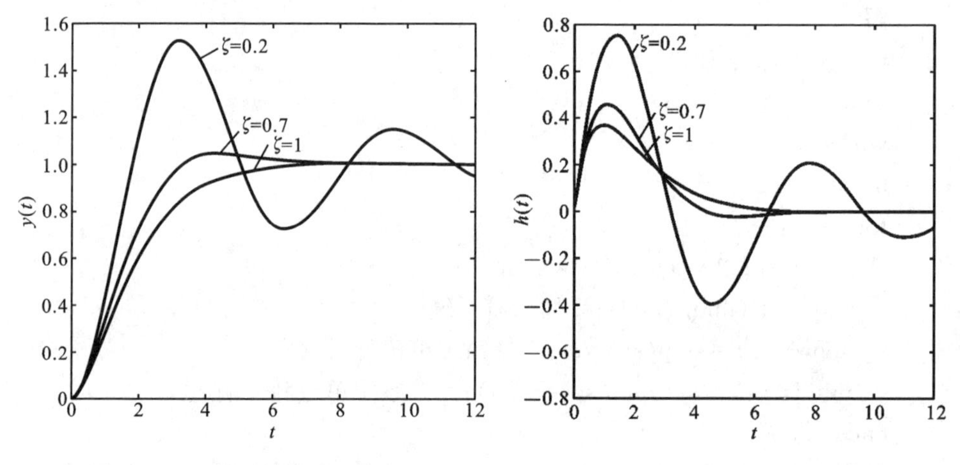

图 3.22 二阶系统的阶跃响应

图 3.23 二阶系统的脉冲响应

例 3.6 用二阶测试系统 $H(s)=\dfrac{2}{s^2+0.8s+1}$ 测量信号 $f(t)=\sin 6t$,求系统的响应。

解

```
t=0: pi/100: 6 * pi;
num=[2];
den=[1 0.8 1];
ft=sin(t);   %输入信号
plot(t, ft, 'r--');
hold on;
plot(t, lsim(num, den, ft, t), 'b');   %系统的响应
%或使用下面的调用格式
% sys=tf(num, den);
% plot(t, lsim(sys, ft, t), 'b');   %系统的响应
xlabel('t');
ylabel('y(t)');
legend('输入信号 f(t)', '输出信号 y(t)');
```

【注】 lsim(num, den, ft, t)或 lsim(sys, ft, t)给出系统在零初始状态下对任意输入的响应。ft 是输入信号在向量 t 定义的时间点上的值。

程序运行结果如图 3.24 所示。

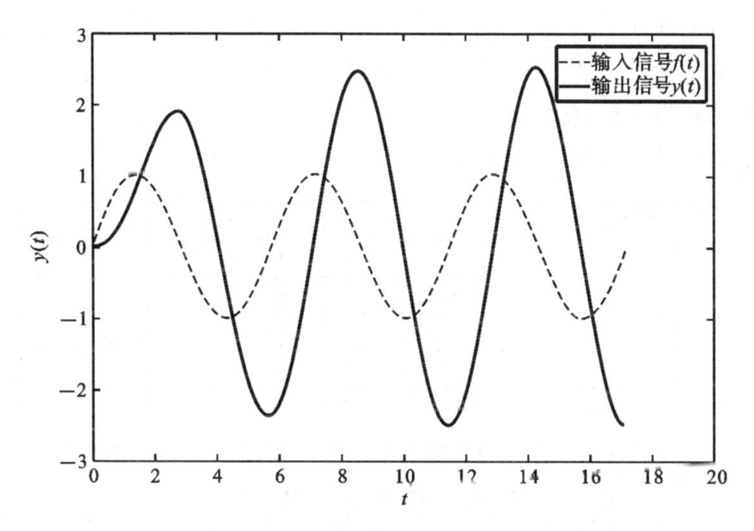

图 3.24 系统对任意输入 $f(t)=\sin 6t$ 的响应

3. 系统的频率特性

例 3.7 画出测试系统 $H(\omega)=\dfrac{1}{0.5\omega+1}$ 的频率特性图。

解

```
num=[1];
den=[0.5 1];
[h, w]=freqs(num, den, 300);   %频率特性函数
M=abs(h);   %幅值比
A=angle(h);   %相位差
subplot(2, 1, 1);
plot(w, M);
xlabel('\omega');
ylabel('A(\omega)');
grid;
subplot(2, 1, 2);
plot(w, A*180/pi);
xlabel('\omega');
```

ylabel('\phi (\omega)');

grid;

【注】 [h,w]=freqs(num, den, n)获得系统各频率点的幅值和相位。num 和 den 分别为系统频率特性函数分子、分母多项式的系数;n 为缺省频率范围内的频率点数。w 为 n 个频率点的频率值;h 则为返回在 w 所定义的频率点上系统频率特性的值(幅值比和相位差)。

所求频率特性如图 3.25 所示。

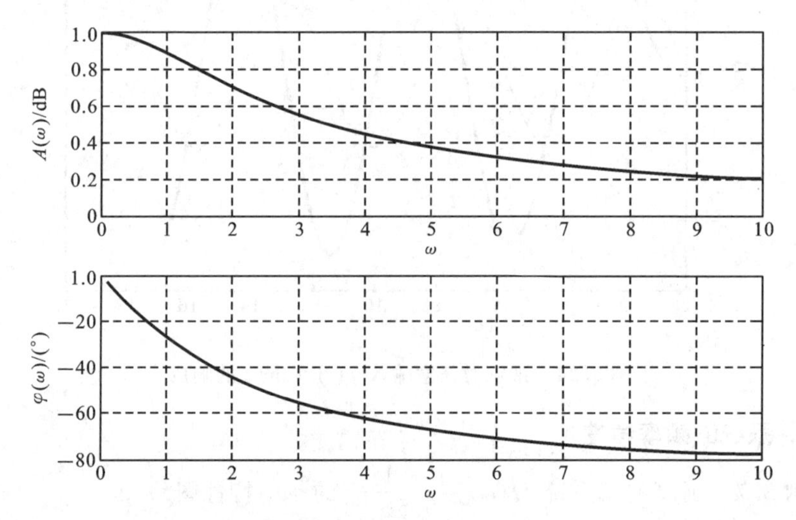

图 3.25 系统的幅频图和相频图

例 3.8 绘制典型二阶系统的伯德图。

解

w=[0, logspace(−2, 2, 400)]; %w 定义为 $10^{-3}\sim10^{3}$ 的对数等间距分布的 400 个频率点

wn=1; %固有角频率

zeta=[0.2 0.7 1]; %阻尼比分别为 0.2,0.7,1

for k=1:3

sys=tf([wn^2], [1, 2 * zeta(k) * wn, wn^2]); %二阶系统

bode(sys, w); %绘制伯德图

hold on

end

%阻尼比 zeta 取不同值的注释

gtext('\zeta=0.2'); gtext('\zeta=0.7'); gtext('\zeta=1');

【注】 bode(sys，w)绘制系统 sys 的伯德图,其中 w 是频率向量。

程序运行结果如图 3.26 所示。

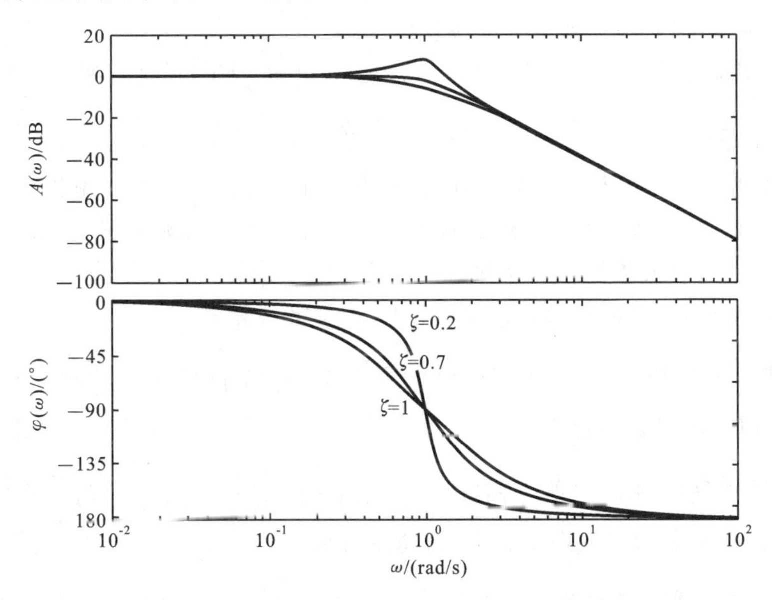

图 3.26 二阶系统的伯德图

习 题

3.1 测试装置的静态特性指标有哪些?

3.2 已知某测试系统静态灵敏度为 4 V/kg。如果输入范围为 1 kg 到 10 kg,确定输出的范围。

3.3 一个用于测量液气混合物中蒸气百分含量的传感器。在静态校准过程中:测量 100%液体时,传感器显示 80 个单位;测量 100%蒸气时,显示 0 个单位;测量液体和蒸气各 50%的混合物时,显示 40 个单位。试确定传感器的静态灵敏度。

3.4 对于下列测试系统的模型,确定一阶系统的时间常量和二阶系统的无阻尼固有频率和阻尼比。

(1) $\dot{y}+10y=x$

(2) $2\ddot{P}+2\dot{P}+3P=5Q$

(3) $\ddot{z}+4\dot{z}+2z=4x$

3.5 用一个时间常数为0.35 s的一阶装置去测量周期分别为1 s、2 s和5 s的正弦信号,问幅值误差将是多少?

3.6 求周期信号$x(t)=0.5\cos 10t+0.2\cos(1000t-45^\circ)$通过传递函数为$H(s)=\frac{1}{0.005s+1}$的装置后所得到的稳态响应。

3.7 想用一个一阶系统作100 Hz正弦信号的测量,如要求限制振幅误差在5%以内,那么,时间常数应取为多少?若用该系统测量50 Hz的正弦信号,问此时的振幅误差和相位差是多少?

3.8 试说明二阶装置阻尼比ζ多采用0.6~0.8的原因。

3.9 将信号$\cos\omega t$输入一个传递函数为$H(s)=\frac{1}{\tau s+1}$的一阶装置后,试求其包括瞬态过程在内的输出$y(t)$。

3.10 试求频率特性函数为$\frac{3\ 155\ 072}{(1+0.01\mathrm{j}\omega)(1\ 577\ 536+176\mathrm{j}\omega-\omega^2)}$的系统对正弦输入$x(t)=10\sin(62.8t)$的稳态响应。

3.11 试求传递函数分别为$\frac{1.5}{3.5s+0.5}$和$\frac{41\omega_n^2}{s^2+1.4\omega_n s+\omega_n^2}$的两个环节串联后组成的系统的总灵敏度。

3.12 设某力传感器的固有频率$f_n=800$ Hz,阻尼比$\zeta=0.14$,问使用该传感器作频率为400 Hz的正弦力测试时,其幅值比$A(\omega)$和相位差$\varphi(\omega)$各为多少?若将该装置的阻尼比改为$\zeta=0.7$,问$A(\omega)$和$\varphi(\omega)$又将如何变化?

3.13 一阶变换器的输出端与二阶的显示设备相连。变换器的时间常数为1.4 ms,静态灵敏度为2V/℃。显示设备的灵敏度、阻尼比和固有频率分别为1、0.9和5 000 Hz。确定测试系统对输入$x(t)=10+50\sin 628t$(单位:℃)的稳态响应。

3.14 已知一温度传感器的时间常数为10 s,静态灵敏度度为5 mV/℃。温度传感器初始温度为25 ℃。当将其放入120 ℃的液体中时,确定其输出。

3.15 用一时间参数为2 s的温度计进行炉温测量,当炉温以周期为100 s在150~250之间做正弦规律变化时,温度计输出的变化范围是多少?

3.16 设有两个结构相同的二阶测量装置,其无阻尼固有频率 相同,而阻尼比分别为0.1, 0.65。如果允许的幅值测量误差为10%,试求它们的可用频率范围各是多少?

第4章　常用传感器和敏感元件

4.1 概　　述

4.1.1 传感器的定义

机械工程领域中的被测量是各式各样的，主要有位移、力、温度、流量、应变、压强、声音等，它们各具有不同的物理特性。有些被测量可以被人的感官直接感觉到，但无法定量确定；有些被测量甚至是人的感官无法感觉到的。这时，就需要借助传感器。传感器能够捕捉到这些被测量并能按照一定的规律将其转换为便于观察和处理的信号。机械工程领域中，传感器的输出信号一般为电信号。如果传感器输出电信号的变化规律与输入的被测量的变化规律相同，那么，对电信号的分析处理就等同于对被测量信号的分析处理。

因此，将传感器定义为能感受规定的被测量并按一定的规律将被测量转换成可用输出信号的器件或装置。

4.1.2 传感器的组成

传感器一般由敏感元件、测量电路和其他辅助元件组成，如图 4.1 所示。

敏感元件直接感受规定的被测量（一般为非电量），并按照一定的规律将其转换成与被测量有确定关系的可用信号（一般为电信号）。敏感元件实现了非电量到电信号的转换，是传感器的

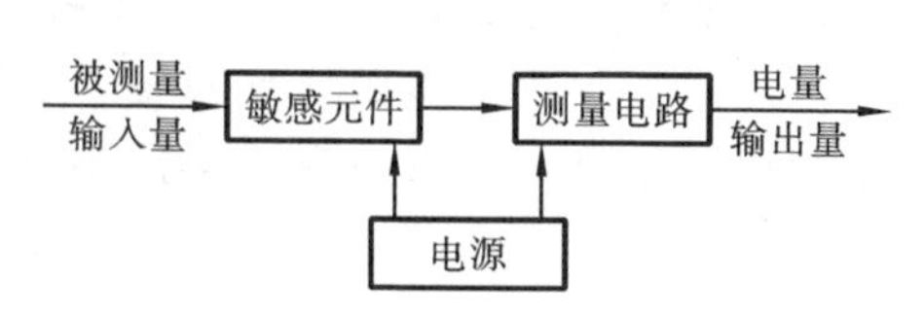

图 4.1　传感器的组成框图

核心元件。因此,本章的重点是介绍传感器敏感元件的工作原理即转换原理。敏感元件不一定是一个单一元件,有些传感器的敏感元件由多个转换元件组成,被测量需要经过多次转换。

机械工程领域中,敏感元件输出的电信号可分为两类:一类是电压、电荷及电流,另一类是电阻、电容和电感等电参数。它们通常比较微弱和不适合直接分析处理。因此,传感器还需要测量电路对敏感元件输出的电信号进行处理,最终输出幅值适当、便于分析处理的电信号。常见的测量电路有电桥、放大器、振荡器、阻抗变换器等。有些传感器的测量电路中还集成有数字化功能,直接输出计算机能处理的数字信号。

4.1.3 传感器的分类

机械工程中使用的传感器种类很多,同一种传感器,可以用于测量多种被测量;而同一种被测量,又可以用几种不同的传感器来测量。因此,传感器的分类方法很多。

根据被测量即传感器的用途进行分类,可将传感器分为力传感器、速度传感器、位移传感器、温度传感器等。根据传感器的工作原理或信号转换原理分类,可将传感器分为机械式传感器、电气式传感器、光学式传感器等,其中电气式传感器又可分为电阻式、电感式、电容式、压电式、磁电感应式等。

按信号变换特征可将传感器分为物性型与结构型。物性型传感器是依靠转换元件材料本身物理性质的变化来实现信号变换的。例如,水银温度计是利用了水银的热胀冷缩性质来实现信号变换的。结构型传感器则是依靠转换元件结构参数的变化而实现信号变换的。例如,变极距型电容式传感器依靠极板间距离的变化引起电容量变化来实现信号变换。

根据敏感元件与被测对象之间的能量关系,传感器也可分为能量转换型与能量控制型。能量转换型传感器是直接由被测对象输入能量使其工作的。例如,热电偶温度计等。在这种情况下,由于被测对象与传感器之间存在能量传输,必然导致被测对象状态的变化,造成测量误差。能量控制型传感器是从外部供给能量使传感器工作,而由被测量来控制外部供给能量的变化。例如,动态电阻应变仪中的电阻应变片接于电桥上,由外部电源供给电桥工作的能量,被测量变化引起电阻应变片的阻值变化,从而改变电桥的输出。电涡流传感器、电容式测厚仪等均属此种类型。

按输出信号的性质不同可将传感器分为模拟式传感器和数字式传感器。数字式传感器直接输出数字信号,便于与计算机相连且抗干扰能力强,如光栅位移传感器等。

按构成传感器的功能材料不同，可将传感器分为半导体传感器、陶瓷传感器、光纤传感器、高分子薄膜传感器等。

4.2　机械式传感器

机械式传感器一般以弹性元件作为敏感元件，将力、压强、温度等被测物理量转换成弹性元件的弹性变形，弹性变形经放大机构放大后转化为指示机构指针的偏转，借助指示机构的经过标定的刻度指示出被测量的大小。

图4.2所示为几种典型机械式传感器，如用于称重的弹簧秤，用于测量流体压力的波纹膜片，用于温度测量的双金属片等。

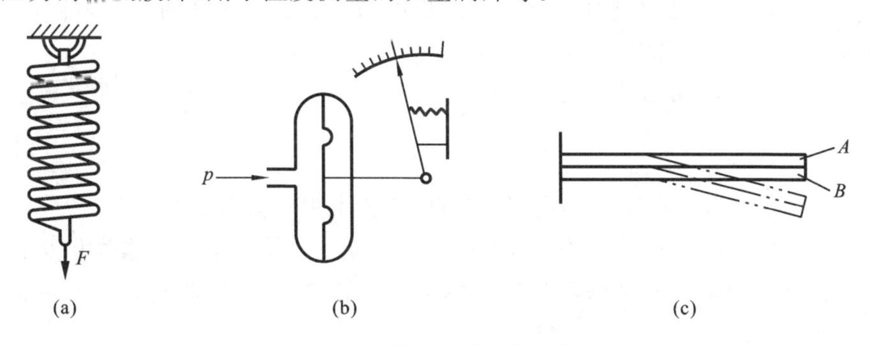

图4.2　典型机械式传感器

(a)弹簧秤；(b)波纹膜片；(c)双金属片

机械式传感器具有结构简单、可靠、使用方便、价格低廉、读数直观等优点。但要注意弹性变形不宜过大，以减小线性误差。由于放大和指示环节多为机械传动，有间隙且惯性大，故机械式传感器的固有频率比较低。因此，采用机械式放大和指示机构的机械式传感器只适宜用于检测缓变或静态被测量。要想扩大机械式传感器测量的频率范围，可将弹性元件输出的弹性变形作为其他形式传感器（如电阻、电容和电涡流）的输入，将被测量转换为电信号。

弹性元件材料的蠕变、弹性后效等现象会影响输出与输入间的线性关系。蠕变与承载时间、载荷大小、环境温度等因素有关，弹性后效则与材料应力-松弛和内阻尼等因素有关。因此，应用弹性元件时，应从结构设计、材料选择和处理工艺等方面采取有效措施，将不良影响降低。

4.3 电阻式传感器

电阻式传感器的敏感元件是电阻，其工作原理是将被测量的变化转换为敏感元件电阻值的变化，再利用测量电路将其转换为电信号输出。根据其敏感元件工作原理的不同，可将电阻式传感器分为变阻器式和电阻应变片式传感器两类。

4.3.1 变阻器式传感器

1. 变阻器式传感器的工作原理

变阻器式传感器的敏感元件是一个可调式电位器，因此又称为电位器式传感器，其工作原理是通过改变电阻丝的长度来改变敏感元件的电阻，再通过测量电路将电阻的变化转换为电压。

已知电阻丝的电阻计算公式为

$$R = \rho \frac{L}{A} \tag{4-1}$$

式中：ρ 为电阻丝电阻率；L 为电阻丝长度；A 为电阻丝截面面积。

当电阻丝直径和材质一定时，将被测量的变化转换为电位器滑块触头位置的变化，可改变电位器滑块输出电阻的电阻丝长度，从而实现将被测量的变化转换为电阻的变化。

常用变阻器式传感器有直线位移型、角位移型和非线性型等，如图 4.3 所示。

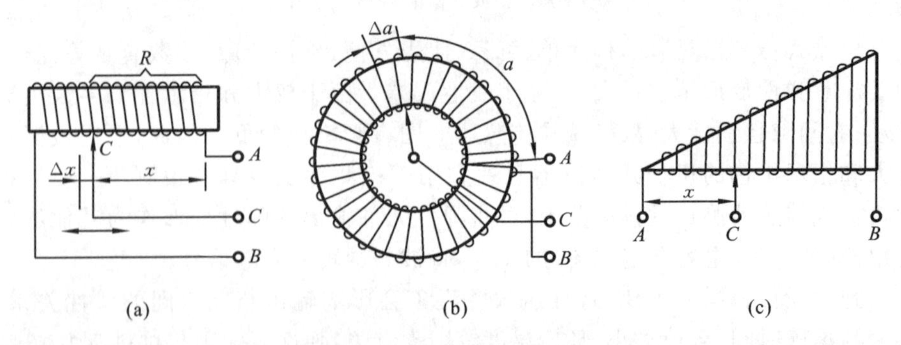

图 4.3 变阻器式传感器

(a)直线位移型；(b)角位移型；(c)非线性型

图 4.3(a)所示为直线位移型，可直接用于直线位移的测量。当被测直线位移量 x 改变时，触点 C 沿变阻器移动，则 C 点与 A 点之间电阻值 R 就会变化。该敏感元件的输入为直线位移量 x，输出为 A 点和 C 点之间的电阻值 R，它们之间的关系为

$$R=k_l x \tag{4-2}$$

敏感元件的灵敏度

$$K=\frac{\mathrm{d}R}{\mathrm{d}x}=k_l \tag{4-3}$$

式中：k_l 为单位长度的电阻值。

当导线分布均匀时，k_l 为一常数。这时敏感元件的输出(电阻)与输入(位移)呈线性关系。

图 4.3(b)所示为角位移型变阻器式传感器，可直接用于角位移的测量。其输出电阻值 R 随输入量角位移 α 而变化。其灵敏度

$$K=\frac{\mathrm{d}R}{\mathrm{d}\alpha}=k_\alpha \tag{4-4}$$

式中：k_α 为单位角位移的电阻值。

图 4.3(c)所示是一种非线性变阻器式传感器，其骨架形状为直角三角形。敏感元件的输出电阻 R 与输入的直线位移 x 之间的关系为

$$R=kx^2 \tag{4-5}$$

式中：k 为与结构有关的比例系数。如果输出与输入间的关系要求为 $R=kx^3$，则应采用抛物线形骨架。

2. 变阻器式传感器的测量电路

变阻器式传感器的测量电路一般采用图 4.4 所示的电阻分压电路。通过该电路，将被测量 x 变化引起的电阻变化转换为电压 u_y 的变化。传感器输出电压 u_y 与输入量 x 之间的关系为

$$u_y=\frac{u_0}{\frac{x_p}{x}+\left(\frac{R_p}{R_L}\right)\left(1-\frac{x}{x_p}\right)} \tag{4-6}$$

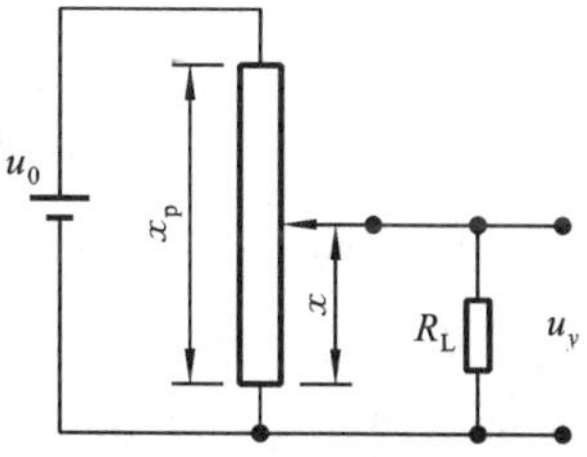

图 4.4 变阻器式传感器的测量电路

式中：R_p 为变阻器的总电阻；x_p 为变阻器的总长度；R_L 为后接电路的输入电阻。

式(4-6)表明，后接电路电阻 R_L 引起负载效应。为减小负载效应，应该加大后接电路的输入电阻。当 $R_L \gg R_p$ 时，则有

$$u_y \approx \frac{u_0}{x_p}x=kx \tag{4-7}$$

3. 变阻器式传感器的特点和应用

变阻器式传感器的优点是结构简单、性能稳定、使用方便。缺点是分辨力低、噪声大。受电阻丝直径的限制,变阻器式传感器的分辨力很难优于 20 μm。提高分辨力需使用更细的电阻丝,其绕制较困难。接触面的变动和磨损、尘埃附着等,都会使电位器滑块在滑动中产生较大的噪声。

变阻器式传感器可直接用于直线位移、角位移的测量。目前,工业机器设备上广泛使用的电子尺其实就是一种变阻器式的位移传感器。

4.3.2 电阻应变片式传感器

1. 电阻应变片的结构

电阻应变片的转换元件是敏感栅,采用栅状转换元件是为了提高应变片的灵敏度。按敏感栅材料的不同,电阻应变片可分为金属电阻应变片和半导体电阻应变片两大类。

1) 金属电阻应变片

根据应变片形状的不同,金属电阻应变片又可分为丝式、箔式和薄膜式三种。图 4.5 所示为金属电阻丝应变片的基本结构,主要由敏感栅、基片、盖片和引线等组成。

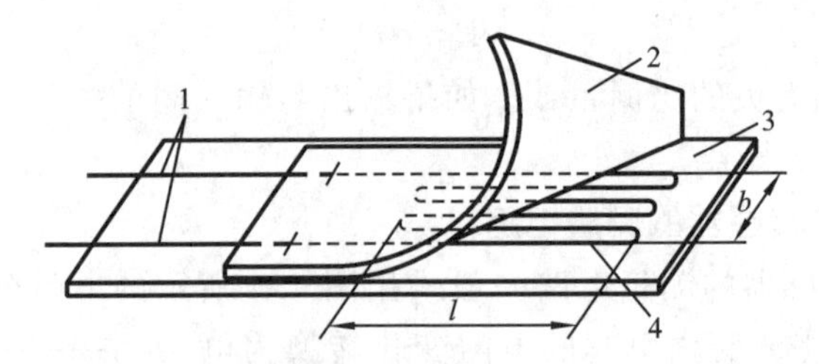

图 4.5 金属电阻丝应变片的基本结构

1—引线;2—盖片;3—基片;4—电阻丝式敏感栅

敏感栅是应变片的核心部分,它粘贴在绝缘的基片上,其上再粘贴盖片,两端焊接引线。基片和盖片用于保持敏感栅、引线的几何形状和相对位置,盖片对敏感栅还有保护作用。l 为应变片的标距或称工作基长,b 为应变片的基宽,$b\times l$为应变片的有效使用面积。应变片规格一般以有效使用面积和敏感栅的电阻值来表示,如 3 mm×100 mm、120 Ω。常用的基片材料有纸基、布基和玻璃纤维布基等,厚度一般为 0.02～0.04 mm。引线由直径 0.1～0.15 mm 的镀锡铜线或扁带形的其他金属材料制成,要求电阻率低、电阻温度系数小、抗氧化性能好、易于焊接。

电阻丝式应变片的敏感栅一般是由一根高电阻率的金属丝(康铜或镍铬合金等)绕成的。价格便宜,多用于大批量、一次性的低精度测量。丝式应变片蠕变较大,有被箔式电阻应变片替代的趋势。

图 4.6 所示为金属箔式电阻应变片,用栅状金属箔片代替栅状金属丝。金属箔式的敏感栅一般采用光刻技术制造,适于大批量生产。其线条均匀、尺寸准确、阻值一致性好。箔片厚 1～10 μm,散热好,粘贴容易,传递试件应变性能好。

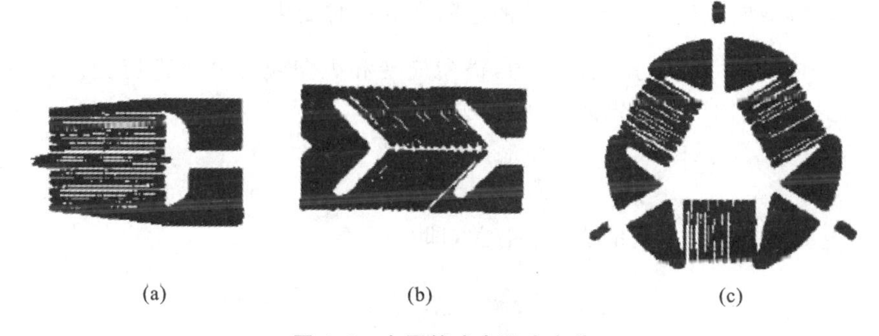

(a)　　(b)　　(c)

图 4.6　金属箔式电阻应变片

(a)单轴;(b)测扭矩;(c)多轴

2) 半导体电阻应变片

常见的半导体电阻应变片敏感栅的制作材料一般为锗或硅。半导体电阻应变片有体型、薄膜型和扩散型三种。图 4.7 所示为体型半导体电阻应变片的典型结构。

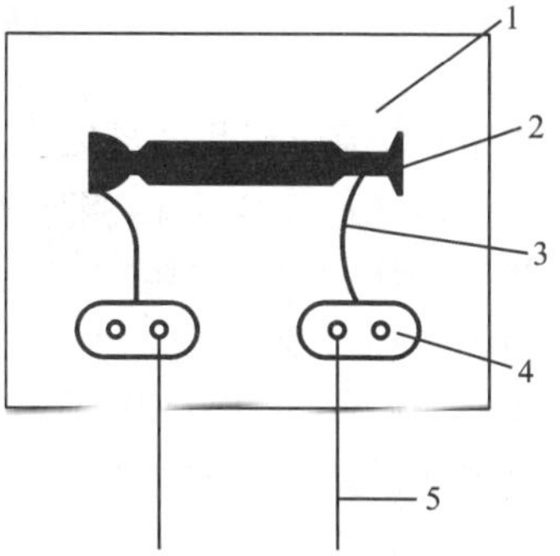

体型半导体电阻应变片的敏感栅是用单晶硅或单晶锗等材料,按照特定的晶轴方向切成薄片,经过掺杂、抛光、光刻腐蚀等方法而制成的。

薄膜型半导体电阻应变片的敏感栅是用真空蒸镀、沉积等方法,在表面覆盖有绝缘层的金属箔片上形成半导体电阻并加上引线而构成的。

扩散型半导体电阻应变片的敏感栅是用固体扩散技术,将某种杂质元素扩散到半导体上制成的。

图 4.7　半导体电阻应变片

1—基片;2—P-Si;3—内引线;4—焊接板;5—外引线

2. 电阻应变片的应变电阻效应

应变片的电阻计算遵循式(4-1),可知影响应变片电阻的因素主要有长度 L、截面积 A 和电阻率 ρ。当每一个影响因素分别有一变化量 ΔL、ΔA 和 $\Delta\rho$ 时,

应变片电阻的变化量为

$$\Delta R=\frac{\rho}{A}\Delta L+\frac{L}{A}\Delta\rho-\frac{\rho L}{A^2}\Delta A \tag{4-8}$$

等式两边同除以 R，并且考虑到 $R=\rho L/A$，$A=\pi r^2$，$\Delta A=2\pi r\Delta r$，则有

$$\frac{\Delta R}{R}=\frac{\Delta L}{L}+\frac{\Delta\rho}{\rho}-2\frac{\Delta r}{r} \tag{4-9}$$

式中：$\frac{\Delta L}{L}=\varepsilon$ 为应变片的轴向相对变形，或称纵向应变；$\frac{\Delta r}{r}$为应变片的径向相对变形，或称横向应变；$\frac{\Delta\rho}{\rho}$为应变片的电阻率的相对变化量。

由材料力学知，在弹性范围内，横向应变和纵向应变之比为应变片材料的泊松比 ν，且横向应变与纵向应变方向相反，即

$$\frac{\Delta r}{r}=-\nu\frac{\Delta L}{L}=-\nu\varepsilon$$

$\frac{\Delta\rho}{\rho}$与应变片在轴向所受的应力 σ 有关，即

$$\frac{\Delta\rho}{\rho}=\lambda\sigma=\lambda E\varepsilon$$

式中：λ、E 分别为应变片材料的压阻系数和弹性模量。

于是，式(4-9)可改写为

$$\frac{\Delta R}{R}=(1+2\nu+\lambda E)\varepsilon=K_g\varepsilon \tag{4-10}$$

式中：K_g为应变片的灵敏度。

由式(4-10)可知，当导体产生机械变形时，它的电阻值会产生相应改变，这就是导体的应变电阻效应现象。式中：$(1+2\nu)\varepsilon$ 项表示由于导体几何变形引起的电阻相对变化量，可称为形变效应部分；$\lambda E\varepsilon$ 项是由于导体的电阻率随应变的改变而引起的电阻相对变化量，称为压阻效应部分。所谓压阻效应是指半导体材料在沿某一轴向受到外力作用时，其电阻率发生变化的现象。分析表明，单晶半导体在外力作用下，原子点阵排列规律会发生变化，导致载流子迁移率及载流子浓度的变化，从而引起电阻率的变化。

3. 电阻应变片的工作原理

电阻应变片可直接用来测量应变或应力。测量时，先用粘贴剂将应变片基片粘贴在被测对象上。当被测对象在外力作用下产生应变时，粘贴在被测对象上的应变片也会随之产生应变。由应变片的应变电阻效应可知，应变片的电阻会发生改变。于是，就实现了被测量的变化到敏感元件电阻变化的转换，再通过测量电路转换成电信号输出。因此，电阻应变片式传感器的工作原理是基于应变片的应变电阻效应。

若测得的应变片电阻值的变化量为 ΔR，根据式(4-10)便可得到被测对象的应变 ε。再根据应力 σ 与应变 ε 的关系 $\sigma=E\varepsilon$，可求出被测对象所受的应力。这就是利用应变片直接测量应变或应力的基本原理。

金属电阻应变片阻值的变化主要是形变效应部分，压阻效应部分引起的阻值变化可忽略。则式(4-10)可简化为

$$\frac{\Delta R}{R}\approx(1+2\nu)\varepsilon=K_{g}\varepsilon \tag{4-11}$$

式中的 $K_g=1+2\nu$，称为应变片的应变系数或灵敏度。一般常用金属电阻应变片的 K_g 为 1.7～3.6。

半导体电阻应变片阻值的变化主要是压阻效应部分，形变效应影响甚微，可忽略。此时式(4-10)可简化为

$$\frac{\Delta R}{R}\approx\lambda E\varepsilon=K_{g}\varepsilon \tag{4-12}$$

半导体电阻应变片的灵敏度 $K_g=\lambda E$，其数值为金属电阻应变片的 50～70 倍。

与金属电阻应变片相比，半导体电阻应变片最突出的优点是灵敏度高，另外，还具有机械滞后小、横向效应小和体积小等优点。缺点是温度稳定性差、灵敏度分散度大(由于晶向、杂质等因素的影响)，以及大应变时非线性误差大。随着半导体集成电路工艺的迅速发展，上述缺点相应得到了克服。

电桥是电阻应变片式传感器常用的一种测量电路(其原理见第 5 章)，电桥将电阻应变片阻值的变化转换为电压的变化。采用合适的电桥接法可提高测量的灵敏度，并可实现温度补偿。

4. 电阻应变片式传感器的特点

1) 电阻应变片式传感器的优点

电阻应变片式传感器具有测量精度高(误差小于1%)、测量范围广(数个 $\mu\varepsilon$ 至数千 $\mu\varepsilon$)、分辨率高(可达 $1\mu\varepsilon$)，频率响应特性好(响应时间为 10^{-7}～10^{-11}s)、尺寸小、重量轻、结构简单等优点。适合动、静态测量，环境适应性强，可在各种恶劣环境下使用。

2) 电阻应变片式传感器的缺点

测大应变时具有较大的非线性，半导体电阻应变片更为显著；输出信号较微弱，故其抗干扰能力较差；测出的是应变片内的平均应变，不能完全显示应力场中应力梯度的变化；应变片的温度系数较大。

尽管应变片存在上述缺点，但可采取一定的补偿措施减小其影响。因此，应变片是非电量电测技术中应用最广泛和最有效的敏感元件之一。

5. 电阻应变片式传感器的应用

电阻应变片式传感器可直接用来测量应变或应力,以及其他通过转换元件可转换为应变的量,如粘贴于弹性元件上可测量力、加速度、位移、压力等。

1) 直接测量应变或应力

将应变片粘贴在被测对象的预定部位,可直接测量出被测对象受到的拉压应力、扭矩或弯矩等,为结构设计、应力校核或破坏预测等提供实验数据。

图 4.8 所示为几种实例。图 4.8(a)所示为齿轮轮齿弯矩的测量,图 4.8(b)所示为飞机机身应力测量,图 4.8(c)所示为液压机立柱应力测量,图 4.8(d)所示为桥梁构件应力测量。当被测对象在受力发生变形时,粘贴在其上的应变片就会发生应变。

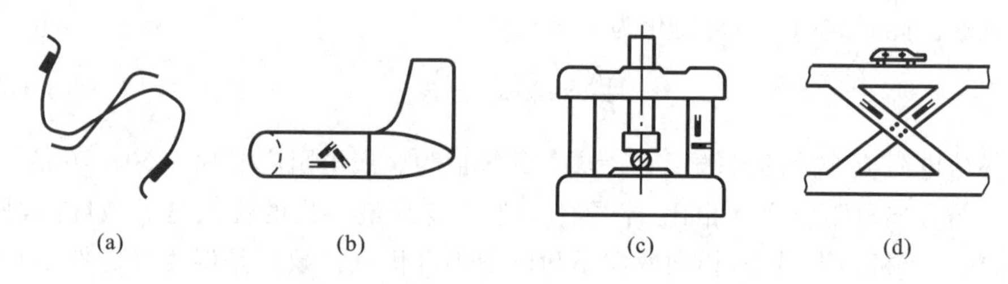

图 4.8 电阻应变片测量应力

(a)齿轮轮齿弯矩;(b)飞机机身应力;(c)立柱应力;(d)桥梁应力

2) 间接测量可转换为应变的量

将应变片粘贴于弹性元件上,作为测量力、位移、压力、加速度等物理参数的传感器的敏感元件。在这种情况下,弹性元件得到与被测量成正比的应变,再由应变片转换为电阻的变化,最后由测量电路转换为电信号的变化。

图 4.9 所示的是应变片式加速度传感器的结构示意图。等强度梁 1 的自由端安装质量块 2,另一端固定在壳体 3 上,梁上粘贴有应变片敏感元件 4。测量时,将壳体与被测对象刚性连接。当被测对象以加速度 a 运动时,质量块受

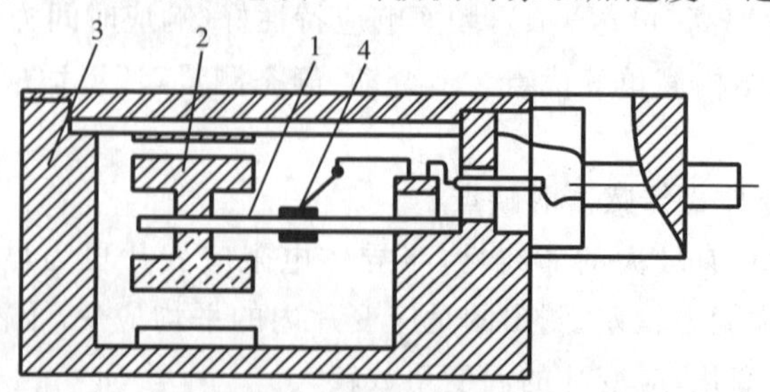

图 4.9 应变片式加速度传感器结构示意图

1—等强度梁;2—质量块;3—壳体;4—应变片

到一个与加速度方向相反的惯性力作用。该惯性力使得悬臂梁变形，粘贴在悬臂梁上的应变片随之产生应变，从而使应变片的电阻发生变化。在一定的频率范围内，应变片的电阻变化与运动物体的加速度成正比。这样，就把运动物体的加速度转换为应变片电阻的变化，再通过电桥测量电路转换为电压输出。

图 4.10(a)所示的传感器用于测量重物相对于悬臂梁左端安装点在重力方向上的位移 x，位移 x 越大，悬臂梁的变形就越大，粘贴在悬臂梁上的应变片的应变就越大；也可用做称重传感器，如电子秤，重物的重量越大，应变片的应变就会越大。图 4.10(b)所示的为柱式测力传感器，多片应变片对称地粘贴在弹性圆柱体外壁应力分布均匀的中间部分。图 4.10(c)所示为筒式压力传感器，可用于测量液体的压强；在压强的作用下，弹性圆筒的壁会发生变形，粘贴在其上的应变片就会产生应变，其电阻就会变化。

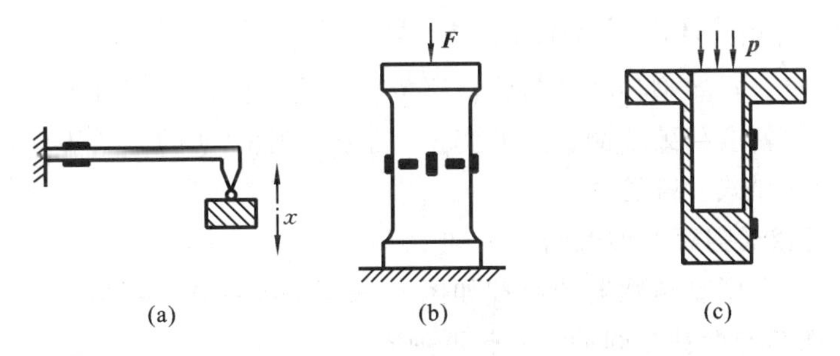

图 4.10 典型应变片式传感器

(a)位移或称重传感器；(b)柱式测力传感器；(c)筒式压力传感器

电阻应变片必须被粘贴在被测对象或弹性元件上才能工作，粘贴剂和粘贴技术对测量结果有着直接影响。因此，要选择合适的粘贴剂和粘贴方法，要做好粘贴前被测对象表面的清理和粘贴后的固化处理，以及防潮处理。

4.4 电感式传感器

当导体中的电流发生变化时，它周围的磁场就随之变化，并由此产生磁通量的变化。由电磁感应原理可知，处于该变化磁场中的任何导体都会产生感应电动势，该电动势总是阻碍导体中原来电流的变化。在导体本身中产生感应电动势即自感电动势的现象，称为自感现象；在处于变化磁场中的其他导体中产生感应电动势即互感电动势的现象，称为互感现象。电感系数（自感系数 L 或互感系数 M）可用来描述导体或导体间产生电磁感应现象的能力。电感系数的单位是亨利，简称亨，符号是 H。如果通过导体的电流在 1 s 内改变 1 A 时产生的感应电动势是 1 V，则此时的电感系数就是 1H。

电感式传感器就是利用电磁感应原理，将被测量（如位移、压力、流量、振动等）转换为自感系数（简称自感）L 或互感系数（简称互感）M 的变化，再由测量电路转换成电压或电流的变化量输出。

电感式传感器一般可分为自感型和互感型两大类。自感型传感器主要有可变磁阻式和高频反射式电涡流两种，互感型传感器主要有差动变压器式和低频透射式电涡流两种。

4.4.1 可变磁阻式自感型传感器

可变磁阻式自感型传感器是将被测量转换为线圈敏感元件的磁阻的变化，而磁阻的变化就会导致线圈自感的变化。根据磁阻改变的方式不同，又可将传感器分为变气隙式和螺管式。

1. 变气隙式自感型传感器

变气隙式自感型传感器的原理如图 4.11 所示，主要由线圈 1、铁芯 2 和衔铁 3 组成，铁芯与衔铁之间的气隙长度为 δ。

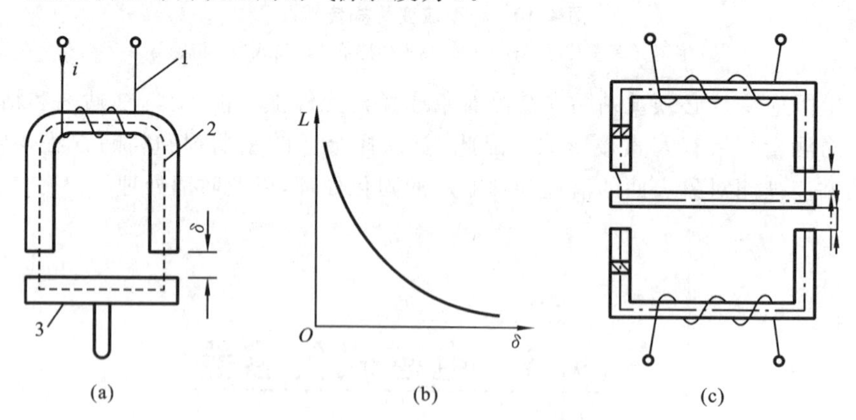

图 4.11 变气隙式自感型传感器

(a)结构；(b)特性；(c)差动型

线圈自感 L 可按下式计算：

$$L = \frac{W^2}{R_m} \tag{4-13}$$

式中：W 为线圈匝数，R_m 为图中封闭虚线表示的磁路的总磁阻。

若不计磁路损耗且气隙 δ 很小，则磁路磁阻为

$$R_m = \frac{l}{\mu A} + \frac{2\delta}{\mu_0 A_0} \tag{4-14}$$

式中：l 为铁芯导磁长度(m)；μ 为铁芯磁导率(H/m)；A 为铁芯导磁截面积(m^2)；δ 为气隙长度(m)；μ_0 为气隙磁导率，空气的气隙磁导率为 $4\pi\times10^{-7}$(H/m)；A_0 为气隙导磁截面积(m^2)。

与空气气隙磁阻相比，铁芯磁阻一般很小，可忽略不计，于是

$$R_m \approx \frac{2\delta}{\mu_0 A_0} \tag{4-15}$$

代入式(4-13)则有

$$L = \frac{W^2 \mu_0 A_0}{2\delta} \tag{4-16}$$

式(4-16)表明，影响线圈自感 L 的因素主要有气隙长度 δ、气隙导磁截面积 A_0 及线圈的匝数 W。改变其中的任何一个，就可以改变线圈的自感。但是，由于改变线圈的匝数比较困难，实际应用时，一般只利用被测量改变线圈的气隙长度 δ、气隙导磁截面积 A_0 来改变自感。

将衔铁和被测物体相连，当被测物体运动而使衔铁上下移动时，气隙长度 δ 将发生变化，从而使线圈自感 L 发生变化。此时，传感器的输出 L 与输入 δ 呈非线性关系(见图 4.11(b))，传感器的灵敏度为

$$K = -\frac{W^2 \mu_0 A_0}{2\delta^2} \tag{4-17}$$

可见，传感器的灵敏度 K 不是常数，非线性特性严重；且 δ 越小，传感器灵敏度就越高。为减小非线性误差，通常应规定在较小的气隙长度变化范围内工作，气隙长度变化值应小于气隙初始长度的 10%。这种变气隙长度型传感器只适用于微小位移测量，一般为 0.001～1 mm。采用图 4.11(c)所示的差动型，既可以改善传感器的非线性，又可以使传感器的灵敏度提高一倍。

如果被测运动物体带着衔铁左右移动，输入为位移 x，此时，气隙长度 δ 不变，而气隙导磁截面积 A_0 将随着输入位移 x 发生变化，线圈自感 L 也会发生变化。传感器的输出 L 与输入位移 x 呈线性关系。

变气隙式自感型传感器先将被测量转换为线圈与衔铁间气隙的长度或导磁面积的变化，接着将其转换为线圈磁路磁阻的变化，再将其转换为线圈电感的变化。

2. 螺管式自感型传感器

螺管式自感型传感器分为单线圈和差动双线圈两种,如图 4.12 所示。

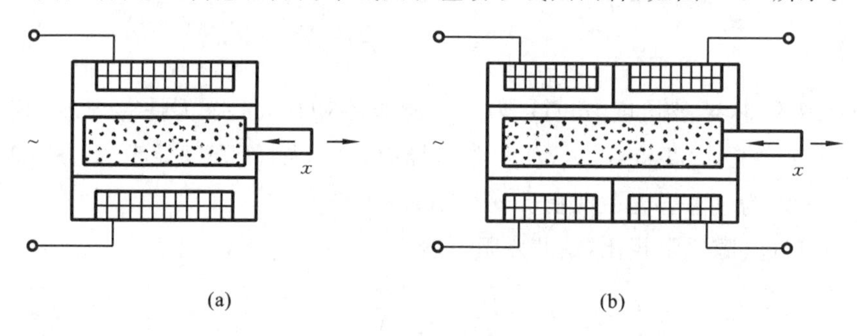

图 4.12　螺管式自感型传感器

(a)单线圈;(b)差动双线圈

图 4.12(a)所示为单线圈螺管式自感型传感器,主要元件为一只螺管线圈和一根圆柱形铁芯。传感器工作时,被测运动物体的位移引起铁芯在线圈中伸入长度的变化,导致线圈磁路磁阻发生变化,从而引起螺管线圈自感的变化。这种传感器结构简单、制造容易,但灵敏度低,适用于较大位移(数毫米)的测量。

差动双线圈螺管式自感型传感器的原理如图 4.12(b)所示。铁芯在两个线圈中间移动,使两个线圈的自感变化的方向相反。与单线圈螺管式相比,其灵敏度高,线性区更大。

与变气隙式相比,由于螺管式的气隙大,磁路磁阻大,因此灵敏度要低一点,但测量范围大。

4.4.2　差动变压器式互感型传感器

差动变压器式互感型传感器又简称为差动变压器,利用电磁感应中的互感现象实现信号的转换。

1. 互感现象

如图 4.13 所示的变压器,主要由初级线圈 W_1、次级线圈 W_2、中间衔铁和两个铁芯组成。当初级线圈 W_1 输入交流电流 i_1 时,次级线圈 W_2 上产生感应电动势 e_{12},这就是互感现象。根据电磁感应原理,产生的感应电动势的大小与电流 i_1 的变化率成正

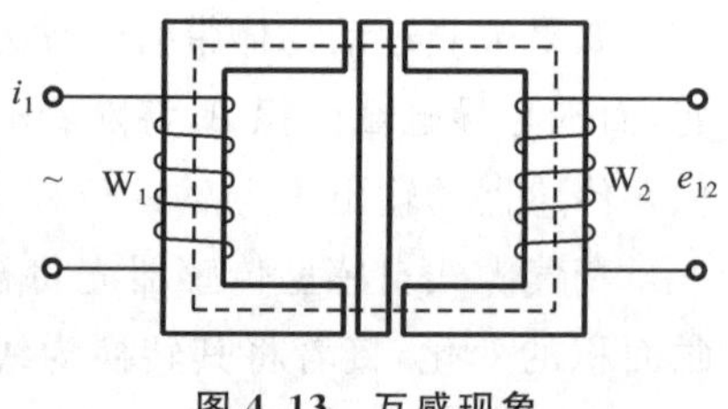

图 4.13　互感现象

比，即

$$e_{12}=-M\frac{\mathrm{d}i_1}{\mathrm{d}t} \tag{4-18}$$

式中的比例系数 M 就是两个线圈之间的互感系数。它表明了两线圈之间的耦合程度，其大小与两线圈相对位置及周围介质的导磁能力等因素有关。由于衔铁的导磁能力远大于空气气隙的导磁能力，因此，如果衔铁相对于铁芯产生运动，将会导致两个线圈间的互感系数发生变化。

2. 差动变压器的工作原理

差动变压器就是利用互感现象，先将被测位移量转换成线圈互感的变化，再转换为互感电动势。

差动变压器结构形式较多，有变气隙式、变面积式和螺管式等，但其工作原理基本一样。螺管式差动变压器结构如图 4.14(a)所示，它由初级线圈 W_1、两个次级线圈(W_{2a}和 W_{2b})和插入线圈中央的圆柱形活动铁芯等组成。设初级线圈与两个次级线圈间的互感系数分别为 M_1、M_2。

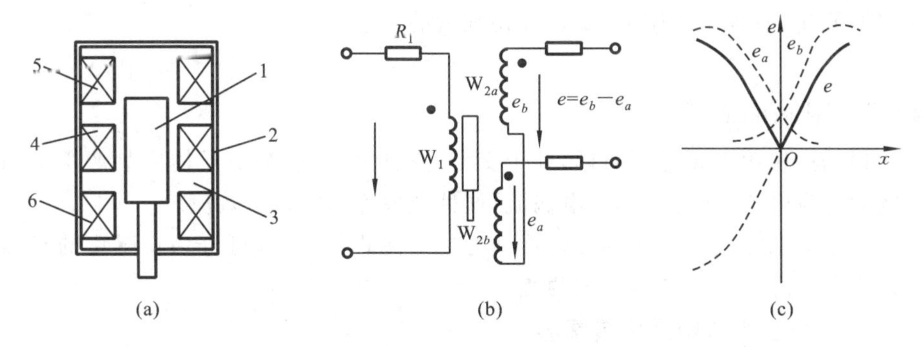

图 4.14　螺管式差动变压器

(a)基本结构；(b)等效电路；(c)输出特性

1—活动铁芯；2—导磁外壳；3—骨架；4—初级线圈 W_1；5—次级线圈 W_{2a}；6—次级线圈 W_{2b}

当初级线圈 W_1 接稳定交流电源时，根据互感现象，在两个次级线圈 W_{2a} 和 W_{2b} 中便会产生感应电动势 e_a 和 e_b。差动变压器式传感器中的两个次级线圈反向串联，如果忽略铁损、导磁体磁阻和线圈分布电容，则其等效电路如图 4.14(b)所示，差动变压器的输出 $e=e_b-e_a$。

如果差动变压器结构完全对称，则当活动铁芯处于初始平衡位置即中间位置时，初级线圈与两个次级线圈之间的互感系数 $M_1=M_2$，将有 $e_a=e_b$，此时差动变压器的输出电压为零。当活动衔铁向上移动时，由于磁阻的影响，W_{2a} 中的磁通将大于 W_{2b} 的，使 $M_1>M_2$，因而 e_a 增加，而 e_b 减小。反之，e_b 增加，e_a 减小。当 e_a、e_b 随着铁芯位移 x 变化时，e 也必将随 x 变化。铁芯偏离平衡位置越

多,即位移 x 越大,传感器的输出 e 也就越大,其输出特性如图 4.14(c)所示。

首先,差动变压器的输出电压是交流量,其幅值与铁芯位移成正比。其输出电压如用交流电压表指示,输出值只能反映铁芯移动位移的大小,而不能反映移动的方向。其次,由于两个次级线圈结构不对称,以及初级线圈的铜损电阻、铁磁材质不均匀、线圈间分布电容等原因,交流电压输出存在一定的零点残余电压,即铁芯处于中间位置时,其输出也不为零。零点残余电压一般在几十毫伏以下,在实际使用时,应设法减小,否则,将会影响传感器的测量结果。因此,差动变压器式传感器的后接测量电路,一般采用既能反映铁芯位移的方向,又能补偿零点残余电压的差动直流输出电路。

3. 差动变压器的特点和应用

差动变压器式传感器具有精确度高(可达 0.1 μm 数量级)、灵敏度高、线性范围大(可扩大到±250 mm)、结构简单、稳定度好、性能可靠和使用方便等优点,被广泛应用于直线位移的测量。用于动态测量时,其测量频率上限受制于传感器中所包含的机械结构。借助弹性元件可以将压力、重量等物理量转换成位移的变化,故也用于压力、重量等物理量的测量。

4.4.3 电涡流式传感器

根据法拉第电磁感应原理,处于交变磁场中的块状金属导体内会产生呈涡旋状的感应电流,此电流称为电涡流,这种现象称为电涡流效应。

根据电涡流效应制成的传感器称为电涡流式传感器,可分为自感型的高频反射式和互感型的低频透射式两类。

1. 高频反射式电涡流传感器

图 4.15 所示为高频反射式电涡流传感器的原理图,主要由传感器线圈和被测金属板组成。

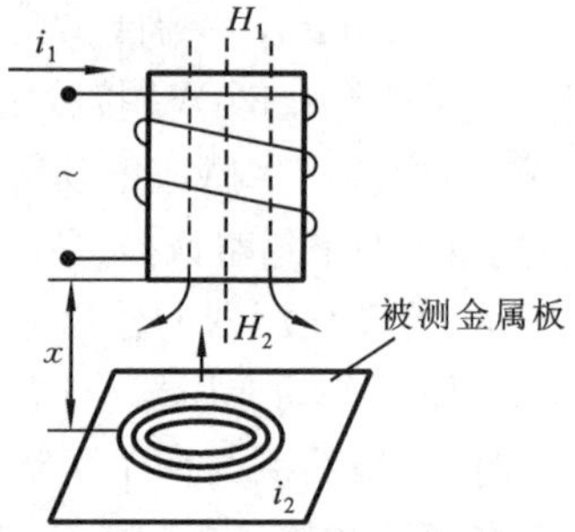

根据法拉第电磁感应定律,当传感器线圈通正弦交变电流 i_1 时,线圈周围空间必然产生正弦交变磁场 H_1,使置于此磁场中的被测金属板产生电涡流 i_2。电涡流 i_2 又产生新的交变磁场 H_2。根据楞次定律,电涡流的交变磁场 H_2 与线圈的交变磁场 H_1 的变化方向相反,H_2 总是抵抗 H_1 的变化,力图削弱磁场 H_1,从而使传感器线圈的自感 L、等效阻抗 Z 等发生变化。电涡流效应越强,传感器线圈阻抗的变化也就越大。影响电涡流效

图 4.15 高频反射式电涡流传感器

应的参数很多，主要有金属板的电阻率 ρ、磁导率 μ 和几何形状，以及线圈几何参数、线圈中激磁电流频率、线圈与金属板的距离 x 等。如果被测量只引起其中一个参数变化，而其他参数保持不变，那么，传感器线圈阻抗 Z 就仅仅是这个参数的单值函数。通过与传感器配用的测量电路测出阻抗 Z 的变化量，即可实现对该被测量的测量。例如，当 x 改变时，可用于位移、振动测量；当 ρ 或 μ 改变时，可作为材质鉴别或探伤等。

当利用高频反射式电涡流传感器测量位移时，只有在 $x/r_{as}\ll 1$（一般取0.05～0.15，r_{as} 为传感器线圈的外径）的范围内才能得到较好的线性和较高的灵敏度。

2. 低频透射式电涡流传感器

图 4.16 所示为低频透射式电涡流传感器的工作原理图。在被测金属板的上方设有发射传感器线圈 W_1，在被测金属板下方设有接收传感器线圈 W_2。当在 W_1 上加低频交流电压 U_1 时，则线圈 W_1 在周围产生交变磁场 H_1。根据电磁感应的互感现象，若两线圈间无金属板，则交变磁场 H_1 直接耦合至线圈 W_2 中，W_2 便产生感应电动势 U_2。

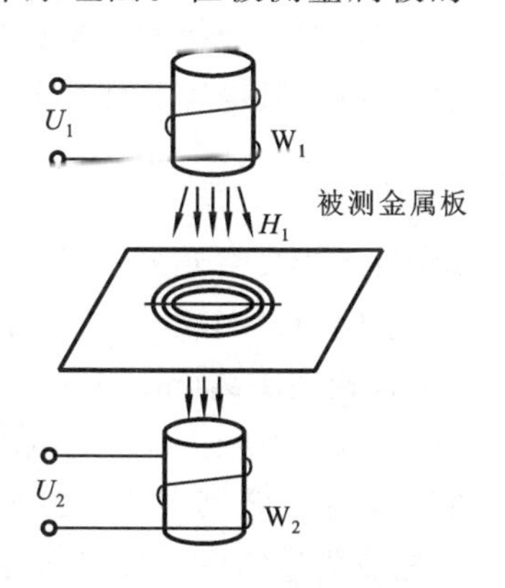

图 4.16 低频透射式电涡流传感器

如果将被测金属板放入两线圈之间，则 W_1 线圈产生的交变磁场将在金属板中产生电涡流。但是该电涡流也会产生一个交变磁场，方向与 H_1 相反，从而使磁场 H_1 的能量受到损耗，到达 W_2 的磁场将减弱，使 W_2 产生的感应电动势 U_2 下降。金属板越厚，电涡流造成的磁场损失就越大，感应电动势 U_2 就越小。因此，可根据感应电动势 U_2 的大小得知被测金属板的厚度，透射式电涡流厚度传感器的测量范围可达 1～100 mm，分辨率为 0.1 μm，线性度为 1%。

3. 电涡流式传感器的特点和应用

电涡流式传感器最大的特点是能对位移、厚度、表面温度、速度、应力、材料损伤等进行非接触式连续测量，同时还具有结构简单、体积小、灵敏度高、频率响应宽、不受油污等介质影响等特点，应用极其广泛。

4.5 电容式传感器

电容式传感器的敏感元件是电容器，先将被测量转换为电容量的变化，再由测量电路转换为电信号输出。

4.5.1 工作原理与特性

电容式传感器的结构比较简单，其敏感元件实际上就是一个参数可变的电容器，由两个极板和极板间的绝缘介质组成。以平板电容器为例，如果不考虑边缘效应，其电容量计算公式为

$$C=\frac{\varepsilon_0\varepsilon A}{\delta} \tag{4-19}$$

式中：ε_0 为真空介电常数，取 8.85×10^{-12}(F/m)；ε 为绝缘介质的相对介电常数，空气的 $\varepsilon=1$；A 为有效工作面积，是两平行极板相互覆盖部分的面积(m^2)；δ 为极板间距离(m)。

式(4-19)表明，影响电容器电容量的参数有四个，其中的 ε、A、δ 是可以改变的。如果固定其中两个参数，将被测量的变化转换为其中一个参数的变化，就可把被测量的变化转换为电容量的变化，再通过测量电路就可转换为电量输出。根据改变参数的不同，电容式传感器可分为变极距型、变面积型和变介电常数型。

1. 变极距型电容式传感器

变极距型电容式传感器的工作原理和输出特性如图 4.17 所示。两极板中，一个为固定电极，另一个为可随被测量变化的可动电极。当可动电极随被测量变化而变化时，两极板的间距 δ 变化，从而使电容量发生变化。由式(4-19)可知，电容量 C 与极距 δ 呈非线性关系，如图 4.17(b)所示，δ_0 为可动电极板未动时的极距。当极距的变化为 $\Delta\delta$ 时，所引起电容量的变化为

$$\Delta C=-\varepsilon\varepsilon_0 A\frac{1}{\delta^2}\Delta\delta \tag{4-20}$$

则传感器的灵敏度为

$$K=\frac{\Delta C}{\Delta\delta}=-\varepsilon\varepsilon_0 A\frac{1}{\delta^2} \tag{4-21}$$

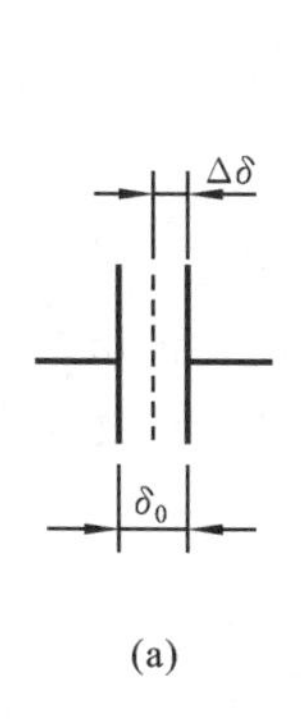

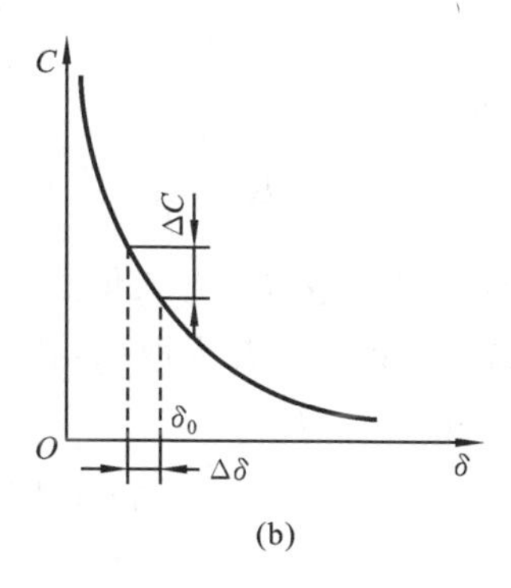

图 4.17 变极距型电容式传感器

(a)基本结构;(b)输出特性

由式(4-21)可知,变极距型电容式传感器的灵敏度 K 不是常数,而与极距平方成反比,极距越小,灵敏度越高,因此存在非线性误差。为减少非线性误差的影响,实际应用中通常规定该种传感器在极小的极距变化范围内工作,以便获得近似线性关系,一般要求 $\Delta\delta/\delta_0<0.1$。

在实际应用中,常利用两个变极距型传感器形成差动连接,既可以使灵敏度提高一倍,又可以改善线性度,还可以克服外界条件(如电源电压波动、环境温度变化等)对测量精确度的影响。

变极距型电容式传感器的优点是动态响应快,可进行动态非接触测量,对被测对象影响小、灵敏度高,但存在非线性误差。故只适用于较小位移(0.01 μm 至数百 μm)的测量。此外,传感器的杂散电容也对灵敏度和测量精确度有影响,与传感器配合使用的电子线路也比较复杂。由于这些缺点,其使用范围受到一定限制。

2. 变面积型电容式传感器

变面积型电容式传感器先将被测量(一般为位移)的变化转换为电容器极板有效工作面积的变化,然后变换为电容量的变化。按结构的不同,变面积型电容式传感器可分为平板型和圆柱体型。

1) 平板型

按输入位移的不同,平板变面积型电容式传感器又可分为线位移型和角位移型两种,如图 4.18 所示。图 4.18(a)为线位移型电容式传感器,当动极板 1 沿 x 方向移动时,其与定板 2 之间相互覆盖部分的面积变化,从而引起电容变化。其电容量 C 为

$$C=\frac{\varepsilon\varepsilon_0 b(L-x)}{\delta} \tag{4-22}$$

式中:b 为极板宽度。

其灵敏度为

$$K=\frac{\mathrm{d}C}{\mathrm{d}x}=-\frac{\varepsilon\varepsilon_0 b}{\delta}=\text{常数} \tag{4-23}$$

图 4.18(b)为角位移型电容式传感器,当动板 1 有一转角 θ 时,由于与定板 2 之间相互覆盖部分的中心角 α 改变,相互覆盖部分的面积就发生改变,从而导致电容量变化。电容量为

$$C=\frac{\varepsilon\varepsilon_0 \alpha r^2}{2\delta} \tag{4-24}$$

式中:r 为极板半径。

其灵敏度为

$$K=\frac{\mathrm{d}C}{\mathrm{d}\alpha}=\frac{\varepsilon\varepsilon_0 r^2}{2\delta}=\text{常数} \tag{4-25}$$

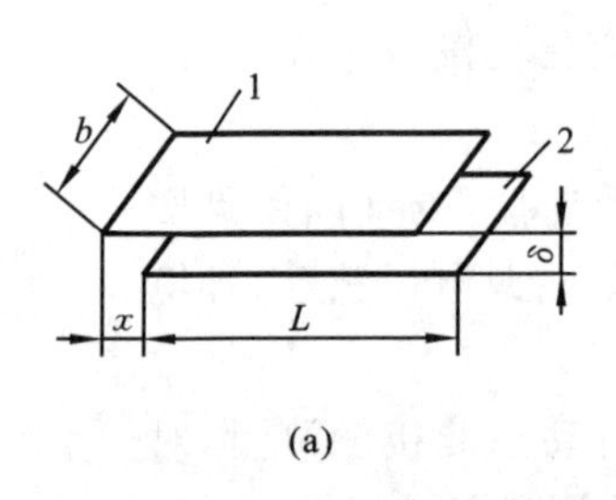

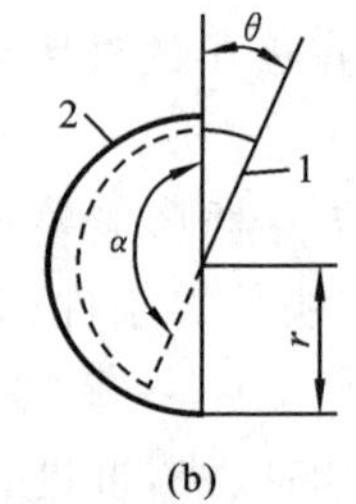

图 4.18 平板变面积型电容式传感器

(a)线位移型;(b)角位移型

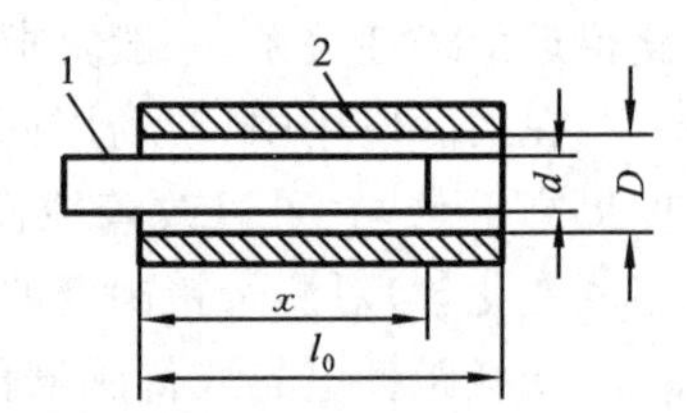

图 4.19 圆柱体变面积型电容式传感器

2) 圆柱体型

图 4.19 为圆柱体变面积型电容式传感器,圆筒 2 和圆柱体 1 相当于电容器的两个极板。其电容量 C 为

$$C=\frac{2\pi\varepsilon\varepsilon_0 x}{\ln(D/d)} \tag{4-26}$$

式中:D 为圆筒孔径;d 为圆柱体外径;x 为圆筒和圆柱体相互覆盖部分的长度。

该型传感器一般用于直线位移的测量。当覆盖长度 x 变化时,电容量 C 发生变化。其灵敏度为

$$K=\frac{\mathrm{d}C}{\mathrm{d}x}=\frac{2\pi\varepsilon\varepsilon_0}{\ln(D/d)}=\text{常数} \tag{4-27}$$

由式(4-27)可知,圆筒和圆柱体的直径愈接近,灵敏度将愈高。

变面积型电容式传感器的优点是灵敏度为常数,输入与输出呈线性关系。但与变极距型电容式传感器相比,灵敏度较低。该型传感器适用于测量较大的

直线位移及角位移，可用于检测厘米级的直线位移和几十度内的角位移。实际使用中，常采用差动方式。

3. 变介电常数型电容式传感器

变介电常数型电容式传感器是将被测量的变化转换为电容器极板间介质的介电常数 ε 的变化。由式(4-19)可知电容量 C 与 ε 呈线性关系，因此，该型传感器适用于对介质进行检测，如直接检测介质的几何尺寸(如厚度)，或介质的内在质量(有无缺陷等)，或通过检测 ε 间接检测影响介质 ε 的其他因素(如温度、湿度等)，在电容式液(料)位计中则是检测作为介质的被测物进入极板的程度。

图 4.20(a)所示的电容式液位计是以两个同心圆筒作为极板，插入介电常数为 ε 的非导电被测液体中。由图可知，液位计的电容量 C 的计算公式为

$$C = C_0 + \frac{2\pi(\varepsilon - \varepsilon_2)\varepsilon_0 H}{\ln(r_2/r_1)} \tag{4-28}$$

式中：$C_0 = \dfrac{2\pi\varepsilon_0\varepsilon_2 L}{\ln(r_2/r_1)}$，是被测液体未进入液位计时液位计的初始电容值；$\varepsilon_2$ 为空气的相对介电常数。由式(4-28)可知，该传感器的电容量的增量与被测液位高度 H 呈线性关系。

如果被测液体为导电介质时，就必须在电容器的一个电极上套裹介电常数为 ε 的绝缘物，此电极称为内电极，另一电极为被测导电介质。

图 4.20(b)所示的电容式传感器的两固定极板间有一介质层(如纸张、电影胶片等)通过。当介质层的厚度、温度或湿度发生变化时，其介电常数发生变化，从而引起电容量变化。故该种电容式传感器可用于介质的厚度、温度或湿度等的测量。

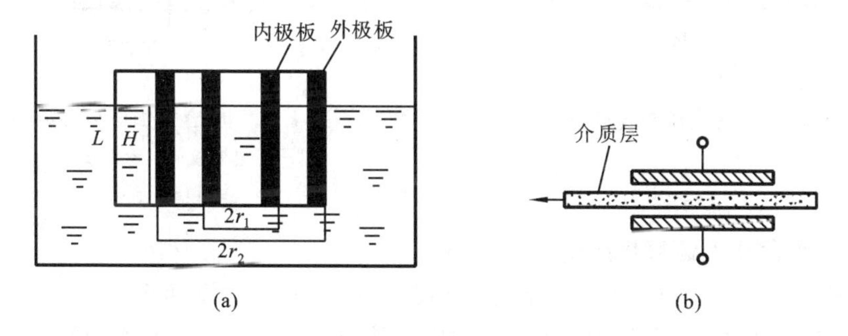

图 4.20　变介电常数型电容式传感器

(a)液位计；(b)测量介质厚度、温度或湿度的传感器

4.5.2 电容式传感器的应用

电容式传感器结构简单、体积小,可进行非接触式测量,并能在高温、辐射和强烈振动等恶劣条件下工作,可直接用于位移、物位的测量,借助于弹性元件的转换则可广泛用于压力、压差、加速度等多种量的测量。

1. 电容式压差传感器

图4.21所示为电容式压差传感器的结构图,它由两个玻璃圆盘和一个金属膜片组成。两玻璃圆盘的凹面都镀上金属作为电容式传感器的两个固定电极,而夹在两凹圆盘中的金属膜片则为传感器的可动电极。

当两边压力相等,即 $p_1=p_2$ 时,金属膜片处在中间位置,与左、右固定电极间距相等,两个电容器的电容量相等。当两边压力不相等,即 $p_1\neq p_2$ 时,两个电容器的电容量会变化,一个增大,一个减小。该电容量的变化经测量电路转换成与压力差相对应的电流或电压的变化。

这种传感器属于差动变极距型电容式传感器,其结构简单、灵敏度高、响应速度快(约100 ms)、能测微小压差(0～0.75 Pa)。不仅可用来测量 p_1 与 p_2 的压差,也可用于测量真空或微小绝对压力,此时只要把膜片的一侧密封并抽到高真空(10^{-5} Pa)即可。

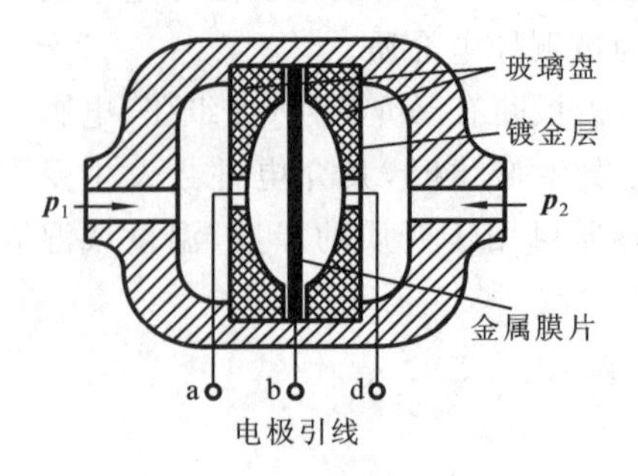

图4.21 电容式压差传感器

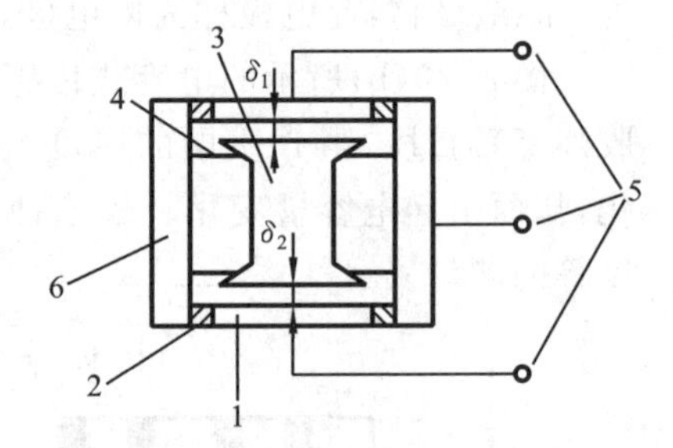

图4.22 电容式加速度传感器结构图

1—固定极板;2—绝缘垫;3—质量块;4—弹簧;5—输出端;6—壳体

2. 电容式加速度传感器

图4.22所示为电容式加速度传感器的结构图。它有两个固定极板(与壳体绝缘),中间有一用较硬弹簧支撑的质量块,此质量块的上下两个端面经过磨平抛光后作为可动极板(与壳体通电连接),相当于是两个差动连接的电容器。

当传感器壳体随被测对象在垂直方向上作直线加速运动时,质量块在惯性空间中相对静止,而两个固定极板将相对质量块在垂直方向上产生大小正比于被测加速度的位移。此位移使两电容器的极距发生变化，一个增加，一个减小，从而使两个电容器产生大小相等、符号相反的电容变化量，两个电容变化量的差值正比于被测加速度。

这种差动电容式加速度传感器大多采用空气或其他气体作阻尼物质，其精度较高，频率响应快，动态测量频率范围宽，量程大。

4.6　压电式传感器

压电式传感器的敏感元件是压电元件。其工作原理是利用压电元件的压电效应，将被测量直接转换为电荷输出，此电荷经测量电路放大和变换阻抗后就成为正比于被测量的电信号。

4.6.1　压电效应和压电材料

1. 压电效应

某些材料，在受到外力作用时，内部会产生极化作用，材料的某两个表面产生符号相反的电荷，形成电场，如图 4.23(a)所示；当外力去掉时，材料又重新恢复到原来的不带电状态；当外力改变方向时，电荷极性随之改变，如图 4.23(b)所示。这种机械能转变为电能的现象，称为“正压电效应”或“顺压电效应”。具有压电效应的材料称为压电材料。

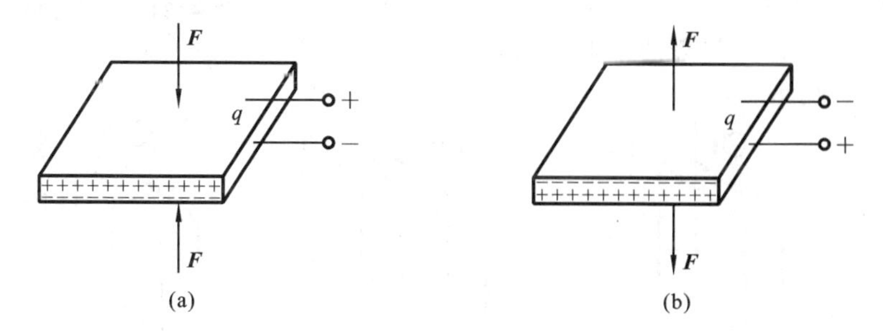

图 4.23　正压电效应

用压电材料制作而成的压电元件在外力 $\boldsymbol{F}$ 的作用下，因压电效应而在元件的表面产生电荷量，电荷量 q 与外力 $\boldsymbol{F}$ 的大小成正比，即

$$q=dF \tag{4-29}$$

式中:d 为压电元件所用压电材料的压电常数,与压电材料的材质及所受外力的方向有关。

反之,当在某些物质的某个方向上施加电场,材料会产生机械变形;当去掉外加电场后,该变形也随之消失。这种电能转变为机械能的现象,称为逆压电效应或电致伸缩效应。

2. 压电材料

自然界中大部分晶体具有压电效应,但是大部分晶体的压电效应比较弱。具有理想压电效应的压电材料主要有压电晶体、压电陶瓷和新型压电材料三类。压电晶体一般为单晶体,常用的有石英晶体、铌酸锂、钽酸锂等。压电陶瓷是人造多晶体,常用的有钛酸钡、锆钛酸铅等。新型压电材料主要有压电半导体和有机高分子压电薄膜。

石英(SiO_2)晶体是常用的一种压电晶体,其结晶形状为六角形晶柱(见图4.24(a)),两端为一对称的棱锥。纵轴线 z-z 称为光轴,通过六角棱线而垂直于光轴的轴线 x-x 称为电轴,垂直于棱柱面的轴线 y-y 称为机械轴,如图 4.24(b)所示。从石英晶体中切下一个平行六面体晶片,使其表面分别平行于电轴、机械轴和光轴。这个晶片在正常状态下不呈现电性。如图 4.25 所示,在力的作用下,在垂直于 x-x 轴线的平面上出现电荷,产生压电效应:沿 x-x 轴(电轴)加力产生纵向压电效应;沿 y-y 轴(机械轴)加力产生横向压电效应;沿 z-z 轴(光轴)加力不产生压电效应;沿相对两平面加力则产生切向压电效应。

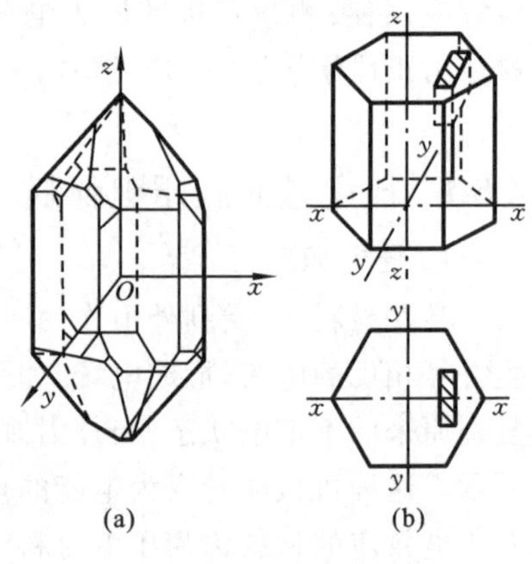

图 4.24 石英晶体

(a)外形;(b)晶轴

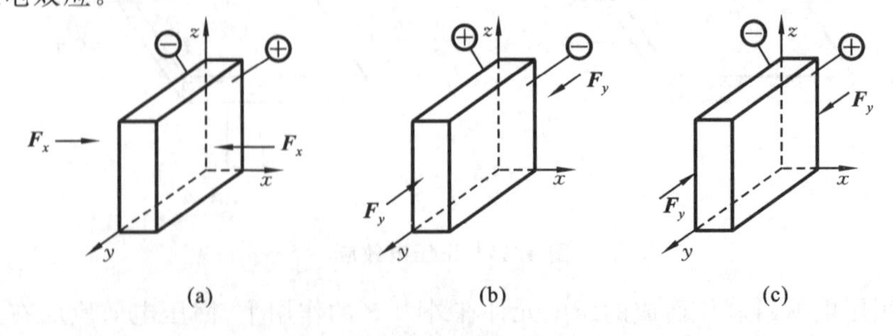

图 4.25 石英晶体的压电效应

(a)纵向压电效应;(b)横向压电效应;(c)切向压电效应

石英晶体是理想的压电材料，应用广泛。除天然石英外，大量应用人造石英。其压电常数最大可达 2.31×10^{-12} C/N，能承受 700～1 000 kg/cm² 的压力，压电常数比较稳定，故一般用来制作标准的加速度计。

压电陶瓷是人工制造的多晶体压电材料。压电陶瓷在未进行极化处理时，不具有压电效应；经过极化处理后，它的压电效应非常明显，具有很高的压电常数，为石英晶体的几百倍，如钛酸钡的压电常数最大可达 1.9×10^{-9} C/N。压电陶瓷的品种多、性能各异，可根据各自的特点制作各种不同的压电式传感器，是一种很有发展前途的压电材料。

4.6.2 压电式传感器的工作原理

1. 压电元件的结构

在压电晶片的两个工作面上蒸镀金属膜，以该膜作为压电晶片的电极，如图 4.26(a)所示。

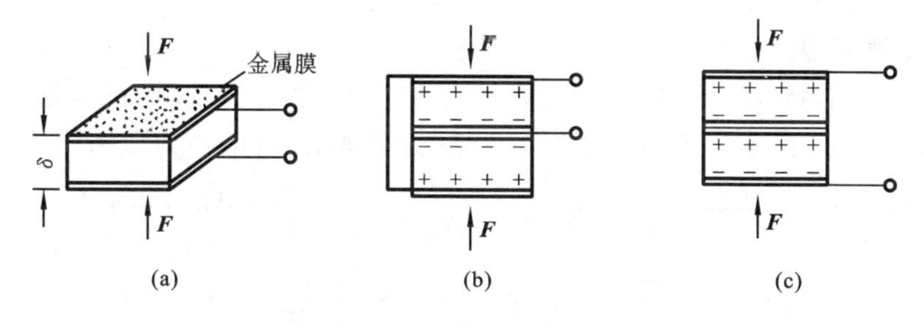

图 4.26 压电元件的结构

(a)压电晶片；(b)并联；(c)串联

当压电晶片受外力作用时，在两个电极上积聚数量相等、极性相反的电荷，形成电场。因此，压电式传感器可以看做是一个电荷发生器。另外，也可看做是一个以两个金属膜电极为极板、以压电晶片材料为介质的平板电容器，其电容量 C_a 可按式(4-19)计算，即

$$C_a=\frac{\varepsilon\varepsilon_0 A}{\delta} \tag{4-30}$$

式中：ε 为压电材料的相对介电系数，对于石英晶体 $\varepsilon=4.5$；δ 为极距，即晶片厚度(m)；A 为压电晶片的工作面面积(m²)。

压电式传感器中的压电元件一般由两片或两片以上的压电晶片连接而成。由于压电晶片是有极性的，因此连接方式有并联和串联两种，如图 4.26 所示。

在图 4.26(b)中，两压电晶片的负极集中在中间电极上，正极在上下两边并连接在一起，这种连接方法称为并联。并联连接时，压电元件的输出电容 C_o、输

出电压 U_o 和极板上的电荷量 q_0 与单个压电晶片的电容 C_a、电压 U 和电荷量 q 的关系为

$$q_0 = 2q, \quad U_o = U, \quad C_o = 2C_a$$

在图 4.26(c)中,两压电晶片的连接方法是上极板为正极,下极板为负极,在中间是一晶片的负极与另一晶片的正极相连接,这种连接方法称为串联。串联连接时,压电元件各参数之间的关系为

$$q_0 = q, \quad U_o = 2U, \quad C_o = C_a/2$$

并联连接输出的电荷量大,本身电容量大,适用于测量缓变信号和以电荷为输出量的场合。串联连接的输出电压大,适用于以电压为输出量的场合,但本身电容量小,因此,要求其后面的测量电路有很大的输入阻抗。

首先,压电元件在传感器中必须有一定的预应力,以保证在作用力变化时,压电元件始终受到压力。其次,保证压电元件与作用力之间的全面接触,获得输出电压(电荷)与作用力的线性关系。但作用力也不能太大,否则将会影响压电式传感器的灵敏度。

2. 等效电路

压电元件既是一个电荷发生器,又是一个电容器。因此,既可等效为一个与电容并联的电荷源,又可等效为一个与电容串联的电压源,如图 4.27 所示。

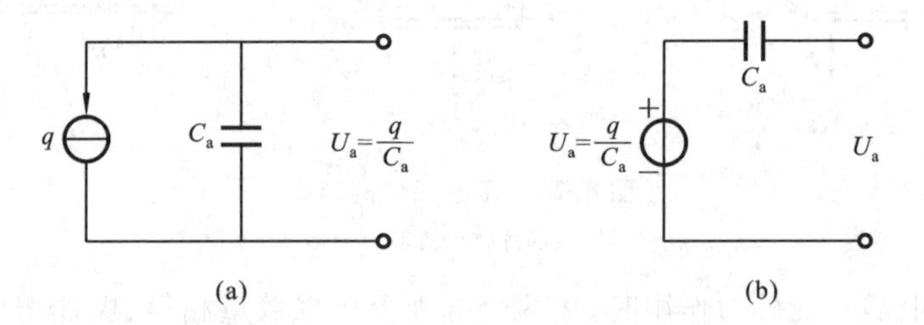

图 4.27 压电元件的等效电路

(a)电荷源;(b)电压源

等效电路中,电容上的开路电压 U_a、电荷量 q 及电容量 C_a 三者间的关系为

$$U_a = \frac{q}{C_a} \tag{4-31}$$

由等效电路可知,在外力作用期间,只有在外电路负载为无穷大且无内部泄漏时,电路的输出才能长期保持不变。否则,电路就会按指数规律放电。事实上,压电式传感器内部不可能没有泄漏,外电路负载也不可能无穷大。只有外力以较高频率不断地作用于压电式传感器上,传感器的电荷才能得以补充。因此,压电式传感器适合于动态测量,不适合静态测量。

3. 测量电路

压电元件输出的电荷很微弱，且输出阻抗很高，故输出能量甚微，难以直接与普通的后接电路相连。因此，需要将压电式传感器的输出信号经测量电路处理之后，方可用一般的放大、检波电路将信号输给指示仪表或记录器。

前置放大器就是压电式传感器常用的测量电路，它的功能主要有两个：一是阻抗变换，将传感器的高阻抗输出变换为低阻抗输出；二是功率放大，放大传感器输出的微弱电信号。

与传感器等效的电压源和电荷源相对应，前置放大器也有电压放大器和电荷放大器两种，比较常用的是电荷放大器。

电荷放大器能将高阻抗的电荷源转换为低阻抗的电压源，而且输出电压正比于输入电荷。其输入阻抗高达$10^{10}\sim10^{12}$ Ω，但是输出阻抗小于 100 Ω。因此，除了具有功率放大的功能外，电荷放大器还起着阻抗变换的功能。电荷放大器的另一个突出优点是：在一定条件下传感器的灵敏度与电缆长度无关。

带电荷放大器的压电式传感器的等效电路如图 4.28 所示。由图可知，电荷放大器实际上是一个具有深度电容负反馈的增益放大器。当略去压电元件的内部漏电阻 R_a和电荷放大器的输入电阻 R_i时，则

$$q\approx u_i(C_a+C_c+C_i)+(u_i-u_o)C_f=u_iC+(u_i-u_o)C_f \tag{4-32}$$

式中：u_i、u_o 分别为放大器输入端电压和输出端电压；C_f、C_i 分别为放大器反馈电容和输入电容；C_c 为连接电缆的电容。

根据 $u_o=-K'u_i$，K'为电荷放大器开环放大增益，则有

$$u_o=\frac{-K'q}{(C+C_f)+K'C_f} \tag{4-33}$$

当 K'足够大，使得 $K'C_f\gg C+C_f$时，则式(4-33)可简化为

$$u_o\approx\frac{-q}{C_f} \tag{4-34}$$

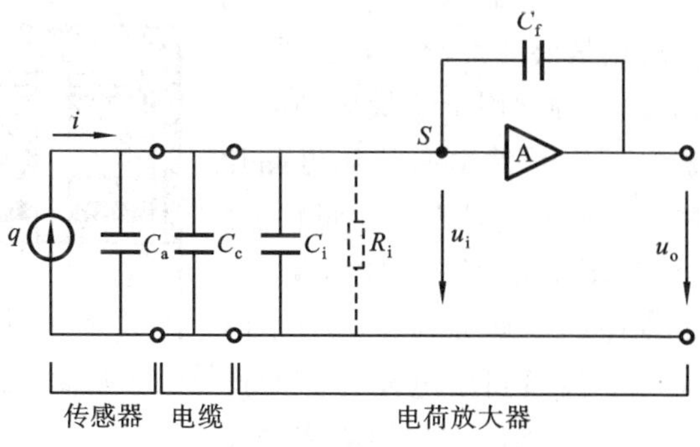

图 4.28 带电荷放大器的压电式传感器的等效电路

由式(4-34)可知,在一定条件下,电荷放大器的输出电压与压电元件的输出电荷成正比,与电荷放大器的负反馈电容成反比,而与放大器的放大倍数和电缆电容等均无关系。因此,采用电荷放大器,即使连接电缆长达百米,其灵敏度也无明显变化,从而消除了电缆长度的改变对测量精确度带来的影响。

尽管电荷放大器的优点十分明显,但与电压放大器相比,其电路复杂,成本高。

4.6.3 压电式传感器的特点和应用

压电式传感器的优点是频带宽、灵敏度高、信噪比大、结构简单、工作可靠、体积小和重量轻等。缺点是某些压电材料需要采取防潮措施,而且输出的直流响应差,需要采用高输入阻抗电路或电荷放大器来克服这一缺点。配套仪表和低噪声、小电容、高绝缘电阻电缆的出现,以及与其配套的后续仪器(如电荷放大器)等技术性能的日益提高,使压电式传感器的使用更为方便。它广泛应用于工程力学、生物医学、电声学等技术领域。压电式传感器可直接用于力的测量,以及能够变换为力的非电物理量的测量,如压力、加速度等。

1. 压电式力传感器

压电效应是一种力-电荷变换,因此压电式传感器可直接用做力的测量。现在已形成系列的压电式力传感器,测量范围从微小力值 10^{-3} N 到 10^{4} kN,动态范围一般为 60 dB;测量方向有单方向的,也有多方向的。测量准静态力时,须配用较大时间常数的电荷放大器。

2. 压电式加速度传感器

压电式加速度传感器是一种常用的加速度计。因其固有频率高,有较好的高频响应(十几千赫兹至几十千赫兹),如果配以电荷放大器,低频响应也很好(可低至零点几赫兹)。另外,压电式加速度传感器体积小、重量轻,缺点是要经常校正灵敏度。

图 4.29 所示的是一种常用于测量振动的压电式加速度传感器。压电元件由两片压电晶片组成。在压电晶片上放置密度较大的质量块,然后用硬弹簧或螺栓、螺母对质量块预加载荷。整个组件装在一个带基座的金属壳体中。为了防止被测物体的任何应变传递到压电元件上而产生假信号输出,基座一般要加厚或选用刚度较大的材料制造。

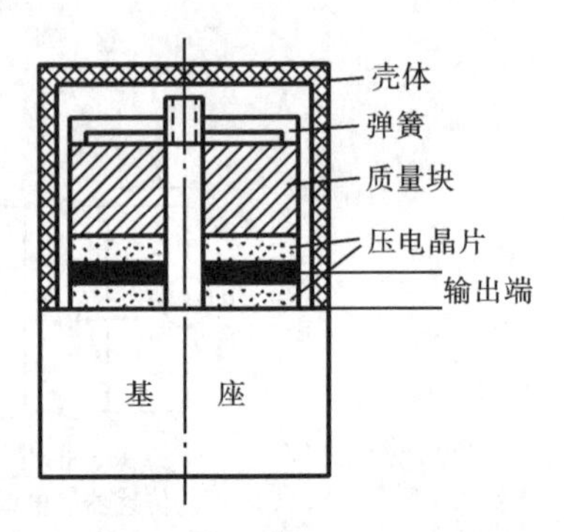

图 4.29 压电式加速度传感器

测量时，将传感器基座与被测物体刚性固定在一起。当传感器感受振动时，由于弹簧的刚性相当大，而质量块的质量相对较小，可以认为质量块的惯性很小。因此，质量块感受与传感器基座相同的振动，并受到与加速度方向相反的惯性力的作用。这样，质量块就有一正比于加速度的交变力作用在压电晶片上。由于压电晶片具有压电效应，因此，在它的两个表面上就产生交变电荷。当振动频率远低于传感器的固有频率时，传感器的输出电荷与作用力成正比，亦即与被测物体的加速度成正比。输出电荷由传感器输出端引出，输入到前置放大器进行处理之后就可以用普通的测量仪器测出被测物体的振动加速度。若在放大器中加入适当的积分电路，就可以测出被测物体的振动速度或位移。

压电式加速度传感器的灵敏度与压电材料的压电常数成正比，也与质量块的质量成正比。为了提高传感器的灵敏度，应当选用压电常数大的压电材料制作压电元件。在一般精度要求的测量中，大多采用以压电陶瓷为压电敏感元件的加速度传感器。增加质量块的质量（在一定程度上也就是增加传感器的质量）虽然可以增加传感器的灵敏度，但不是一个好方法。因为在测量振动时，传感器是安装在被测物体上的，它是被测物体的一个附加载荷，相当于增加了被测物体的质量，势必影响被测物体的振动，尤其当被测物体本身是轻型构件时影响更大。还有，增加质量对传感器的高频响应也是不利的。另外，还可以用增加压电晶片的数目和采用合理的连接方法来提高传感器的灵敏度。

3. 压电式流体压力传感器

压电式流体压力传感器的工作原理是：先利用弹性元件和受力机构将流体压力转换为力，再利用压电元件的压电效应进行测量。压电式流体压力传感器的种类和型号繁多，按弹性敏感元件和受力机构的形式可分为膜片型和活塞型两类。膜片型主要由本体、膜片和压电元件组成，图4.30所示为膜片型压电式流体压力传感器结构示意图。压电元件支撑于本体上，由膜片将被测流体压力传递给压电元件，再由压电元件输出与被测压力有一定关系的电信号。这种传感器的特点是体积小、动态特性好、耐高温。

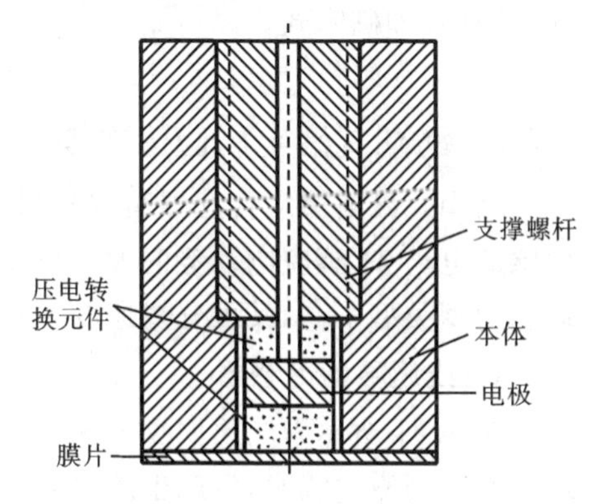

图 4.30 膜片型压电式流体压力传感器结构示意图

4.7 磁电感应式传感器

磁电感应式传感器的敏感元件主要是线圈和永久磁铁。由电磁感应定律可知,当被测量导致穿过闭合线圈的磁通量 Φ 变化时,线圈中便会产生感应电动势 e,即

$$e = -W \frac{\mathrm{d}\Phi}{\mathrm{d}t} \tag{4-35}$$

式中:W 为线圈匝数。因此,磁电感应式传感器是利用电磁感应原理,将被测量转换成感应电动势的一种传感器,又称电磁感应式传感器。它不需要工作电源,属于能量转换型传感器。

由式(4-35)可知,线圈感应电动势 e 的大小取决于线圈的匝数和穿过线圈的磁通量变化率。通常情况下线圈的匝数不容易改变,而穿过线圈的磁通量的变化与所施加的磁场强度、磁路磁阻及线圈相对于磁场的运动速度等因素有关。如果将被测量的变化转换为上述任意一个因素的变化,均会导致线圈中产生的感应电动势变化,从而实现被测量的测量。

根据引起线圈磁通量发生变化的方式不同,磁电感应式传感器可分为动圈式、动铁式和磁阻式。

4.7.1 动圈式磁电感应传感器

动圈式磁电感应传感器是线圈相对于永久磁铁运动,线圈切割磁力线而产生感应电动势,感应电动势的大小与线圈相对于永久磁铁的速度成正比。根据运动速度类型不同,其可分线速度型和角速度型。

1. 线速度型传感器

图 4.31 所示为线速度型动圈式磁电感应传感器,当线圈在磁场中作直线运动而切割磁力线时,所产生的感应电动势为

$$e = WBlv\sin\theta \tag{4-36}$$

式中:B 为磁感应强度(T);W 为线圈的匝数;l 为每匝线圈的有效长度(m);v 为线圈相对磁场的运动速度(m/s);θ 为线圈运动方向与磁场方向的夹角。

考虑到 θ 通常为 $\pi/2$,故式(4-36)可写成

$$e = WBlv \tag{4-37}$$

由式(4-37)可知，对于一个 W、B 和 l 均为常数的电磁感应式传感器来说，感应电动势 e 与线圈运动线速度 v 成正比。因此，这种传感器可用于测量线速度。

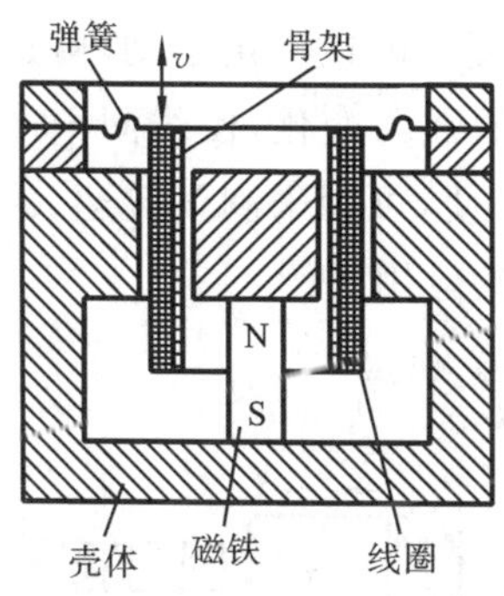
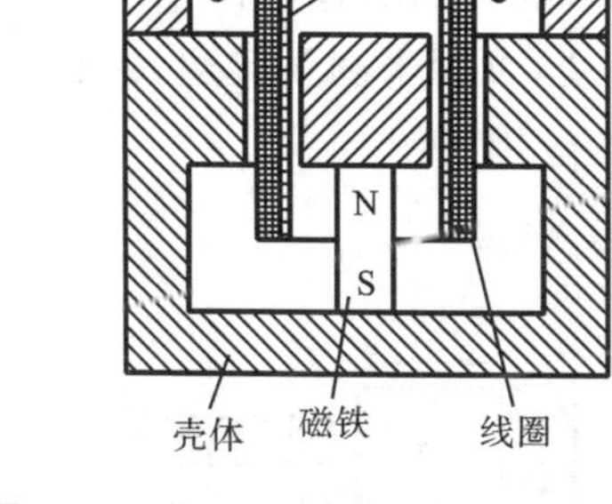

图 4.31　线速度型动圈式磁电感应传感器

图 4.32　角速度型动圈式磁电感应传感器

2. 角速度型传感器

图 4.32 所示是角速度型动圈式磁电感应传感器。线圈在磁场中转动时，产生的感应电动势为

$$e = K_j WBA\omega \tag{4-38}$$

式中：ω 为线圈转动角速度(rad/s)；A 为单匝线圈的截面积(m^2)；K_j 为与结构有关的系数，$K_j < 1$。

在 B、W、A 为常数时，产生的感应电动势的大小与线圈转动角速度 ω 成正比。因此，这种传感器可用于转速测量。

4.7.2 动铁式磁电感应传感器

图 4.33 所示是动铁式磁电感应传感器的结构原理图，它主要由永久磁铁和线圈等构成。线圈固定不动，永久磁铁处于运动状态，运动速度为 v。

根据电磁感应定律，当永久磁铁从线圈旁边经过时，线圈中的磁通量会变化，便会产生一个脉冲感应电动势。如果永久磁铁每次经过的路径相同，那么，线圈中的脉冲感应电动势的电压峰值与永久磁铁的运动速度成正比。如果将永久磁铁固定于被测对象上，就可以根据线圈中产生的脉冲感应电动势的峰值来确定被测对象的运动速度。

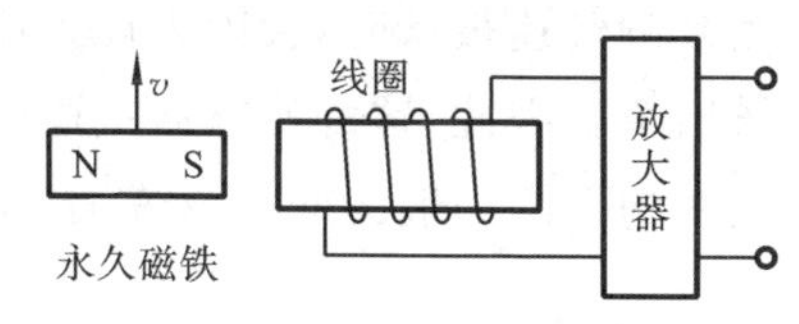

图 4.33　动铁式磁电感应传感器

4.7.3 磁阻式磁电感应传感器

如图 4.34 所示,磁阻式磁电感应传感器主要由永久磁铁及绕制在其上的线圈组成。动圈式和动铁式传感器的工作原理可视为线圈在磁场中作切割磁力线的运动而产生电动势。磁阻式传感器则是使线圈与磁铁固定不动,由运动物体(导磁材料)来改变磁路的磁阻,从而引起磁场的强弱变化,使线圈中产生感应电动势。这种传感器的特点是结构简单、使用方便,可用来测量转速、偏心量、振动等。图 4.34 中给出了该种传感器几种典型的应用实例。

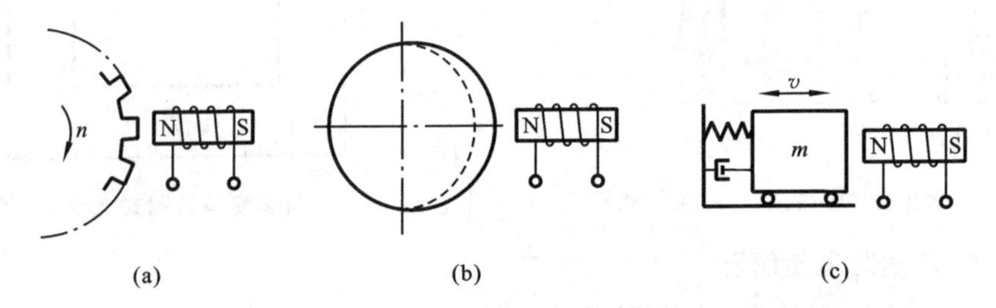

图 4.34 磁阻式磁电感应传感器的工作原理及应用

(a)转速测量;(b)偏心量测量;(c)振动测量

现以图 4.34(a)所示的转速测量为例。当磁盘转动时,磁盘的凸凹齿形将导致磁盘和永久磁铁间的气隙大小发生变化。由于磁盘材料和空气的磁导率的差异,使得主要由永久磁铁组成的磁路中的磁通量发生变化,于是线圈中就会感应出一定幅值的脉冲电动势。该脉冲电动势的频率为

$$f = Zn \tag{4-39}$$

式中:Z 为磁盘的齿数,n 为磁盘的转速。

当磁盘的齿数已知时,根据测得的脉冲感应电动势的频率,就可得出被测物体的转速。

这种传感器用于转速测量时,传感器输出的脉冲感应电动势的幅值与被测转速成一定的比例。转速越快,传感器输出的脉冲感应电动势的幅值就越大。当被测转速很低时,会因为传感器输出的脉冲感应电动势的幅值过小而无法测量出来。因此,这种传感器不适合测量过低的转速。其输出脉冲感应电动势的频率的下限一般为 50 Hz 左右,上限可达数百千赫兹。

4.8　光电式传感器

光电式传感器主要由光源、光通路、光电元件及测量电路等组成，其工作原理是基于光电元件的光电效应。实际测量中，先将被测物理量的变化转换成光信号的变化，再由光电元件转换成电信号的变化。这种传感器具有精确度高、可靠性好、反应快、非接触、结构简单、轻便等优点，应用广泛。

4.8.1　光电效应

光是由具有能量的光子组成的。一个光子具有的能量 E 为

$$E=h\nu=\frac{hc}{\lambda} \tag{4-40}$$

式中：h 为普朗克常数（$6.626\,069\,3\times10^{-34}$ J·s）；ν 为光的频率；c 为光速（3×10^{8} m·s^{-1}）；λ 为光的波长。

光电效应是指一些金属、金属氧化物、半导体材料在光的照射下释放电子的现象。通常可分为外光电效应和内光电效应。

1. 外光电效应

在光的照射下，物体内部的电子吸收了光子的能量后从物体表面逸出的现象称为外光电效应。外光电效应又称为光电发射效应，向外发射的电子叫光电子。外光电效应多发生于金属或金属氧化物，光电管和光电倍增管是常用的两种外光电效应元件。外光电效应元件主要由阴极和阳极组成，阴极是用具有外光电效应的材料制成，阳极由金属材料制成，阳极和阴极之间存在一定的电压差。在一定频率的光的照射下，由于外光电效应，阴极就会发射光电子，在阴极和阳极间电压差的作用下，阴极发射的光电子就会被阳极接收，从而在阴极和阳极间形成光电流。

每个电子在某一时刻只可以吸收一个光子的能量。要使电子逸出物体表面，需要克服物体对电子的束缚做功，该功称为逸出功。因此，当光子的能量超过物体的逸出功时，电子就会摆脱物体的束缚而从物体表面逸出。超出部分的能量表现为逸出光电子的动能，根据能量守恒定律有

$$E=h\nu=\frac{1}{2}mv^{2}+A_{0} \tag{4-41}$$

式中:m 为电子的质量;v 为电子的逸出速度;A_0 为物体的逸出功。

该方程为爱因斯坦光电效应方程,它阐述了光电效应的基本规律。由此可得以下结论。

(1) 光电子逸出的必要条件是 $h\nu > A_0$,即光子的能量大于物体表面电子的逸出功。不同的物质具有不同的逸出功,因此每一种物质均有一个确定的光频率阈值。当入射光的频率低于该阈值时,无论入射光的强度多大,均不能产生外光电效应而发射光电子。反之,如果入射光的频率超过该阈值,即使光强极小,也会有光电子发射。该频率阈值称为红限频率 ν_0,由式(4-41)可得

$$\nu_0 = \frac{A_0}{h} \tag{4-42}$$

对应的波长称为红限波长 λ_0,则

$$\lambda_0 = \frac{hc}{A_0} \tag{4-43}$$

(2) 当入射光的频率成分不变时,单位时间内发射的光电子数与入射光强成正比。光强越大,意味着入射的光子数目越多,逸出的光电子数也就越多。

(3) 由于光电子逸出物体表面时具有初始动能,因此对外光电效应元件来说,只要有光照射在元件的阴极上,即使阳极电压为零,也会有光电流产生。要使光电流为零,必须在阳极加一负的反向截止电压 U_0。该截止电压形成的外加电场对光电子所做的功大于或等于光电子逸出时的动能。

(4) 外光电效应从光照射到发射光电子几乎是瞬间发生的,时间小于 10^{-9} s。

2. 内光电效应

对于某些半导体材料,光电效应释放的电子不会逸出物体表面,只会在物体内部运动而使其电特性发生变化,这就是内光电效应。当光照射到半导体材料上,处于价带的电子吸收光子能量之后,会通过禁带而跃入导带,使导带内电子体积浓度变大和价带内空穴增多,即激发出光生电子-空穴对,从而使半导体材料产生内光电效应(见图 4.35)。显然,光子的能量必须大于禁带宽度 ΔE_g,才能产生内光电效应。因此,内光电效应也存在红限波长 λ_0。内光电效应又可分为光电导效应和光生伏特效应,多发生在一些半导体材料内。

光照在半导体材料上,吸收了光子能量的电子摆脱了原子的束缚而成为自由电子,从而引起材料的电阻率发生变化的现象,称为光电导效应。光电导效应元件主要有光敏电阻,以及由光敏电阻制成的光导管。

在光照射下,使物体产生一定方向电动势的现象叫光生伏特效应。以 PN 结为例,当光线照射 PN 结时,若光子能量大于禁带宽度,使价带中的电子跃迁

到导带而产生电子-空穴对。在结电场的作用下，被光激发的电子移向 N 区外侧，空穴移向 P 区外侧，从而使 P 区带正电，N 区带负电。在 PN 结两端形成电动势，如图 4.36 所示。光电池就是基于光生伏特效应的光电元件。

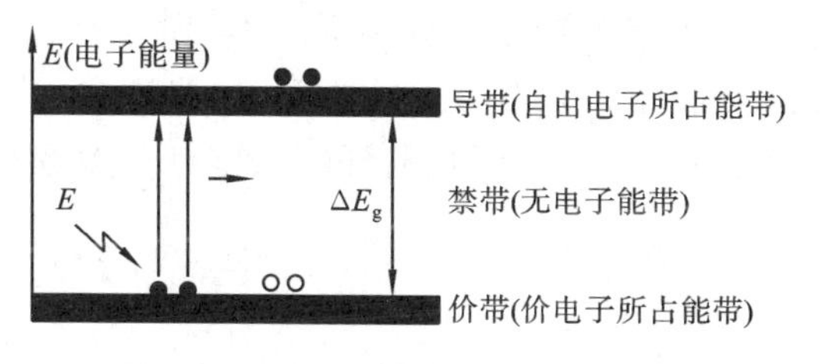

图 4.35 半导体能带与内光电效应

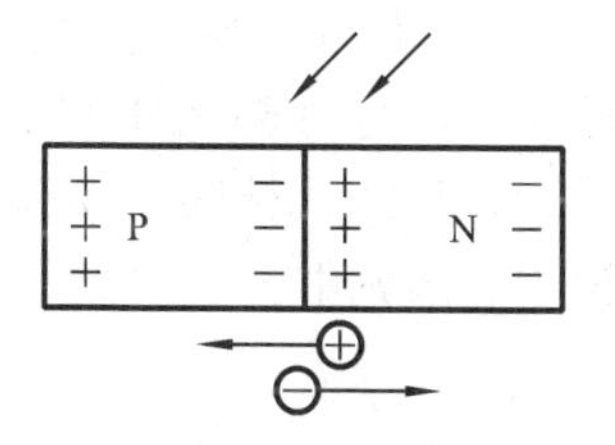

图 4.36 PN 结的光生伏特效应

4.8.2 光电元件

常用的光电元件有光电管、光电倍增管、光敏电阻、光敏晶体管和光电池。

1. 光电管

基于外光电效应的光电管分真空光电管和充气光电管两种，其结构基本相同。图 4.37(a)所示为典型光电管的结构，主要由玻璃管、阳极和阴极组成。真空光电管的玻璃管内被抽成真空，而充气光电管的玻璃管内被充入少量惰性气体(如氩气、氖气)。在玻璃管内表面上涂一层光电材料作为阴极，球心上放置小球形或环形金属作为阳极。常用阴极材料有银氧铯阴极和锑铯阴极两种。图 4.37(b)所示为光电管的电路，阳极 A 与阴极 K 之间存在电场。

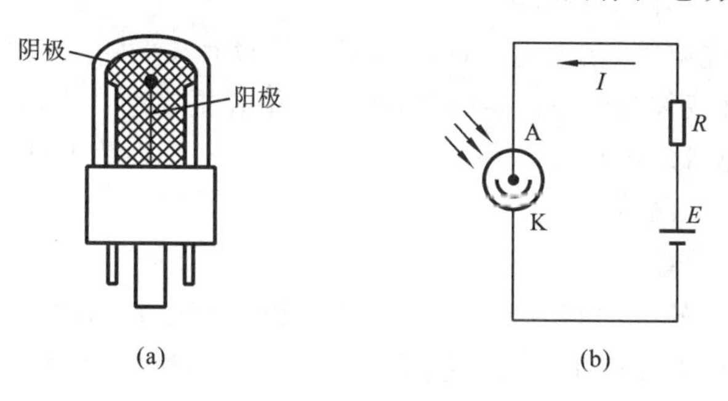

图 4.37 光电管

(a)结构；(b)电路

当入射光线照到阴极上时，由于外光电效应，光电子就从阴极内发射出来。在电场的作用下，光电子在极间作加速运动，最后被高电位的阳极接收。在阳极电路内就可测出光电流 I，其大小取决于光照强度和阴极的灵敏度等因素。

光电管的主要特性包括光照特性、伏安特性、光谱特性。

(1) 光照特性　光照特性是指光电管两极所加电压和入射光频率成分不变时,光电流 I 与光通量 Φ 的关系。图 4.38 所示给出了两种光电阴极的真空光电管的光照特性。光照特性曲线的斜率称为光电管的灵敏度。

(2) 伏安特性　光照特性是指在入射光的频率成分和强度不变时,光电管的光电流与两端所加电压之间的关系,如图 4.39 所示。由图可知,光通量一定时,当两端电压超过一定值时,光电流趋于饱和。而光电管的工作点一般选在该饱和区域中。

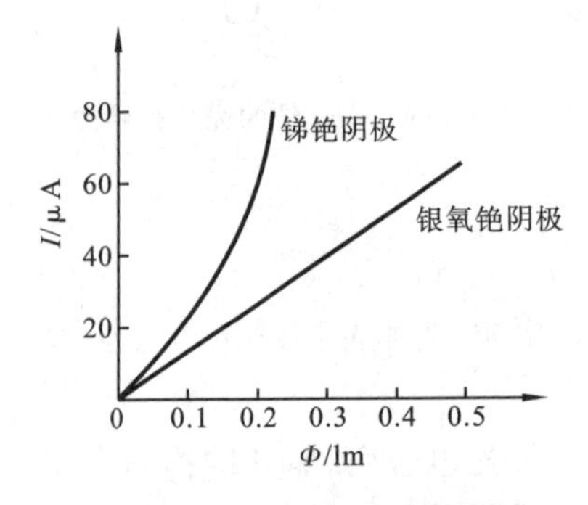

图 4.38　光电管的光照特性

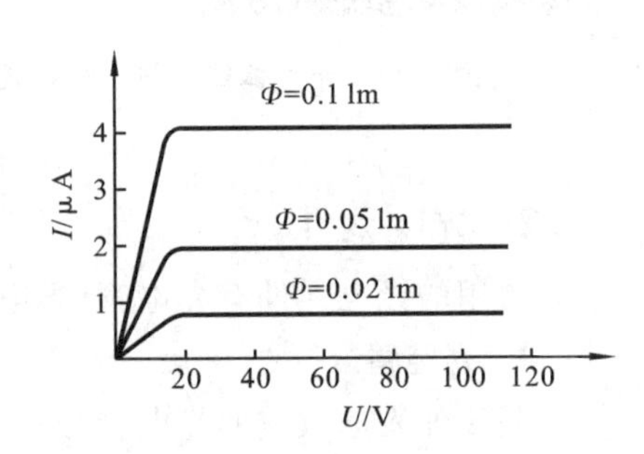

图 4.39　光电管的伏安特性

(3) 光谱特性　光谱特性又称频谱特性,是指光电管在工作电压不变的条件下,入射光的波长与其灵敏度的关系。光电管的光谱特性主要取决于阴极材料。不同的阴极材料对同种波长的光有不同的灵敏度,同一种阴极材料对不同波长的光也具有不同的灵敏度。

对于充气光电管,在光电子向阳极运动的过程中,由于光电子对气体分子的撞击,使惰性气体分子电离,从而得到正离子和更多的自由电子,使光电流增加,提高了光电管的灵敏度。但充气光电管的伏安特性为非线性,受温度影响大,不适宜作精密测量。

2. 光电倍增管

光电倍增管的结构如图 4.40 所示,主要由光阴极 K、倍增极 D_i 和阳极 A 组成。倍增极上涂有在电子轰击下能发射更多电子的材料,位置布置上能使前一级倍增极发射的电子继续轰击后一级倍增极。在每个倍增极间均依次增大加速电压,一般阳极和阴极间的电压为 1 000～2 000 V,两个相邻倍增电极间的电位差为 50～100 V。若有 n 级倍增级,每级的倍增率为 δ,则光电倍增管的光电流倍增率将为 δ^n。光电倍增极常采用 Sb-Cs 涂料或 Ag-Mg 合金涂料,倍增级数 n 常为 4～14,倍增率 δ 为 3～6。

光电倍增管可将阴极的光电流放大几万至几百万倍,灵敏度比普通光电管高得多。因此,光电倍增管可用于微光的测量,但不能接受强光刺激,否则容易损坏。

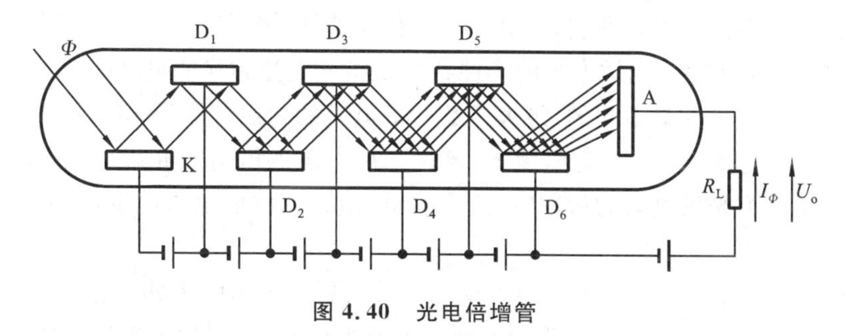

图 4.40　光电倍增管

3. 光敏电阻

光敏电阻又称为光导管,其工作原理是基于光电导效应。图 4.41(a)所示为金属封装的硫化镉光敏电阻的结构图。在玻璃底板上均匀地涂上一层薄薄的半导体物质,称为光导层。半导体的两端装有金属电极,金属电极与引出线端相连接,光敏电阻就通过引出线端接入电路,图 4.41(b)所示为光敏电阻电路。为减小潮湿对灵敏度的影响,光敏电阻必须带有严密的外壳封装。

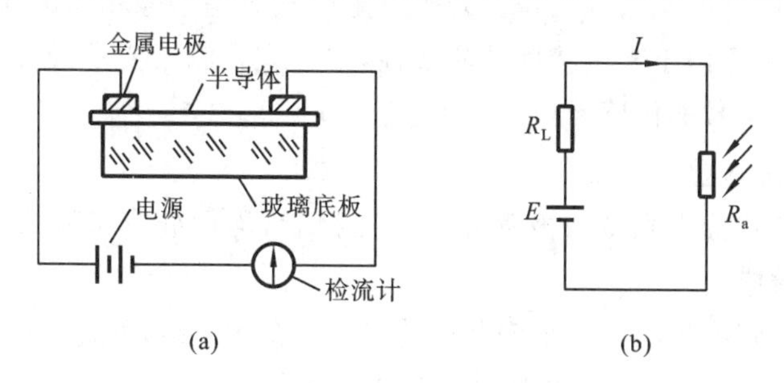

图 4.41　光敏电阻

(a)结构;(b)电路

光敏电阻是一个纯电阻器件,使用时可加直流偏压或加交流电压。当光照射到光敏电阻上时,由于光电导效应,其阻值会随着光照强度变化。

光敏电阻在不受光照射时的阻值称为暗电阻,此时流过的电流称为暗电流。光敏电阻在受光照射时的电阻称为亮电阻,此时流过的电流称为亮电流。亮电流与暗电流之差称为光电流。光电流的大小表征了光敏电阻的灵敏度大小。

无光照时,光敏电阻的阻值(暗电阻)很大,电路中的电流(暗电流)很小。当光敏电阻受到一定波长范围的光照时,它的阻值(亮电阻)急剧减小,电路中的电流(亮电流)迅速增大。一般希望暗电阻越大越好,亮电阻越小越好,此时光敏电阻的灵敏度高。实际光敏电阻的暗电阻值一般在兆欧量级,亮电阻值在几千欧以下。

光敏电阻的基本特性包括光照特性、伏安特性、光谱特性。

(1) 光照特性　光敏电阻的光照特性是指光电流和光通量之间的关系。不同材料的光照特性是不同的,绝大多数光敏电阻的光照特性是非线性的。

(2) 伏安特性　在一定照度下,流过光敏电阻的电流与光敏电阻两端的电压的关系称为光敏电阻的伏安特性。光敏电阻在一定的电压范围内,其伏安特性曲线为直线。

(3) 光谱特性　光敏电阻对不同波长的入射光有不同的灵敏度。光敏电阻的灵敏度与入射波长的关系称为光敏电阻的光谱特性,亦称为光谱响应。光敏电阻的光谱特性与材料性质、制造工艺等有关。对于不同波长,光敏电阻的灵敏度是不同的,而且不同材料的光敏电阻的光谱响应曲线也不同。硫化镉光敏电阻的光谱响应的峰值在可见光区域,常被用做光度测量(照度计)的探头。

光敏电阻具有光谱特性好、允许光电流大、灵敏度高、使用寿命长、体积小、重量轻、性能稳定和价格便宜等优点,应用广泛。此外,许多光敏电阻对红外线敏感,适宜在红外线光谱区工作。光敏电阻的缺点是型号相同的光敏电阻的参数参差不齐,并且由于光照特性的非线性,不适宜在测量要求线性的场合,常用做开关式光电信号的传感元件。

4. 光敏晶体管

光敏晶体管分为光敏二极管和光敏三极管,均用硅或锗制成,工作原理是基于内光电效应。

光敏二极管的核心是一个安装在管子顶部的 PN 结,可直接接受光照射,见图 4.42(a)。光敏二极管在电路中一般处于反向工作状态,N 区接正极,内电场与外电场同向,如图 4.42(b)所示。无光照时,暗电流很小,光敏二极管处于截止状态。有光照时,光子打在 PN 结附近,由于内光电效应而在 PN 结附近产生

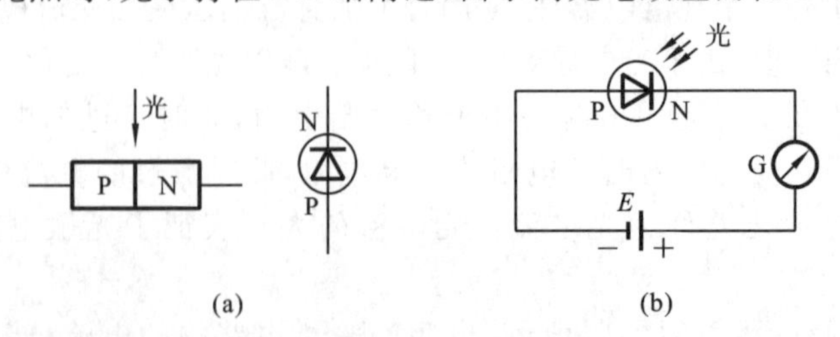

图 4.42　光敏二极管

(a)结构简图和符号;(b)连接电路

电子-空穴对，这些电子-空穴对在电场作用下作定向运动，形成光电流，光敏二极管导通。光电流随光照度的增加而增加。

光敏三极管有 PNP 和 NPN 两种，结构与一般晶体三极管相似，如图 4.43(a)所示。当光照射到光敏三极管的 PN 结附近时，PN 结附近便产生电子-空穴对，这些电子-空穴对在电场作用下做定向运动，从而形成光电流。光敏三极管可看成是一个 bc 结为光敏二极管的三极管（见图 4.43(c)）。在光照作用下，光敏二极管将光信号转换成电流信号，该电流信号被晶体三极管放大。显然，当晶体三极管增益为β时，光敏三极管的光电流要比相应的光敏二极管大β倍。

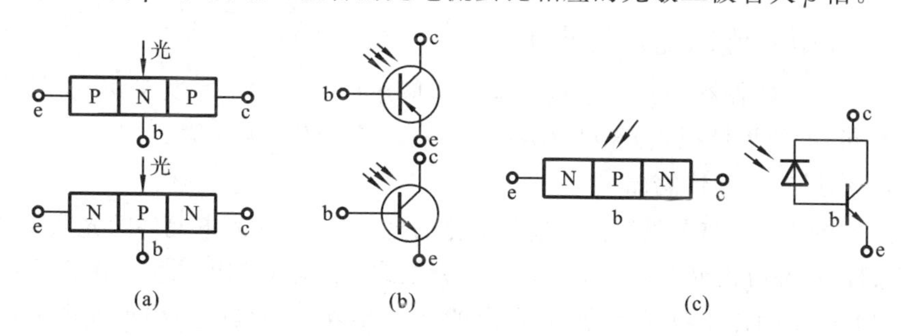

图 4.43 光敏三极管

(a)结构简图和符号；(b)连接电路；(c)等效电路

光敏二极管的光照特性曲线的线性度要优于光敏三极管。在不同光照度下，光敏晶体管的伏安特性曲线跟一般晶体管在不同基极电流时的输出特性一样。光敏三极管的光电流比相同管型的光敏二极管的光电流大数百倍。由于光生伏特效应的存在，使得光敏二极管即使在外电场电压为零时仍有光电流输出。

5. 光电池

光电池是一种直接将光能转换为电能的光电元件。图 4.44 所示为硅光电池的结构原理图。它实质上是一个大面积的 PN 结，当光照射到 PN 结上时，由于光生伏特效应，最后会在 PN 结两端产生一个与光照强度有关的电动势，在两极之间接上负载便会有电流通过。

除了硅光电池之外，还有硅、硒、砷化镓、硫化镉、硫化铊光电池等。其中硅光电池由于转化效率高、寿命长、价格低廉而应用最为广泛。硅光电池较适宜接收红外光。硒光电池适宜接收可见光，它的最大优点是制造工艺成熟、价格低廉，但其转换效率低

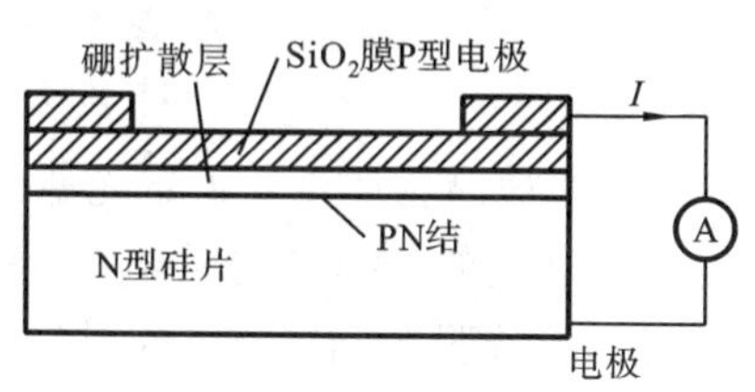

图 4.44 光电池

(仅有 0.02%)、寿命短。硫化镉光电池的转换效率理论上稍高于硅光电池,其光谱响应特性与太阳光谱接近,且其工作温度很高,能耐受宇宙射线的辐射,因此常用做航天电源。

硅光电池的基本特性包括光照特性、光谱特性、温度特性和频响特性等。常用硅光电池的光谱范围为 0.45~1.1 μm,在 0.8 μm 左右有一个峰值。硒光电池的光谱范围为 0.34~0.57 μm,峰值位于 0.5 μm 左右。硅光电池的灵敏度为 6~8 $\mathrm{nAmm^{-2}lx^{-1}}$,响应时间为数微秒至数十微秒。

4.8.3 光电式传感器及其应用

光电式传感器在多种非电量的检测中应用广泛。它的种类繁多,按输出量性质不同,可分为模拟式光电传感器与开关式光电传感器两大类。

1. 模拟式光电传感器

这类传感器将被测量转换成连续变化的光电流,要求光电元件的光照特性为单值线性,且光源的光照均匀恒定。这类光电式传感器有如下几种工作方式。

(1) 被测物体本身是光源,它发出的光被光电元件接收。根据光电元件接收到的光通量来实现被测量的测量,如图 4.45(a)所示。如光电高温计、光电比色高温计、红外侦察器、红外遥感器和天文探测器等均属于这一类。该方式还可用于火险报警和构成光照度计等。

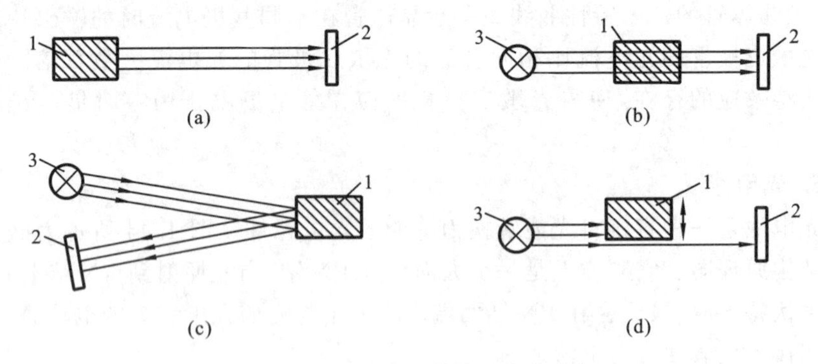

图 4.45 光电元件的工作方式

1—被测物;2—光电元件;3—恒光源

(2) 被测物体位于恒定光源与光电元件之间,根据被测物体对光的吸收程度或对谱线的选择来实现被测量的测量,如图 4.45(b)所示。可用于测量液体或气体的透明度、混浊度,或对气体成分进行分析等。

(3) 恒定光源发出的光照到被测物体上,再从其表面反射到光电元件上,如

图 4.45(c)所示。根据反射光通量的多少测定被测物的表面性质和状态，如测量零件表面粗糙度、表面缺陷等。也可根据发射与接收之间的时间差来测量距离，如光电测距仪。

(4) 被测物位于恒定光源与光电元件之间，根据被测物阻挡光通量的多少来测量被测参数，如图 4.45(d)所示。如测量长度、厚度、线位移、角位移和角速度等。

2. 开关式光电传感器

开关式光电传感器利用光电元件受光照或无光照时，有或无电信号输出的特性，将被测量转换成断续变化的开关信号。这类传感器对光电元件灵敏度要求较高，而对光照特性的线性要求不高，主要应用于零件或产品的自动计数、光控开关、电子计算机的光电输入设备、光电编码器及光电报警装置等方面。

图 4.46 所示为光电转速计的工作原理示意图。在旋转体被测对象上粘贴一个反光标记或涂上黑白两种颜色。被测对象每转一周，反射到光电元件上的光的强弱就发生一次变化，光电元件产生的光电流的大小也变化一次。经整形放大后变成一串脉冲信号，输送给数字频率计，数字频率计显示的数值与转速成正比，从而可测得被测对象的转速。

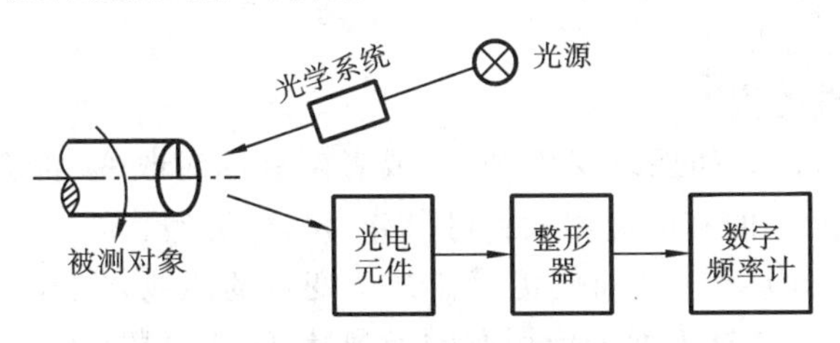

图 4.46　光电转速计工作原理示意图

4.9　其他传感器和敏感元件

4.9.1　霍尔元件

1. 工作原理

霍尔元件的工作原理是基于半导体材料的霍尔效应。如图 4.47 所示，在

N型霍尔元件的短边焊有两个电流输入控制端，在长边的中点焊有两个霍尔输出端。将该元件置于磁感应强度为 $\boldsymbol{B}$ 的磁场中，并通过两个控制端输入控制电流 I_C 时，霍尔元件中的移动载流子(电子)以速度 V 沿着与电流方向相反的方向运动的同时，因为受到洛伦兹力 $\boldsymbol{F}_L$ 的作用而发生偏移，使霍尔元件积累电子的一个输出端积累负电荷，与其相对的另一个输出端则积累正电荷，于是在两个输出端之间形成电场。该电场对载流子有一个方向与 $\boldsymbol{F}_L$ 相反的作用力 $\boldsymbol{F}_e$，阻止载流子继续偏移。当 $\boldsymbol{F}_e$ 和 $\boldsymbol{F}_L$ 大小相等时，电子的积累达到动态平衡，这时在霍尔元件的两个输出端之间建立的电场称为霍尔电场，相应的电势 U_H 称为霍尔电势，这种现象称为霍尔效应。

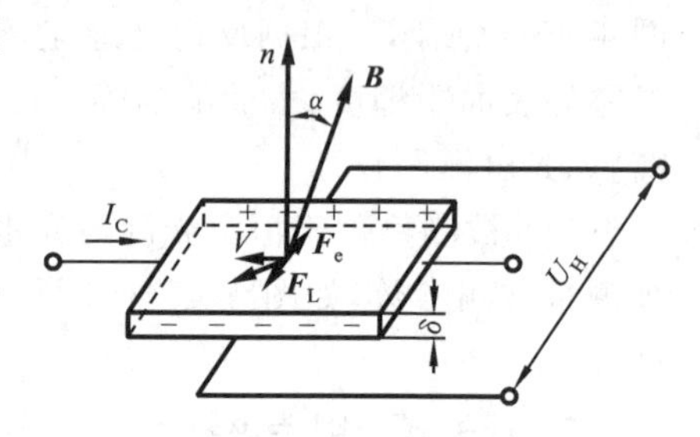

图 4.47 霍尔效应原理

霍尔电势的计算公式为

$$U_H = K_H I_C B\cos\alpha \tag{4-44}$$

式中：K_H 为霍尔常数，取决于材质、温度和元件尺寸；α 为磁场方向与霍尔元件平面的法线方向的夹角。

2. 霍尔元件的应用

由式(4-44)可知，如果改变 I_C 或 B，或者两者同时改变，都会引起 U_H 的变化。因此，霍尔元件的实际应用大致可以分为三种类型。

(1) 保持控制电流不变而使传感器处于变化的磁场之中，元件输出的电势正比于磁感应强度。这方面的应用有磁场测量、磁场中微小位移测量等。

(2) 磁感应强度不变而使控制电流随被测量变化，元件输出的电势与控制电流成正比。这方面的应用有电流表、电压表等。

(3) 当霍尔元件的控制电流和磁感应强度都发生变化时，元件输出的电势与两者的乘积成正比。这方面的应用有乘法器、功率测量等。

图 4.48 所示是利用霍尔元件测量微小位移的原理，霍尔元件放置在极性相反、磁感应强度相同的两个磁钢的气隙中，加恒定的控制电流。当霍尔元件位于磁钢中间位置时，由于元件受到的磁通作用方向相反、大小相等，元件输出的霍尔电势为 0。此位置即是 $x=0$ 的位置。当元件在一定的范围内沿 x 方向相对于磁钢运动时，由于气隙磁场分布的变化，霍尔元件感受的磁感应强度也随之发生变化，于是元件输出的霍尔电势会随之变化，霍尔电势与相对运动位移呈线性关系。

以微小位移测量为基础，霍尔元件还可以测量压力、压差、液位、流量、加速度和振动等。只需将被测量的变化转换成霍尔元件与磁钢的相对位移，就能够由输出的霍尔电势指示出相应的被测量。一般其位移测量范围为 1～2 mm，具有惯性小、响应速度快的特点。

图 4.49 所示是一种利用霍尔元件测量转速的工作原理。待测物体（转盘）上粘贴一对或多对小磁钢，当待测物体以角速度 ω 旋转时，每一个小磁钢转过霍尔开关时，霍尔开关集成电路便产生一个相应的脉冲。测量该脉冲频率，即可测出待测物体的转速。

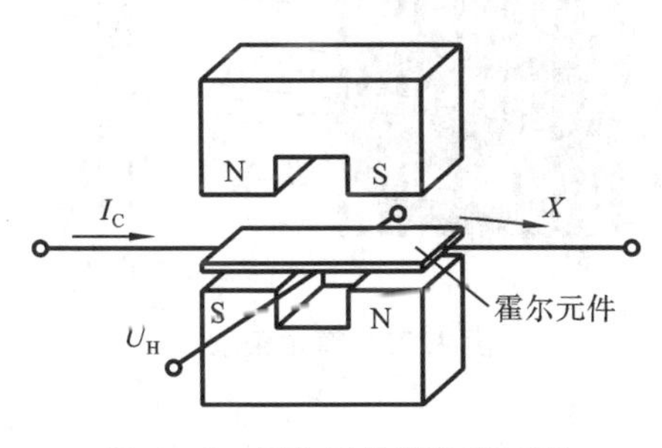

图 4.48 霍尔元件测位移原理

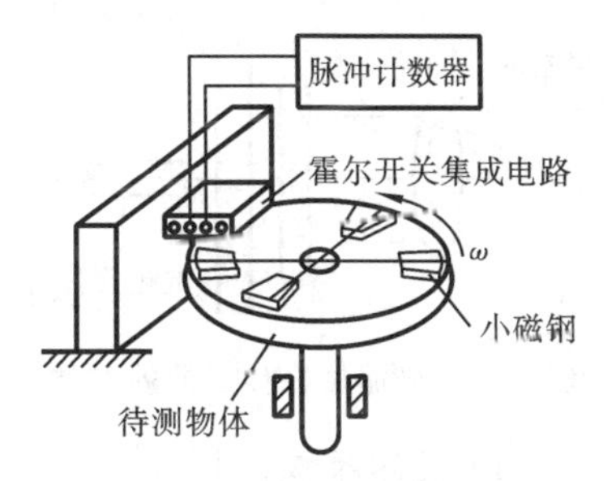

图 4.49 霍尔元件测转速原理

4.9.2 光栅位移传感器

1. 光栅

光栅是一种在基体上刻制有等间距均匀分布刻线的光学元件。根据形状不同，可分为直线光栅和圆光栅。如图 4.50 所示为直线光栅，a 为刻线宽度，b 为刻缝宽度，$W=a+b$ 为光栅栅距。每毫米基体长度上的刻线数称为光栅的线纹密度，一般为 200、100、50、25、10。根据制造方法和光学原理的不同，光栅可以分为透射光栅和反射光栅。透射光栅的基体为透明玻璃尺，刻线不透光，而刻缝可透光。反射光栅的基体一般为不锈钢带，刻线不能反射光，而刻缝能反射光。

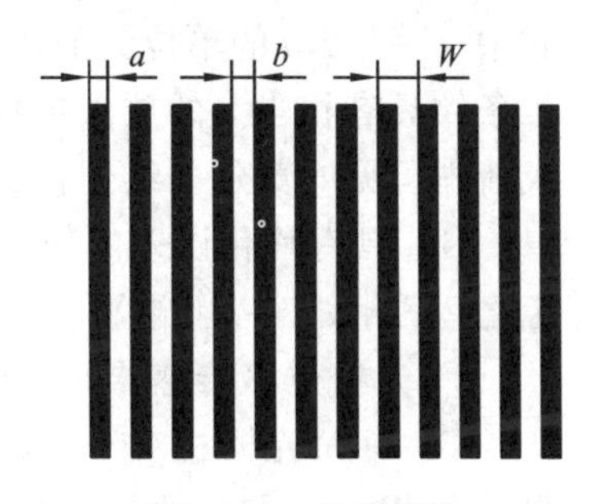

图 4.50 光栅结构

2. 光栅位移传感器

图 4.51 所示为透射光栅位移传感器的结构原理图，主要由标尺光栅和读数头（含光源、聚光镜、指示光栅、光电元件和测量电路）组成。标尺光栅和指示光栅具有相同的栅距；标尺光栅比较长，其有效长度即为位移传感器的测量范围。标尺光栅和指示光栅平行安装，但是它们的刻线之间有较小的夹角 θ。此

时,由于光栅刻线之间的遮光效应,光电元件上接收到的是如图 4.52 所示的明暗相间的条纹,这种条纹称为莫尔条纹。莫尔条纹由暗带和亮带组成,在 $a-a$ 线上两光栅的刻线彼此重合,光线从刻缝中通过,形成亮带;在 $b-b$ 线上,两光栅的刻线彼此错开,形成暗带。两条亮带或暗带之间的距离,称为莫尔条纹宽度 B_H。

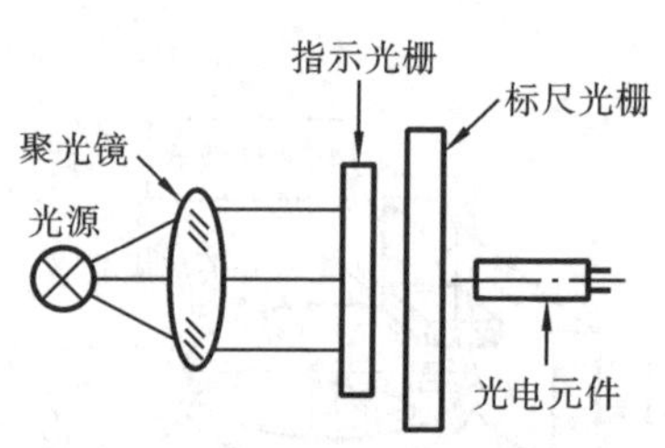

图 4.51 光栅位移传感器的结构

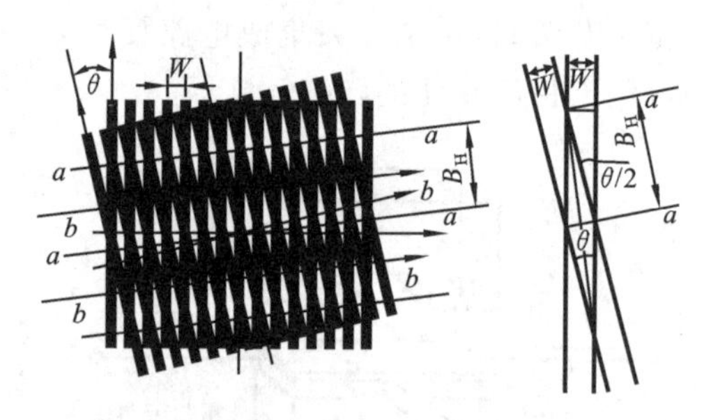

图 4.52 莫尔条纹

1) 莫尔条纹的特性

(1) 变化规律 两光栅沿着与刻线垂直的方向相对移动时,莫尔条纹也会移动。相对移动一个栅距,莫尔条纹移动一个条纹宽度。

(2) 具有放大作用 莫尔条纹宽度的计算公式为

$$B_H = \frac{W}{2\sin\frac{\theta}{2}} \approx \frac{W}{\theta} = kW \tag{4-45}$$

式中:$k=1/\theta$,θ 的单位为 rad。当 θ 角较小时,例如 $\theta=30'$,则 $k=115$。可见,莫尔条纹具有相当大的放大倍数。这样,就可以把肉眼看不见的微小栅距位移变成清晰可见的莫尔条纹位移。

(3) 具有均化误差的作用 莫尔条纹是由若干光栅条纹共同形成的,这样栅距之间的相邻误差就被平均化了,能消除由于栅距不均匀、断裂等造成的误差。

2) 光栅位移传感器的工作原理

(1) 标尺光栅相对于读数头移动一个栅距,光电元件上接收到的光强也会强弱变化一个周期,光电元件的输出电压按正弦规律变化一个周期。标尺光栅相对于读数头连续移动,则光电元件就会连续输出正弦电压。

(2) 光电元件输出的正弦电压输入给测量电路。经测量电路整形放大、细分、微分、辨向和计数之后,最后得到一个与相对移动栅距数成正比的脉冲数。脉冲数与栅距数之间的比例系数取决于细分电路的细分倍数。栅距除以细分电路的细分倍数就是光栅位移传感器的分辨力。

(3) 测量电路输出的脉冲数乘以光栅位移传感器的分辨力即可得到相对移

动的位移，从而实现位移量的测量。

3. 光栅位移传感器的应用

光栅位移传感器具有分辨力高(0.1 μm)、测量范围大(几乎不受限制，因为标尺光栅可接长)、动态测量范围宽等优点，且易于实现系统的自动化和数字化。光栅位移传感器的分辨率和精确度高，仅次于激光测量系统；但在稳定性、可靠性、经济性方面，又明显优于激光测量系统。因此，光栅位移传感器被广泛地应用于高精度的位置检测和控制环节。20 世纪 90 年代，80%的闭环控制的数控机床、三坐标测量机和数显机床的测量系统都使用光栅位移传感器。缺点是对使用环境要求较高，在现场使用时要求密封，以防止油污、灰尘、铁屑等的污染。

4.9.3　CCD 图像传感器

图像传感器是将光学图像转换为电信号的器件，可分为真空管图像传感器和固态图像传感器。固态图像传感器是高度集成的半导体光电传感器，在一个器件上可完成光电信号的转换、传输和处理。

固态图像传感器的核心是电荷的产生和转移器件，目前，常用的主要有电荷耦合器件(charge coupled device，CCD)和互补型金属氧化物半导体(complementary metal-oxide semiconductor，CMOS)两种。前者成像质量高，但后者在速度、成本、功耗、尺寸等方面有优势。因此，CCD 图像传感器主要用于高端场合，如数字摄像机、高端数码相机等；而 CMOS 图像传感器则广泛用于手机摄像、网络摄像头、可视电话和低端数码相机等。

在此只介绍 CCD 图像传感器的原理及其应用。

1. 电荷耦合器件

电荷耦合器件 CCD 由阵列式排列在半导体衬底上的光敏元件和转移栅电极组成，具有光生电荷、积蓄和转移电荷的功能。

CCD 器件的光敏元件是金属氧化物半导体(metal-oxide semiconductor，MOS)电容器，是 1970 年由贝尔实验室发明的，其结构如图 4.53 所示。在一片 P 型硅片衬底上生长一层具有介质作用的二氧化硅，在二氧化硅上沉淀多个平行的金属层作为电极，于是形成了多个金属氧化物半导体电容器，也就是 MOS 电容器。

当电极通正电压时，在电极下面的硅片衬底区域内会形成一个电子势阱，势阱的深度与电压幅值成正比。衬底硅片受到光照后，光电效应产生的光生空穴被电场排斥出势阱，而光生电子则被收集在势阱中。光照越强，势阱中收集

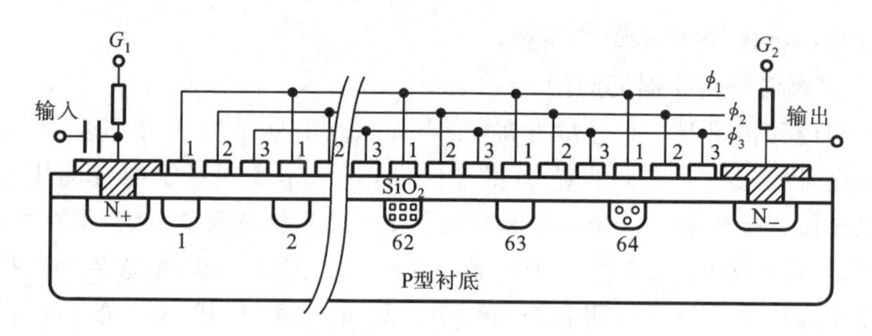

图 4.53　电荷耦合器件的结构

的电子数就越多。

如图 4.53 所示，MOS 电容器的电极以三相方式连接，每三个电极构成 CCD 的一个级，分别与转移栅中的 ϕ_1、ϕ_2、ϕ_3 极相连。转移栅中的 ϕ_1、ϕ_2 和 ϕ_3 极分别接相位差为 120°的前沿陡峭、后沿倾斜的控制电压，如图 4.54 所示。

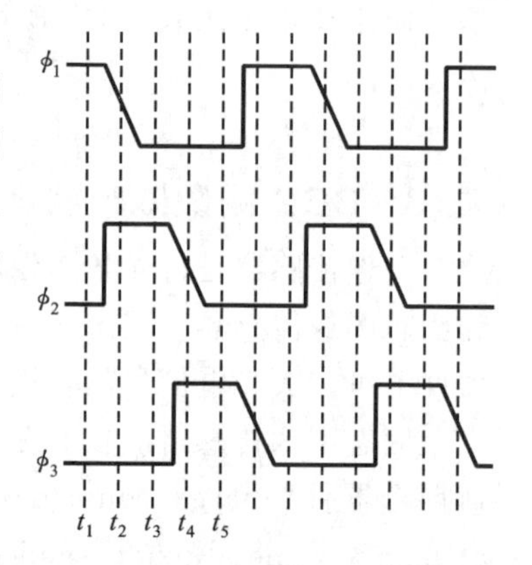

图 4.54　转移栅电压时序

当 $t=t_1$ 时，$\phi_1=U$，$\phi_2=\phi_3=0$。此时，只有在 ϕ_1 极下形成势阱，在光照下积蓄电荷。

当 $t=t_2$ 时，$\phi_1=0.5U$，$\phi_2=U$，$\phi_3=0$。此时，ϕ_1 极下的势阱变浅，ϕ_2 极下的势阱最深，ϕ_3 极下没有势阱。因为相隔较近，所以 ϕ_1 和 ϕ_2 极下的势阱发生耦合而连在一起。根据势能原理，积蓄在 ϕ_1 极下的电荷就逐渐向 ϕ_2 极下转移。

当 $t=t_3$ 时，$\phi_1=0$，$\phi_2=U$，$\phi_3=0$。此时已经过了 1/3 个时钟周期，ϕ_1 极下的电荷向 ϕ_2 极下转移完毕。

当 $t=t_4$ 时，$\phi_1=0$，$\phi_2=0.5U$，$\phi_3=U$。ϕ_2 极下的电荷向 ϕ_3 极下转移。

当 $t=t_5$ 时，$\phi_1=0$，$\phi_2=0$，$\phi_3=U$。此时已经过了 2/3 个时钟周期，ϕ_2 极下的电荷向 ϕ_3 极下转移完毕。

当经过 1 个时钟周期时，ϕ_3 极下的电荷向下一级的 ϕ_1 极下转移完毕。这样，每经历一个时钟脉冲周期，电荷就向右转移三极，即转移一级。重复上述过程，就可使电荷逐渐向右转移。

这样一个电荷转移过程，实质上就是一个电荷耦合过程。因此，将这类器件称为电荷耦合器件。

2. CCD 图像传感器

CCD 图像传感器主要由 MOS 光敏元阵列、转移控制栅和读出移位寄存器三部分组成。根据光敏元阵列形式不同，可分为线阵 CCD 图像传感器和面阵 CCD 图像传感器。

移位寄存器实质上就是一列 MOS 电容器，其结构与图 4.53 所示的电荷耦合器件相似，不同之处在于其半导体衬底的底部覆盖有不透光的遮挡层。由于不透光遮挡层的存在，移位寄存器在光照下不会产生电荷。但在控制转移栅的作用下，移位寄存器能接受从光敏元转移过来的电荷，并从其输出端逐位串行转移输出。

1）线阵 CCD 图像传感器

线阵 CCD 图像传感器有单排和双排两种结构，其结构如图 4.55 所示。图 4.55(a)所示为单排结构，转移控制栅先将光敏元中的光生电荷并行地转移到对应位的读出移位寄存器中，然后再逐位串行转移输出。图 4.55(b)所示为双排结构，在转移控制栅的作用下，先分别将奇、偶光敏元的光生电荷送到上、下移位寄存器，然后逐位串行转移输出，最后合二为一，恢复光生电荷的原来顺序。显然，双排结构的图像分辨率比单排结构的高 1 倍。

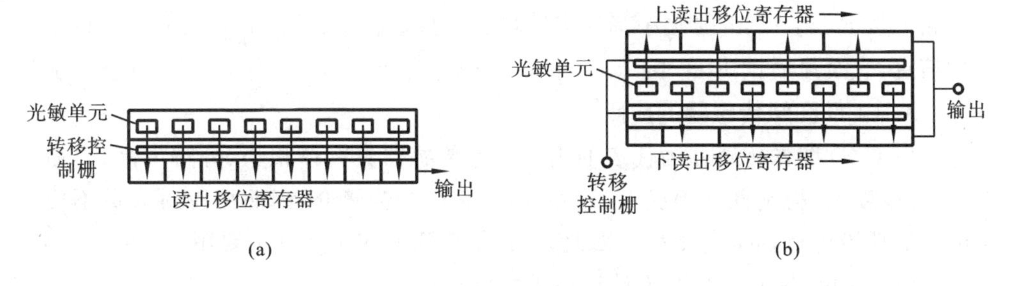

图 4.55 线阵 CCD 图像传感器

(a)单排结构；(b)双排结构

2）面阵 CCD 图像传感器

面阵 CCD 图像传感器的光敏元按二维矩阵排列组成光敏区。按电荷转移方式不同，可分为线转移面阵 CCD、场转移面阵 CCD 和行间转移面阵 CCD。其中，线转移面阵 CCD 易引起图像模糊，因而很少采用。

图 4.56 所示是一种场转移面阵 CCD 图像传感器的结构示意图，主要由光敏元面阵（由若干行光敏元线阵组成）、存储器面阵（由若干行移位寄存器组成）和水平读出移位寄存器和转移控制栅组成。存储器面阵的存储单元与光敏元面阵的光敏元一一对应。

在曝光时间内，光敏元面阵内的各光敏元感光生成和积蓄电荷。曝光结束时，在转移控制栅的作用下，将光敏元面阵中的电荷全部迅速地转移到对应的

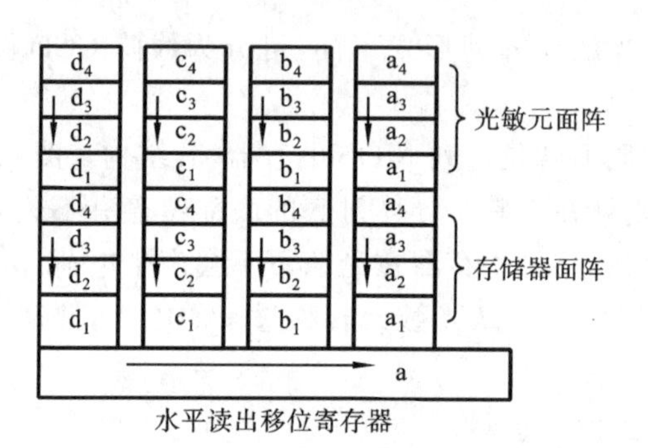

图 4.56　场转移面阵 CCD 图像传感器

存储器面阵中。此后,光敏元面阵开始第二次曝光。与此同时,存储在存储器面阵中的光生电荷从存储器底部开始一行一行地向下转移到水平读出移位寄存器。每向下转移一行,在高速时钟驱动下从水平移位寄存器中逐位串行输出每行各位电信息,从而完成从二维图像信息向二维电信息的转换。如第一次将 a_1、b_1、c_1、d_1 这一行中的电荷转移到水平读出移位寄存器,读出移位寄存器立即将它们按 a_1、b_1、c_1、d_1 的次序有规则地输出。接着再读出 a_2、b_2、c_2、d_2 这一行中的信息,直至最后读出 a_4、b_4、c_4、d_4 行中的信息为止。

3. CCD 图像传感器的应用

以 CCD 图像传感器为代表的固态图像传感器具有体积小、分辨率高、寿命长、灵敏度高、稳定性好等优点,另外,由于它以光为媒介,因而可以对人员不便出入的环境进行远距离测量。因此,得到了广泛的应用。其主要用途有:

(1) 物位、尺寸、形状、工件损伤等测量;

(2) 作为光学信息处理的输入装置,如摄影和电视摄像、传真技术、光学文字和图像识别技术中的输入环节;

(3) 自动生产过程中的控制敏感元件。

图 4.57 所示为利用线阵 CCD 图像传感器测量热轧铝板宽度的原理示意图,对于 2 m 宽的板材,其测量精度可达±0.25%。两个线阵 CCD 传感器 1、2 置于铝板的上方,板两端各有一小段(长度分为 l_1 和 l_2)处于传感器的视场内。图中的传感器 3 用来摄取激光在板上的反射,其输出信号用来补偿板厚变化造成的测量误差。

根据几何光学,可以测出 l_1 和 l_2,即

$$l_i = \frac{n_i p}{M} \tag{4-46}$$

式中:n_i 为 CCD 图像传感器中图像覆盖的光敏元的数目;p 为像素间的距离;M

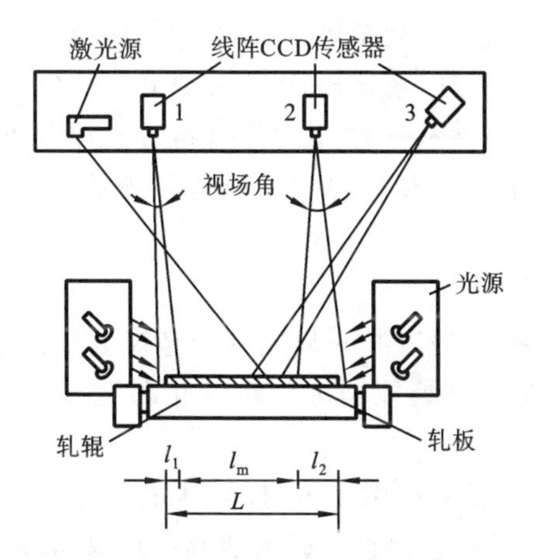

图 4.57 利用线阵 CCD 图像传感器测量铝板宽度原理示意图

为光学系统的放大倍数。

当已知视场距离 l_m 时，就可以算出铝板的宽度为

$$L = l_m + l_1 + l_2 \tag{4-47}$$

4.9.4 超声波传感器

1. 超声波及其性质

物体振动会产生声波，声波是机械振动在弹性介质内的传播。根据频率不同，声波可分为次声波（$<$20 Hz）、音频声波（20～2×10^4 Hz）、超声波（$>2\times10^4$ Hz）和微波（3×10^8～3×10^{11} Hz）。音频声波是人耳能听到的声波。

超声波的传播波形主要可分为纵波、横波和表面波等几种。纵波的质点振动方向与波的传播方向平行；横波的质点振动方向与波的传播方向垂直；表面波的质点振动方向介于横波与纵波之间。纵波能在固体、液体和气体介质中传播；横波只能在固体介质中传播；表面波只能沿着固体介质表面传播，其振幅随固体介质深度的增加而迅速衰减。

超声波的传播速度与波形、介质的密度、弹性特性及温度有关。在固体中，通常可认为横波声速为纵波的一半，表面波声速为横波声速的 90%。在气体和液体中，由于不存在剪切应力，所以仅有纵波的传播。常温下，超声波在空气中的传播速度为 334 m/s，在水中的传播速度约为 1 440 m/s，而在钢铁中的传播速度约为 5 000 m/s。

超声波在介质中传播时，由于声波的散射、扩散和吸收，其能量会衰减。衰减量与传播介质和超声波的频率有关。在气体中传播时能量衰减最大，在液体中次之,在固体中传播时能量衰减最小。频率越高,能量衰减越大。

超声波由于频率比较高,波长短,可以被聚焦,具有良好的束射特性和方向特性,穿透能力强。超声波从一种介质传播到另一种介质时,在两种介质的分界面附近会发生明显的反射和折射现象。超声波碰到运动物体会产生多普勒效应。

2. 超声波换能器

可产生超声波或接收超声波的装置称为超声波换能器,又称超声波探头。按工作原理的不同,超声波换能器可分为压电式、磁致伸缩式、电磁式等,其中以压电式最为常用。

压电式超声波换能器是利用压电材料(压电晶体或压电陶瓷)的压电效应来工作的:逆压电效应将高频电信号转换成高频机械振动,从而产生超声波,可作为发射探头;而正压电效应则是将超声机械振动波转换成同频率的电信号,可作为接收探头。

根据结构不同,超声波探头又分为直探头、斜探头、双探头等。图 4.58 所示为一种压电式超声波直探头。它主要由压电晶片、吸收块(阻尼块)、保护膜等组成。压电晶片多为圆板形,超声波频率 f 与其厚度 δ 成反比。压电晶片的两面均镀有导电金属层,作为导电的极板。底面极板接地线,上面极板通过导线接至电路中。吸收块的作用是降低晶片的机械品质,吸收声能量。当吸收块的声阻抗等于压电晶片的声阻抗时,效果最好。如果没有吸收块,当激励的电脉冲信号停止时,压电晶片因惯性而会继续振荡,超声波的脉冲宽度会加长,使分辨率变差。保护膜用硬度很高的耐磨材料制作,以防止压电晶片磨损。

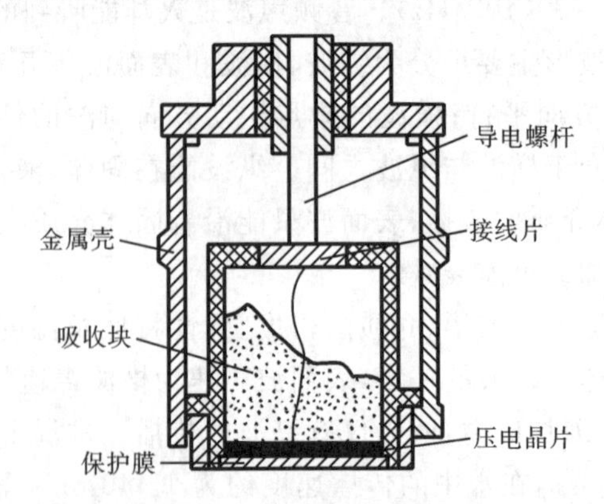

图 4.58　压电式超声波直探头

3. 超声波传感器的应用

超声波检测是利用不同介质对超声波传播的影响来探测物体和进行检测

的一门检测技术。在工业领域，主要用于物位检测、厚度检测和金属探伤；在医学领域，主要用于超声检查、超声清洗等。

1）超声波传感器测量物位

超声波物位传感器是利用超声波在两种介质的分界面上的反射特性而制成的。根据发射和接收换能器的功能，传感器又可分为单换能器和双换能器。单换能器超声波传感器使用同一个换能器分时实现超声波的发射和接收，而双换能器超声波传感器各由一个换能器来实现超声波的发射和接收。图 4.59 所示为几种超声波检测液位的原理图。超声波探头放在液体介质中，让超声波在液体介质中传播，如图 4.59(a)所示。为了安装和维修方便，超声波探头也可以安装在液面的上方，以空气作为超声波的传播介质，如图 4.59(b)所示，但超声波在空气中的衰减比较大。

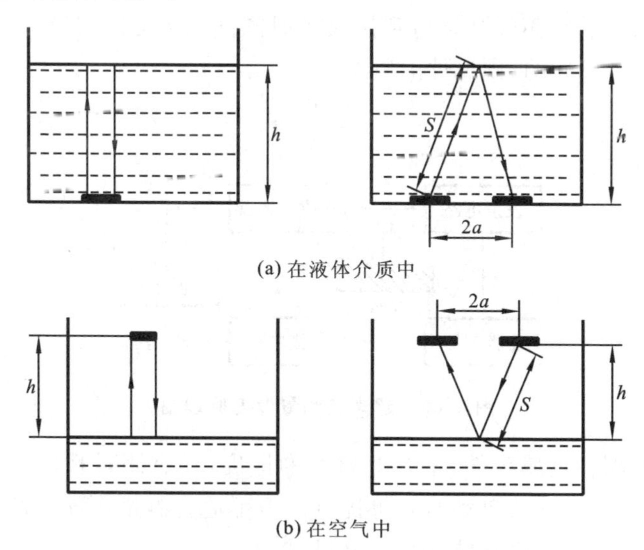

图 4.59 超声波测液位原理图

对于单换能器来说，如果换能器从发射超声波开始至接收到反射回来的超声波之间的时间间隔为 t，则

$$h=\frac{1}{2}ct \tag{4-48}$$

式中：h 为换能器距液面的距离；c 为超声波在介质中传播的速度。

对于双换能器，超声波从发射到接收经过的路程为 $2S$，因此换能器距液面的距离 h 为

$$h=\sqrt{S^2-a^2} \tag{4-49}$$

式中：a 为两换能器间距离的一半。

可以看出，只要测得超声波从发射到接收的时间间隔，便可以求得待测的液位高度。

超声物位传感器具有精度高和使用寿命长的特点，但若液体中有气泡或液面发生波动，便会产生较大的误差。在一般使用条件下，它的测量误差为±0.1%，物位检测的范围为 $10^{-2} \sim 10^4$ m。

2）超声波传感器测量厚度

超声波测厚法主要有脉冲回波法、共振法、干涉法等几种。其中，脉冲回波法应用较为广泛，其原理如图 4.60 所示。超声波探头与被测试件表面接触，主控制器控制发射电路产生一定频率的脉冲电信号，激发超声波探头发射超声波脉冲，并耦合到被测试件中。超声波脉冲传播到试件底面后被反射回来，并由同一探头接收。若超声波从发射到接收的时间间隔 t 可以测量，而超声波在试件中的声速 c 是已知的，则试件的厚度为

$$d=\frac{1}{2}ct \tag{4-50}$$

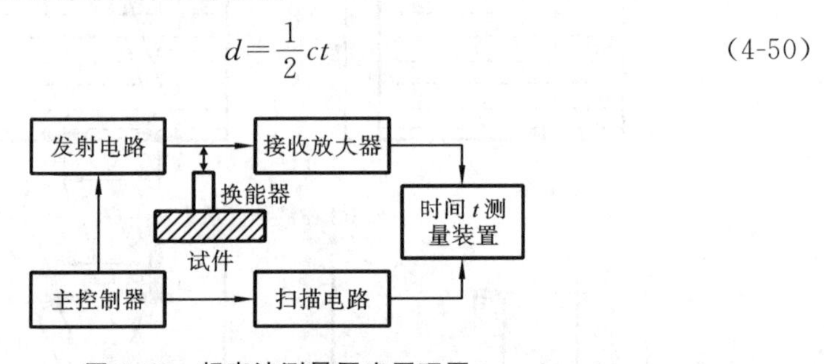

图 4.60　超声波测量厚度原理图

用超声波测量金属零件、钢管等材料的厚度，具有测量精度高、操作简单、读数方便、易于实现连续自动监测等优点。但不适合测量表面凹凸不平或形状很不规则的零件，以及声衰减很大的材料。

3）超声波探伤

超声波探伤是一种利用材料及其缺陷的声学性能差异对超声波传播的影响来检验材料内部缺陷的无损检验方法。超声波在物理介质（如被检测材料或结构）中传播，通过被检测材料或结构内部存在的缺陷处时，超声波会产生折射、反射、散射或剧烈衰减等。通过分析这些特性，就可以建立缺陷与超声波的强度、相位、频率、传播时间、衰减特性等之间的相关关系。由于超声波的传播特性与被检测材料或结构有着密切的关系，因此通常需要根据被检测对象选择相应的超声波检测方法。

超声波探伤是目前金属、复合材料和焊接结构中应用得最为重要、最为广

泛的无损检测方法，具有穿透能力强(探测深度可达数米)、灵敏度高、缺陷定位定量准确等优点。用纵波可探测金属铸锭、坯料、中厚板、大型锻件和形状比较简单的制件中所存在的夹杂物、裂缝、缩管、白点、分层等缺陷；可检测出复合材料结构中的分层、气孔、裂缝、冲击损伤等。用横波可探测管材中的径向和轴向裂缝、划伤，以及焊缝中的气孔、夹渣、裂缝、未焊透等缺陷。用表面波可探测形状简单的制件上的表面缺陷。

4.9.5 气敏传感器

1. 气敏传感器的分类

气敏传感器是一种将检测到的气体成分和浓度转换为电信号的传感器，主要有半导体气敏传感器、接触燃烧式气敏传感器和电化学气敏传感器等几种。由于半导体气敏传感器具有灵敏度高、响应快、使用寿命长和成本低等优点，应用很广泛，因此本节将着重介绍半导体气敏传感器。

根据变换原理的不同，半导体气敏传感器可分为电阻式和非电阻式两种，目前使用的大多为电阻式。电阻式半导体气敏传感器的敏感元件是用金属氧化物半导体材料制作，它利用其电阻值随被测气体浓度改变而变化的特性来实现检测。非电阻式气敏传感器以一种半导体器件作为敏感元件，利用其电特性(如气敏二极管的伏安特性或场效应管的电容-电压特性)随被测气体浓度变化而变化来进行检测的。

2. 电阻式半导体气敏元件的工作原理

电阻式半导体气敏元件使用的金属氧化物半导体，可分为N型半导体(如SnO_2，Fe_2O_3，ZnO等)和P型半导体(如CoO，PbO，Cu_2O，NiO等)。

当电阻式半导体气敏元件的表面吸附有被测气体时，由于双方接收电子的能力不同，气敏元件表面的导电电子比例就会发生变化，从而使气敏元件的电阻值随被测气体浓度的变化而变化。这种变化是可逆的，故气敏元件可重复使用。通过对气敏元件加热可以加速这种变化。

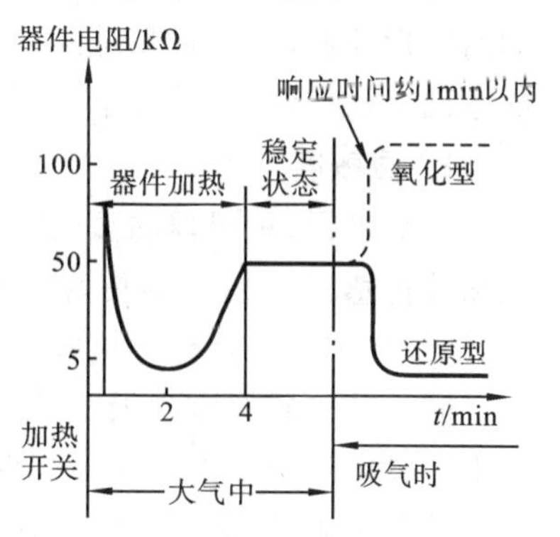

图4.61 SnO_2气敏元件的阻值变化特性

图4.61所示为SnO_2气敏元件吸附被测气体时的阻值变化曲线。当气敏元件在洁净的空气中开始通电加热时，其阻值先急剧下降，然后又上升，经4 min后达到稳定状态，这

段时间为初始稳定时间。气敏元件达到初始稳定状态后才可用于气体检测，其电阻值会随被测气体的浓度变化而变化。气敏元件电阻的变化规律与被测气体的性质和气敏元件的材料有关。对N型的SnO_2气敏元件来说，如果被测气体是氧化性气体(如O_2和NO_x)，被吸附的气体分子从气敏元件得到电子，使N型气敏元件中的电子载流子减少，因而电阻值增大；如果被测气体为还原性气体(如H_2,CO,酒精等)，气体分子向气敏元件释放电子，使N型气敏元件中的电子载流子增多，因而电阻值下降。如果是P型气敏元件，其电阻变化规律与N型气敏元件的相反。

3. 气敏传感器的应用

气敏传感器广泛应用于防灾报警，如可制成液化石油气、天然气、城市煤气、煤矿瓦斯及有毒气体等方面的报警器，也可用于对大气污染进行监测及在医疗上用于对O_2、CO等气体的测量，生活中则可用于烹调装置、酒精浓度探测等方面。如SnO_2气敏元件可用来测量甲烷、一氧化碳、氢气、乙醇、硫化氢等可燃性气体。而Fe_2O_3气敏元件中的a-Fe_2O_3气敏元件对甲烷和异丁烷都非常敏感，但对水蒸气和乙醇不敏感，因此，比较适合在家用可燃气体报警器中采用。

4.10 传感器的选用

传感器的种类繁多，同一类型的传感器又具有多种规格。在实际测量中，如何合理地选用传感器，是经常会遇到的问题。在介绍了常用传感器初步知识的基础上，本节将简单介绍一下合理选用传感器的一些注意事项。

1. 灵敏度

一般来说，传感器的灵敏度越高越好。灵敏度越高，传感器的输出就越大，意味着传感器能检测的信号变化量就越小。但是，传感器的测量范围就会越小，能量较小的干扰信号也容易被传感器检测到而混入测量信号中。

同一种传感器常常做成一个序列，有高灵敏度测量范围较窄的，也有测量范围宽灵敏度较低的。在使用时要根据被测量的变化范围(动态范围)并留有足够的余量来选择灵敏度适当的传感器。

当测量矢量信号时，要求传感器在该方向灵敏度越高越好，而横向灵敏度越小越好。测量多维矢量信号时，要求传感器的交叉灵敏度越小越好。

2. 精确度

传感器的精确度表示其输出与被测量真值的一致程度。传感器位于测试系统的输入端，它能否真实地反映被测量，对整个测试系统是至关重要的。传感器的精确度越高，测量的结果就越接近被测量的真值。然而，精确度越高，其价格也越高，对测量环境的要求也越高，测量的成本也就越高。

因此还应考虑到经济性，应当从实际出发，选择能满足测量需要的足够精确度的传感器，不应一味地追求高精确度。

3. 动态特性

在动态测量中，传感器的动态特性对测试结果有直接影响。传感器不可能在很宽的频率范围内满足不失真测量条件。但是在被测量的频率范围内，传感器的频率特性必须满足不失真测量条件。

一般来说，基于光电效应、压电效应等物性型传感器的固有频率高、响应较快、工作频率范围宽，而电感、电容、电阻、磁电等结构型传感器，往往由于传感器中机械部件惯性的限制，固有频率低、可工作频率也较低。

4. 可靠性

可靠性是传感器和一切测量仪器的生命。可靠性高的传感器能长期完成它的功能并保持其性能参数。为了保证传感器使用中的高度可靠性，除了选用设计合理、制作精良的产品外，还应该了解工作环境对传感器的影响。在机械工程中，传感器有时在相当恶劣的条件下工作，包括灰尘、高温、潮湿、油污、辐射和振动等条件。这时传感器的稳定性和可靠性就显得特别重要。

5. 工作方式

传感器的工作方式有接触和非接触测量、在线与离线测量等几种。工作方式不同，对传感器的要求也不同。

接触式传感器工作时必须可靠地与被测对象接触或固定在被测对象上，这时要求传感器与被测物之间的相互作用要小，其质量要尽可能地小，以减少传感器对被测对象运行状态的影响。非接触式传感器则无此缺点，特别适用于旋转和往复机构的在线检测。

在线测量是指在现场实时条件下进行的测量，是与实际情况更接近的测量方式。例如，在加工过程中对工件表面粗糙度的检测，自动化过程的控制与检测等都属于在线检测。在线检测的实现比较困难，对传感器及测试系统都有一定的特殊要求。光切法、干涉法、针触法等只能用于工件表面粗糙度的离线测量，而要实现加工过程中工件表面粗糙度的在线测量，只能采用激光检测法。采用在线检测和研制能实现在线检测的新型传感器，是当今测试技术发展的一个趋势。

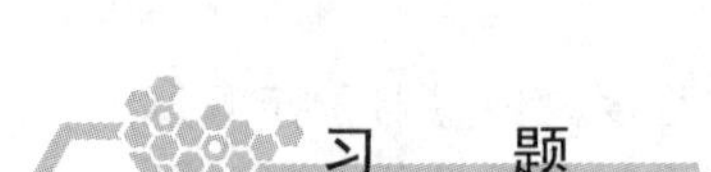

习　题

4.1　简述传感器的定义、分类和结构。

4.2　试举出你所熟悉的3种机械式传感器,并说明它们的转换原理。

4.3　电阻丝应变片与半导体应变片在工作原理上有何区别?各有何优缺点?

4.4　有一电阻应变片(见图4.62),其灵敏度$K=2$,$R=120\ \Omega$,设工作时其应变为$1\ 000\ \mu\varepsilon$,试问ΔR为多少?

若将此应变片接成如图所示的电路,试求:(1)无应变时的电流表示值;(2)有应变时的电流表示值;(3)电流表示值相对变化量(注:$\mu\varepsilon$为微应变)。

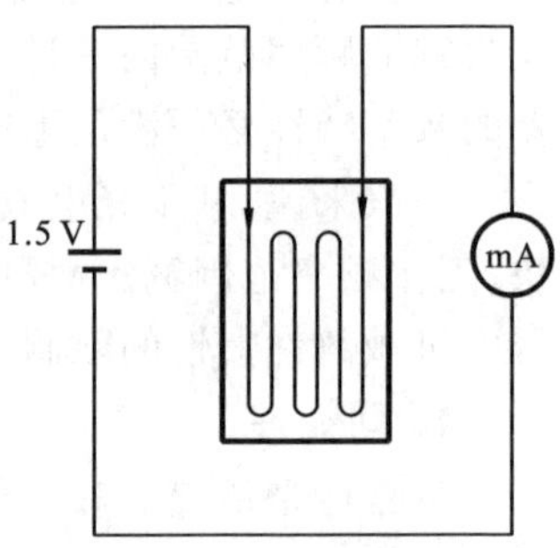

图4.62　习题4.4图

4.5　可变磁阻式电感传感器的灵敏度与哪些因素有关?提高该种传感器的线性度有哪些有效的方法?

4.6　简述高频反射式涡流式传感器的工作原理、特点和用途。

4.7　一电容测微仪,其传感器的圆形极板半径$r=4$ mm,工作初始间隙$\delta_0=0.03$ mm,试问:

(1) 工作时,如果传感器与工件的间隙变化量$\Delta\delta=\pm 1\ \mu$m时,电容变化量是多少?

(2) 如果测量电路灵敏度$K_1=100$ mv/pF,读数仪表的灵敏度$K_2=5$格/mv,在$\Delta\delta=\pm 1\ \mu$m时,表的指示值变化多少格?

4.8　说明产生差动变压器式传感器零位残余电压的原因及减小此电压的有效措施。

4.9　试按接触式和非接触式来区分传感器,列出它们的名称和变换原理,用在何处?

4.10　光电式传感器包含哪几种类型?各有何特点?用光电式传感器可以测量哪些物理量?

4.11　何为霍尔效应?用霍尔元件可测量哪些物理量?

4.12　压电式压力传感器的灵敏度K为9×10^5 pC/Pa(皮库仑/帕),把它和一台灵敏度调到0.005 V/pC的电荷放大器连接,放大器的输出又接到一灵敏度已调为 20 mm/V 的光线示波器上记录，试给出这个测试系统的框图，并计算其总的灵敏度。

4.13 阐明光栅式传感器的工作原理。莫尔条纹的形成有何特性？

4.14 在轧钢过程中，需监测薄板的厚度，可采用哪种传感器？说明其原理。

第5章 模拟信号的调理与转换

测试系统的一个重要环节是信号的调理与转换。被测物理量经传感器后的输出一般为电信号。由于测量过程中不可避免地遭受各种干扰因素的影响，为了抑制干扰噪声、提高信噪比和方便后续的传输和处理，往往需要对这些电信号作调理和转换。本章主要讨论模拟信号常用的调理与转换环节，包括电桥、调制与解调、滤波器，以及数/模与模/数转换。

5.1 电　　桥

电桥是将电阻、电容和电感等参数的变化转换为电压或电流输出的一种测量电路。电桥电路简单可靠，且具有很高的精度和灵敏度，因此，被广泛用做仪器测量电路。

电桥按其采用的激励电源类型分为直流电桥和交流电桥，按其工作方式又可分为零值法(平衡电桥)和偏值法(不平衡电桥)。

5.1.1 直流电桥

直流电桥如图5.1所示，纯电阻R_1、R_2、R_3和R_4组成电桥的四个桥臂，在电桥的一条对角线两端a和c接入直流电源e_i，而另一对角线两端b和d上的输出电压为e_o，该输出可直接驱动指示仪表，也可接入后续放大电路。

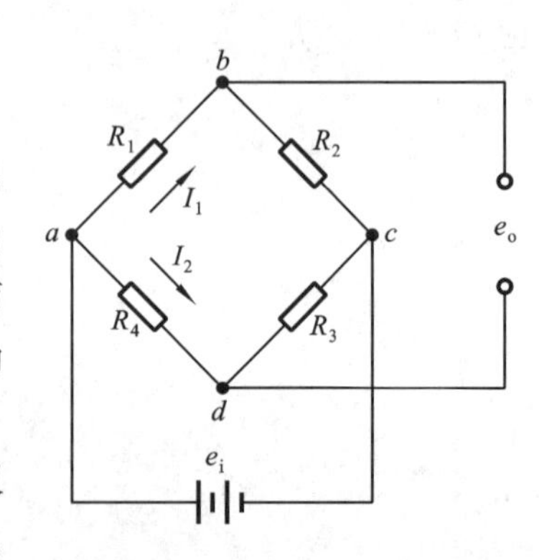

图5.1 直流电桥结构形式

直流电桥的输出端后接输入阻抗较大的仪表或放大电路时，可视为开路，其输出电流为零，此时有

$$I_1 = \frac{e_i}{R_1 + R_2}, \quad I_2 = \frac{e_i}{R_3 + R_4}$$

由此可得出 b、d 两端的输出电压为

$$e_o = U_{ab} - U_{ad} = \left(\frac{R_1}{R_1 + R_2}e_i - \frac{R_4}{R_3 + R_4}e_i\right)$$
$$= \frac{R_1R_3 - R_2R_4}{(R_1 + R_2)(R_3 + R_4)}e_i \tag{5-1}$$

由式(5-1)可知,要使输出电压 e_o 为零,即当电桥平衡时,应有

$$R_1R_3 = R_2R_4 \tag{5-2}$$

式(5-2)为直流电桥平衡公式。

直流电桥的工作原理是:四个桥臂中的一个或数个桥臂的阻值变化而引起电桥输出电压(或电流)的变化。适当选取各桥臂的阻值,可使输出电压(或电流)仅与被测量引起的阻值变化有关,达到测量的目的。

直流电桥的优点是:采用稳定性高的直流电源作激励电源;电桥的输出 e_o 是直流量,可用直流仪表测量,精度高。电桥与后接仪表间的连接导线不会形成分布参数,因此,对导线连接的方式要求较低。直流电桥的缺点是:易引入工频干扰,由于输出为直流量,故需对其作直流放大,而直流放大器一般都比较复杂,容易受到零点漂移和接地电位的影响。

直流电桥有零值法和偏值法两种基本工作方式。

1. 零值法

图 5.2 所示是零值法电桥电路。检流计 G 接入 b、d 端,R_2 是可变电阻,R_1 用于感受被测量。电桥平衡条件下,检流计 G 的指示为零。当电阻 R_1 随被测量变化时,电桥不平衡,检流计 G 的电流不为零。调整可变电阻 R_2 使检流计 G 的电流为零,即电桥再次平衡,并指示出电阻 R_1 的大小,这就是零值法。在零值法操作中,R_2 是校准过的可变电阻。

零值法主要用于静态物理量的测量。零值法的优点:不需要知道输入电压,而且输入电压的变化不影响测量的准确性;检流计只检测是否有电流流过,无须测量电流的大小。零值法也有局限性:零值法测量值中会引入检流计的分辨误差。检流计的分辨率是有限的,电桥平衡时,检流计的指示虽然为零,并不代表电流精确为零。事实上,流过检流计的电流小于检流计可以分辨的最小电流值,所以会引入检流计分辨误差。

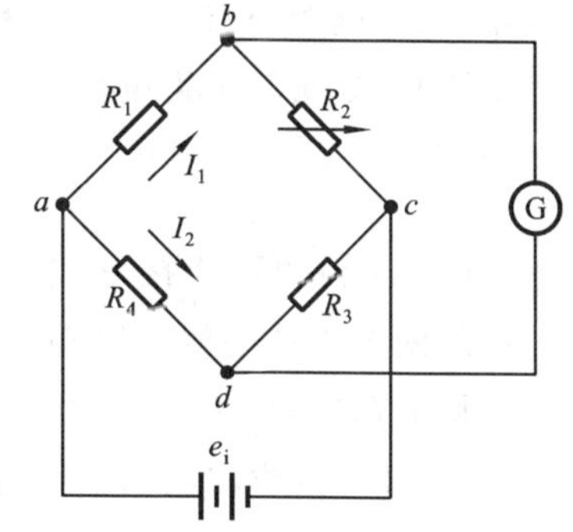

图 5.2 零值法电桥电路

2. 偏值法

偏值法是指在不平衡条件下，一个或多个桥臂阻值的变化通过接入节点 b、d 两端的电压表测得电压降(或者电流表的电流)作为指示。

1) 电桥的和差特性

假设电桥各桥臂电阻都发生变化，阻值的变化量分别为 ΔR_1、ΔR_2、ΔR_3、ΔR_4，根据式(5-1)，则电桥的输出电压为

$$e_o = \frac{(R_1+\Delta R_1)(R_3+\Delta R_3)-(R_2+\Delta R_2)(R_4+\Delta R_4)}{(R_1+\Delta R_1+R_2+\Delta R_2)(R_3+\Delta R_3+R_4+\Delta R_4)}e_i$$

将上式展开，并假设各桥臂的初始阻值相等，即 $R_1=R_2=R_3=R_4=R_0$，且一般情况下阻值的变化量 $\Delta R_i(i=1,2,3,4)=R_0$，忽略 ΔR_i 的高次项，上式可写成

$$e_o = \frac{1}{4}\left(\frac{\Delta R_1}{R_0}-\frac{\Delta R_2}{R_0}+\frac{\Delta R_3}{R_0}-\frac{\Delta R_4}{R_0}\right)e_i \tag{5-3}$$

由式(5-3)可以看出，桥臂阻值变化对输出电压的影响规律，称为电桥的和差特性：

(1) 相邻桥臂(如图 5.3 中的 R_1 和 R_2)阻值的变化所引起的输出电压为该两桥臂各阻值变化产生的输出电压之差；

(2) 相对桥臂(如图 5.3 中的 R_1 和 R_3)阻值的变化所产生的输出电压为该两桥臂各阻值变化产生的输出电压之和。

2) 电桥的连接形式

在实际工作中，偏值法常用的电桥连接形式有三种：半桥单臂、半桥双臂和全桥连接，如图 5.3 所示。下面介绍的各连接方式都是假设各桥臂的初始阻值相等，即 $R_1=R_2=R_3=R_4=R_0$。

(1) 半桥单臂连接形式。如图 5.3(a)所示，电桥仅有一个桥臂的阻值随被测量变化，这个桥臂称为工作桥臂，其他桥臂是固定电阻。设工作桥臂变化量为 ΔR，由式(5-3)可得电桥的输出电压为

$$e_o = \frac{\Delta R}{4R_0}e_i \tag{5-4}$$

(2) 半桥双臂连接形式。电桥有两个工作桥臂，而其他桥臂是固定电阻。工作的两个工作桥臂可以邻接，也可以相对连接。图 5.3(b)所示是两个工作桥臂邻接的情况，设工作桥臂阻值的变化量 $\Delta R_1=\Delta R_2=\Delta R$，但变化方向相反，由式(5-3)可得电桥的输出电压为

$$e_o = \frac{\Delta R}{2R_0}e_i \tag{5-5}$$

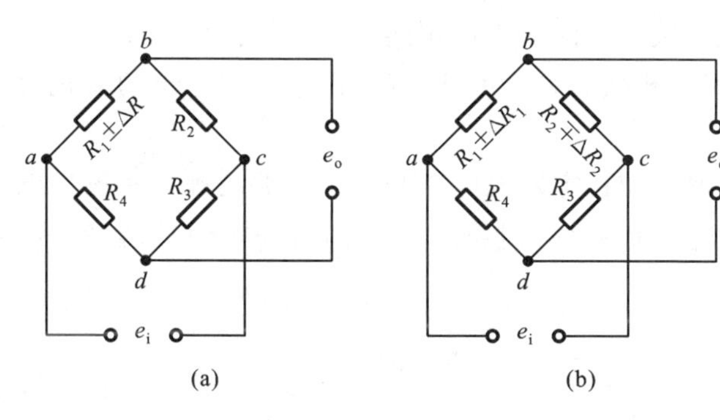

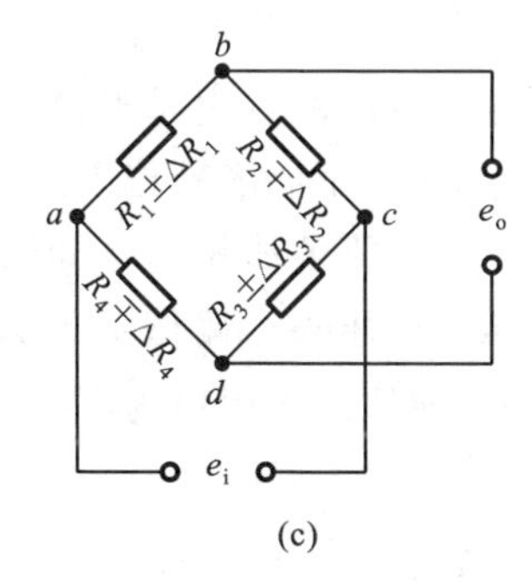

图 5.3 直流电桥的连接方式

(a)半桥单臂;(b)半桥双臂;(c)全桥

假设工作的两个桥臂是相对连接的,阻值变化量相等,变化方向相同,此时的电桥输出电压表达式也为式(5-5)。

(3) 全桥连接方式。如图 5.3(c)所示,工作时四个桥臂的阻值均发生变化。假设 $R_1 \pm \Delta R_1$,$R_2 \mp \Delta R_2$,$R_3 \pm \Delta R_3$,$R_4 \mp \Delta R_4$,且 $\Delta R_1 = \Delta R_2 = \Delta R_3 = \Delta R_4 = \Delta R$,由式(5-3)可得电桥输出电压

$$e_o = \frac{\Delta R}{R_0} e_i \tag{5-6}$$

电桥的灵敏度定义为

$$K = \frac{e_o}{\Delta R} \tag{5-7}$$

有时也将电桥的灵敏度定义为 $K = \dfrac{e_o}{\Delta R / R}$,其中 $\Delta R / R$ 是输入的相对变化量。由前面的分析可知:半桥双臂连接形式的灵敏度是半桥单臂形式的两倍;而全桥连接形式的灵敏度是半桥单臂的四倍。

3) 偏值法的应用实例

利用电桥的和差特性,选择合适的电桥连接形式,可以提高电桥的灵敏度和实现温度补偿。例如,测量一悬臂梁的应变(见图 5.4),在梁的上、下表面各贴一个初始阻值相等的同种应变片,并分别接入电桥的相邻两桥臂。该图中悬臂梁的应变测量也可以只贴一个应变片和选择半桥单臂连接形式,但前者的测量方式能提高灵敏度和实现温度补偿。

图 5.4 悬臂梁应变仪结构

对于图 5.4,当梁受到载荷 $\boldsymbol{F}$ 时,上、下两应变片将各自产生 $+\Delta R$ 和 $-\Delta R$ 的阻值变化,根据电桥的和差特性,电桥灵敏度比单臂的工作方式提高了一倍。同时,两个应变片的参数相同,且粘贴

在同一个构件上,温度的变化导致的阻值变化量相同,用 $\Delta R'$表示。$\Delta R'$引起的输出电压的变化对于相邻桥臂是相减关系。因此,温度因素引起输出的变化为零,实现了温度补偿。

与零值法相比,偏值法需要已知稳定输入电压和一个能够精确指示输出电压的电压表。偏值法最大的优点是频率特性好,可以测量动态的被测量。因此,偏值法应用更为广泛。

5.1.2 交流电桥

交流电桥电路结构与直流电桥相似,不同的是:交流电桥的激励电源为交流电,电桥的桥臂可以是电阻、电感或电容。交流电桥如图 5.5 所示,图中的 $z_1 \sim z_4$ 表示四个桥臂的交流阻抗。

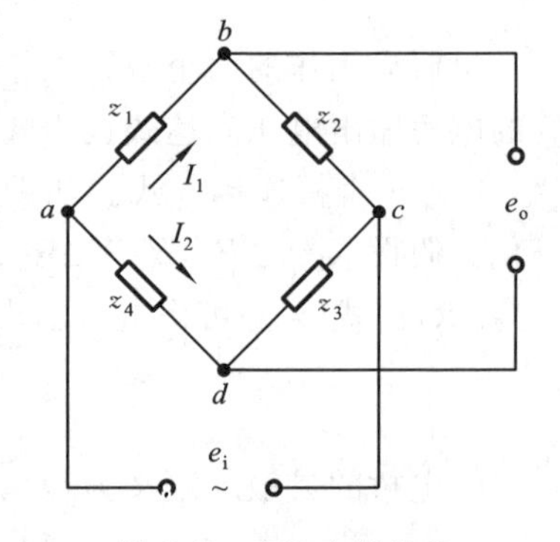

图 5.5 交流电桥结构

若将交流电桥的阻抗、电流及电压用复数表示,则直流电桥的平衡关系式也可用于交流电桥。由式(5-2)可知,当交流电桥平衡时,有

$$z_1 z_3 = z_2 z_4 \tag{5-8}$$

式中:z_i 为各桥臂的复数阻抗。$z_i = Z_i e^{j\varphi_i}$,Z_i 为复数阻抗的模;φ_i 为复数阻抗的阻抗角。

将 $z_i = Z_i e^{j\varphi_i}$ 代入式(5-8),可得

$$Z_1 Z_3 e^{j(\varphi_1+\varphi_3)} = Z_2 Z_4 e^{j(\varphi_2+\varphi_4)} \tag{5-9}$$

上式成立的条件是

$$\begin{cases} Z_1 Z_3 = Z_2 Z_4 \\ \varphi_1 + \varphi_3 = \varphi_2 + \varphi_4 \end{cases} \tag{5-10}$$

式(5-10)表明,交流电桥平衡要满足两个条件:相对两桥臂阻抗的模的乘积相等;其阻抗角的和相等。

由于交流电桥的平衡必须同时满足阻抗的模与阻抗角两个条件,因此,与直流电桥相比,其平衡调节要复杂得多。影响交流电桥测量精度及误差的因素比直流电桥也要多得多,如电桥各元件之间的互感耦合、泄漏电阻、元件间及元件对地之间的分布电容、邻近交流电路对电桥的感应影响等。因此,应尽可能地采取适当措施加以消除。另外,对交流电桥的激励电源要求其电压波形和频率必须具有很好的稳定性,否则将影响到电桥的平衡。

5.2 模拟滤波器

滤波器是一种选频装置，可使信号中特定的频率成分几乎无衰减地通过，而极大地衰减其他频率成分。模拟滤波器在测试系统或专用仪器仪表中是一种常用的变换装置。例如：带通滤波器可用做频谱分析仪中的选频装置；低通滤波器可用做模拟信号数字化分析中的抗混叠滤波器；高通滤波器可用做声发射检测仪中剔除低频干扰噪声的装置；带阻滤波器可用做电涡流测振仪中的陷波器等。近年来，虽然数字滤波技术已得到广泛应用，但模拟滤波在自动检测、自动控制及电子测量仪器中仍然广泛应用。本节主要讨论模拟滤波器。

5.2.1 模拟滤波器分类

根据模拟滤波器的选频作用，一般分为低通、高通、带通、带阻滤波器。图5.6所示为四种理想滤波器的幅频特性曲线。

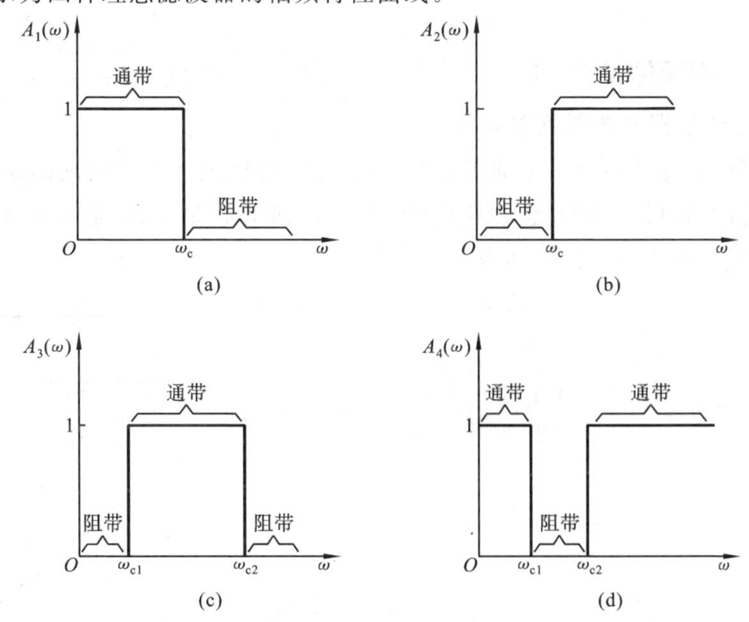

图 5.6 理想滤波器的幅频特性曲线

(a)低通；(b)高通；(c)带通；(d)带阻

(1) 低通滤波器。如图 5.6(a)所示,它允许低于截止频率 ω_c 的频率成分几乎不受衰减地通过,而使高于 ω_c 的频率成分受到极大的衰减。低通滤波器的通带为$(0,\omega_c)$,阻带为(ω_c,∞)。

(2) 高通滤波器。如图 5.6(b)所示,与低通滤波器相反,它允许信号中高于 ω_c 的频率成分几乎不受衰减地通过,其余频率成分受到极大的衰减。高通滤波器的通带为(ω_c,∞),阻带为$(0,\omega_c)$。

(3) 带通滤波器。如图 5.6(c)所示,它使高于下截止频率 ω_{c1} 而低于上截止频率 ω_{c2} 的频率成分几乎无衰减地通过,而其余成分受到极大的衰减。带通滤波器的通带为$(\omega_{c1},\omega_{c2})$,阻带为$(0,\omega_{c1})\cup(\omega_{c2},\infty)$。

(4) 带阻滤波器。如图 5.6(d)所示,其特性与带通滤波器刚好相反,它使低于下截止频率 ω_{c1} 而高于上截止频率 ω_{c2} 的频率成分不受衰减地通过,而其余成分受到极大的衰减。带阻滤波器的通带为$(0,\omega_{c1})\cup(\omega_{c2},\infty)$,阻带为$(\omega_{c1},\omega_{c2})$。

滤波器还有其他的分类方法,比如按照信号处理的性质来分,可分为模拟滤波器和数字滤波器;按照构成滤波器元件的性质,可分为无源滤波器和有源滤波器等,在此不详述。

5.2.2 理想模拟滤波器

1. 理想模拟滤波器的频率特性

理想模拟滤波器是一个理想化的模型,是一种物理上不可实现的系统。但对它的讨论,有助于理解滤波器的传输特性。理想低通滤波器的频率特性函数、幅频特性和相频特性分别为

$$H(\omega)=A_0\mathrm{e}^{-\mathrm{j}\omega t_0} \tag{5-11}$$

$$|H(\omega)|=\begin{cases}A_0, & -\omega_c<\omega<\omega_c\\ 0, & 其他\end{cases} \tag{5-12}$$

$$\varphi(\omega)=-\omega t_0 \tag{5-13}$$

式中:A_0 和 t_0 均为常数。

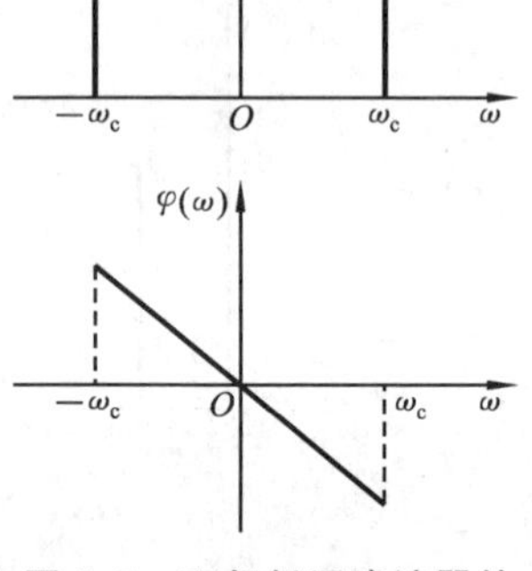

图 5.7 理想低通滤波器的幅频、相频特性

理想低通滤波器幅频特性曲线和相频特性曲线如图 5.7 所示,其具有矩形幅频特性和线性相频特性。理想滤波器满足不失真传递信号的条件,其将信

号中低于截止频率 ω_c 的频率成分予以传输,无任何失真,而将高于 ω_c 的频率成分完全衰减。

2. 理想低通滤波器的脉冲响应

理想低通滤波器的脉冲响应函数 $h(t)$ 是频率特性函数 $H(\omega)$ 的傅氏逆变换,即

$$h(t)=F^{-1}[H(\omega)]=\frac{1}{2\pi}\int_{-\omega_c}^{\omega_c}A_0\mathrm{e}^{-\mathrm{j}\omega t_0}\mathrm{e}^{\mathrm{j}\omega t}\mathrm{d}\omega$$
$$=\frac{A_0\omega_c}{\pi}\mathrm{sinc}[\omega_c(t-t_0)] \tag{5-14}$$

如图5.8所示,脉冲响应函数 $h(t)$ 的波形是一个峰值位于 t_0 时刻的 sinc(x) 型函数。$h(t)$ 的波形以 $t=t_0$ 对称,波形不仅延伸到 $t\to\infty$,并且延伸到 $t\to-\infty$。对于负的 t 值,$h(t)$ 的值不等于零,这表明在输入 $\delta(t)$ 之前,滤波器就有与之相对应的输出,显然,任何滤波器都不可能有这种“先知”,所以,理想滤波器是不可能实现的。同理可以推出,理想的高通、带通、带阻滤波器也是物理上不可实现的。

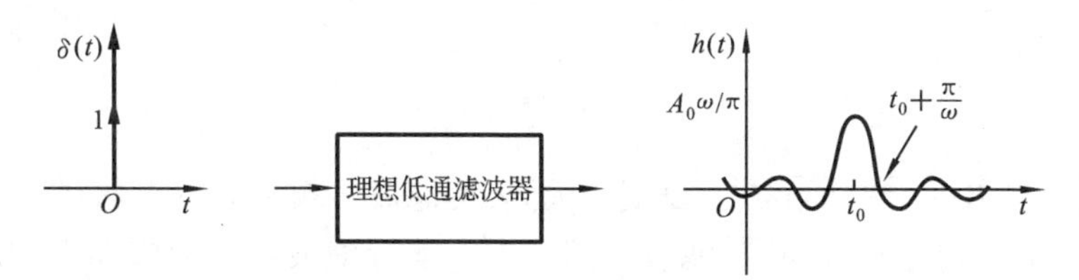

图 5.8 理想低通滤波器的脉冲响应

5.2.3 实际滤波器

对于理想滤波器,在截止频率内其幅频特性为一个常数,而在截止频率之外则为零。所以,只需规定截止频率就可以说明它的性能。对于实际的模拟滤波器,幅频特性在通带中不是常数,也没有明显的转折点。因此,通带和阻带之间没有明显的界限,而是存在一过渡带。所以,需要更多的特性参数来描述实际滤波器。下面以带通滤波器为例介绍实际滤波器的基本特性参数。图5.9是理想带通滤波器与实际带通滤波器的幅频特性曲线。

(1) 截止频率 ω_c。幅频特性值等于 $A_0/\sqrt{2}$(-3 dB)所对应的频率称为滤波器的截止频率 ω_c。图5.9所示的带通滤波器,幅频特性值为 $A_0/\sqrt{2}$ 处的频率 ω_{c2}、ω_{c1} 分别为滤波器的上、下截止频率。

(2) 纹波幅度 d。在一定的频率范围内,实际滤波器的幅频特性曲线可能

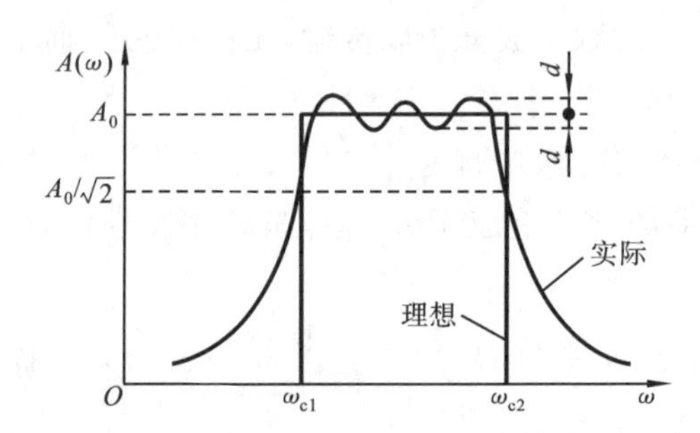

图 5.9 理想带通滤波器与实际带通滤波器的幅频特性曲线

呈波纹变化,波纹波动的大小用纹波幅度 d 来表示。与幅频特性的平均值 A_0 相比,纹波幅度越小越好,一般应远小于 3 dB,即 $d \ll A_0/\sqrt{2}$。

(3) 通带带宽 B 与品质因素 Q。上、下两截止频率之间的频率范围称为滤波器带宽或-3 dB 带宽。图 5.9 所示带通滤波器的通带带宽为 $B=\omega_{c2}-\omega_{c1}$。带宽的大小决定着滤波器分离信号中相邻频率成分的能力,即频率分辨力。

滤波器的频率分辨力可以用品质因素 Q 来描述,定义为中心频率 ω_0 和带宽 B 之比,即

$$Q=\frac{\omega_0}{B} \tag{5-15}$$

式中:中心频率 $\omega_0=\sqrt{\omega_{c1}\omega_{c2}}$。$Q$ 值越大,表明滤波器频率分辨力越高。

(4) 倍频程选择性 W 和滤波器因素 λ'。实际滤波器在通带和阻带之间有一个过渡带,这个过渡带的幅频曲线倾斜程度表明了滤波器对通带外的频率成分的衰减能力,即选择性。滤波器的选择性用倍频程选择性或滤波器因素来描述。

倍频程选择性 W 指在 ω_{c2} 与 $2\omega_{c2}$ 之间幅频特性的衰减量,或者定义为在 ω_{c1} 与 $\omega_{c1}/2$ 之间幅频特性的衰减量,即频率变化一个倍频程时的衰减量

$$W=-20\lg\frac{A(2\omega_{c2})}{A(\omega_{c2})} \text{ 或 } -20\lg\frac{A(\omega_{c1}/2)}{A(\omega_{c1})} \tag{5-16}$$

显然,倍频程选择性 W 越大,选择性就越好。

滤波器因素 λ' 是用滤波器幅频特性值为-60 dB 处的带宽与-3 dB 处的带宽之比来表示的,即

$$\lambda'=\frac{B_{-60\text{ dB}}}{B_{-3\text{ dB}}} \tag{5-17}$$

滤波器因素 λ' 越小,选择性就越好。

5.2.4 模拟滤波器的设计

模拟滤波器的设计包括两步：第一步，根据给定的频率特性要求确定滤波器的传递函数；第二步，实现该传递函数的实际电网络。以下将分别对滤波器传递函数的确定与滤波器的实现进行介绍。

1. 巴特沃思滤波器

理想的滤波器是物理上不可实现的系统，因此，实际滤波器的幅频特性只能是理想特性的逼近，设计滤波器的关键是要找到这种逼近的函数。根据所用的逼近函数的不同，就有相应的滤波器名称。常用的滤波器形式有巴特沃思滤波器、切比雪夫滤波器、椭圆滤波器。下面只介绍巴特沃思滤波器。

1）巴特沃思滤波器的幅频特性

巴特沃思滤波器是以巴特沃思逼近函数作为滤波器的传递函数，该函数只从幅频特性提出要求，而不考虑相频特性。巴特沃思滤波器具有最大平坦的幅频特性。其低通滤波器幅频特性为

$$A(\omega)=\frac{1}{\sqrt{1+(\omega/\omega_c)^{2n}}} \tag{5-18}$$

式中：n 为滤波器的阶数；ω_c 为截止角频率。巴特沃思滤波器幅频特性曲线如图 5.10 所示。

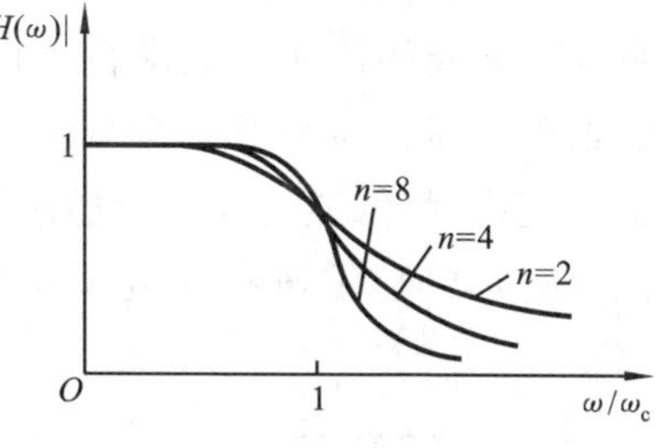

图 5.10 巴特沃思滤波器的幅频特性曲线

2）巴特沃思滤波器的传递函数

n 阶巴特沃思滤波器的归一化传递函数为

$$\begin{cases} H(s')=\dfrac{1}{\prod\limits_{k=1}^{n/2}\left(s'^2-2\left(\cos\left(\dfrac{2k-1}{2n}\pi+\dfrac{\pi}{2}\right)\right)s'+1\right)} & (n\text{ 为偶数}) \\ H(s')=\dfrac{1}{(s'+1)\prod\limits_{k=1}^{(n-1)/2}\left(s'^2-2\left(\cos\left(\dfrac{2k-1}{2n}\pi+\dfrac{\pi}{2}\right)\right)s'+1\right)} & (n\text{ 为奇数}) \end{cases} \tag{5-19}$$

归一化的含义是令 $s'=s/\omega_c$。

例 5.1 试设计一低通巴特沃思滤波器，要求通带截止频率 $f_c=2$ kHz，阻带始点频率 $f_s=4$ kHz 处的衰减量 $\delta_s=-15$ dB。

解 设该低通滤波器的阶数为 n，则衰减量

$$\delta_s(\omega_s) = 20\lg A(\omega_s) = -10\lg\left[1+\left(\frac{\omega_s}{\omega_c}\right)^{2n}\right] = -15\ \text{dB}$$

已知

$$\omega_s = 2\pi f_s = 8\pi \times 10^3\ \text{rad/s}, \quad \omega_c = 2\pi f_c = 4\pi \times 10^3\ \text{rad/s}$$

解出 $n=2.468$。

取 $n=3$,即采用3阶巴特沃思滤波器,由式(5-19)可得滤波器的传递函数

$$H(s) = \frac{1}{\left(\frac{s}{\omega_c}+1\right)\left(\left(\frac{s}{\omega_c}\right)^2+\frac{s}{\omega_c}+1\right)}$$

$$= \frac{64\pi^3 \times 10^9}{(s+4\pi\times 10^3)(s^2+4\pi\times 10^3 s+16\pi\times 10^6)}$$

该滤波器的Matlab程序实现见本章5.5节。

常用的巴特沃思滤波器、切比雪夫滤波器、椭圆滤波器都是针对低通滤波器设计的。模拟高通、带通和带阻滤波器的传递函数可以通过频率变换分别由低通滤波器的传递函数求得,过程如图5.11所示。首先通过频率变换将该滤波器的技术指标转换为低通滤波器的技术指标,然后设计低通滤波器,再通过频率变换,将低通滤波器传递函数转换成所需的滤波器传递函数。因为篇幅有限,模拟高通、带通和带阻滤波器设计过程中涉及的频率转换方法请参阅相关书籍。

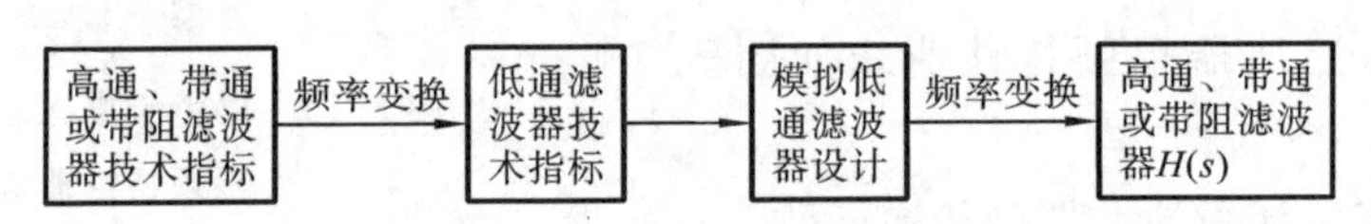

图5.11　模拟高通、带通和带阻滤波器设计过程

2. 模拟滤波器的实现

模拟滤波器设计的第二步是根据设计出的传递函数实现硬件电路。这些硬件电路可以是简单的 *RC* 电路、运算放大器组成的有源网络,或者是市场上出售的专用模拟滤波器芯片。在测试技术中,常使用 *RC* 滤波器。因为在测试这一领域中,信号频率相对不是很高,而 *RC* 滤波器电路简单,抗干扰性强,有较好的低频性能,且易通过标准阻容元件来实现。下面只对 *RC* 调谐式滤波器进行介绍。

1) *RC* 低通滤波器

RC 低通滤波器的典型电路如图5.12所示。滤波器的输入电压为 e_i,输出电压为 e_o,电路的微分方程式为

$$RC\frac{\mathrm{d}e_o}{\mathrm{d}t}+e_o=e_i \tag{5-20}$$

时间常数 $\tau=RC$，对式(5-20)取拉氏变换，可得传递函数

$$H(s)=\frac{1}{\tau s+1} \tag{5-21}$$

频率特性函数、幅频特性和相频特性分别为

$$H(\omega)=\frac{1}{\tau \mathrm{j}\omega+1} \tag{5-22}$$

$$\begin{cases} A(\omega)=\dfrac{1}{\sqrt{(\tau\omega)^2+1}} \\ \varphi(\omega)=-\arctan\omega\tau \end{cases} \tag{5-23}$$

幅频特性和相频特性曲线如图5.12所示。

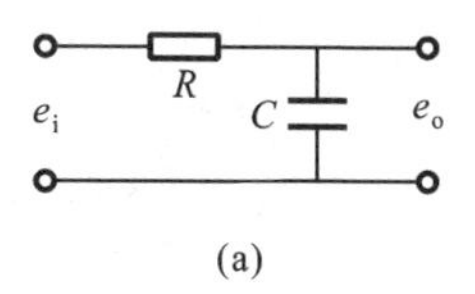

(a)

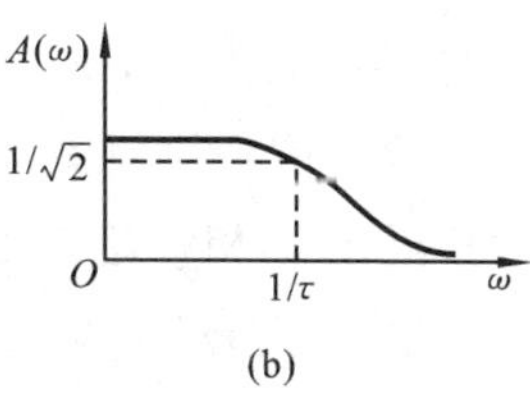

(b)

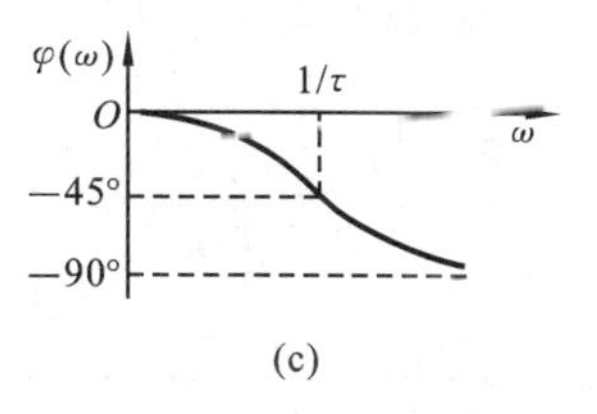

(c)

图5.12 RC低通滤波器及其幅频、相频特性

当 $\omega=1/\tau$ 时，$A(\omega)=1/\sqrt{2}$，此时对应的频率即为截止频率，即 $\omega_c=1/\tau$。又由 $\tau=RC$ 可知，RC 值决定着低通滤波器的截止频率。因此，适当地改变 RC 参数，就可以改变滤波器的截止频率。

当输入信号的频率 $\omega\ll 1/\tau$ 时，$A(\omega)=1$，此时信号几乎不受衰减地通过，并且 $\varphi(\omega)$ 与 ω 的关系近似为一条通过原点的直线。此时，RC 低通滤波器近似为一个不失真传输系统。

当输入信号的频率 $\omega\gg 1/\tau$ 时，输出与输入的积分成正比，RC 滤波器起着积分器的作用。

2) RC高通滤波器

RC高通滤波器的典型电路及幅频、相频特性如图5.13所示。电路的微分方程式为

$$e_o+\frac{1}{RC}\int e_o\mathrm{d}t=e_i \tag{5-24}$$

传递函数、频率特性函数、幅频特性和相频特性分别为

$$H(s)=\frac{\tau s}{\tau s+1} \tag{5-25}$$

$$H(\omega)=\frac{\mathrm{j}\omega\tau}{1+\mathrm{j}\omega\tau} \tag{5-26}$$

$$\begin{cases} A(\omega) = |H(\omega)| = \dfrac{\tau\omega}{\sqrt{(\tau\omega)^2 + 1}} \\ \varphi(\omega) = \arctan \dfrac{1}{\omega\tau} \end{cases} \tag{5-27}$$

当 $\omega=1/\tau$ 时，$A(\omega)=1/\sqrt{2}$，滤波器截止频率 $\omega_c=1/\tau$。

当输入信号的频率 $\omega\gg 1/\tau$ 时，$A(\omega)\approx 1$，$\varphi(\omega)\approx 0$，即当 ω 相当大时，幅频特性接近于1，相移趋于零。此时，RC 高通滤波器可视为不失真传输系统。

当输入信号的频率 $\omega\ll 1/\tau$ 时，RC 高通滤波器的输出与输入的微分成正比，起着微分器的作用。

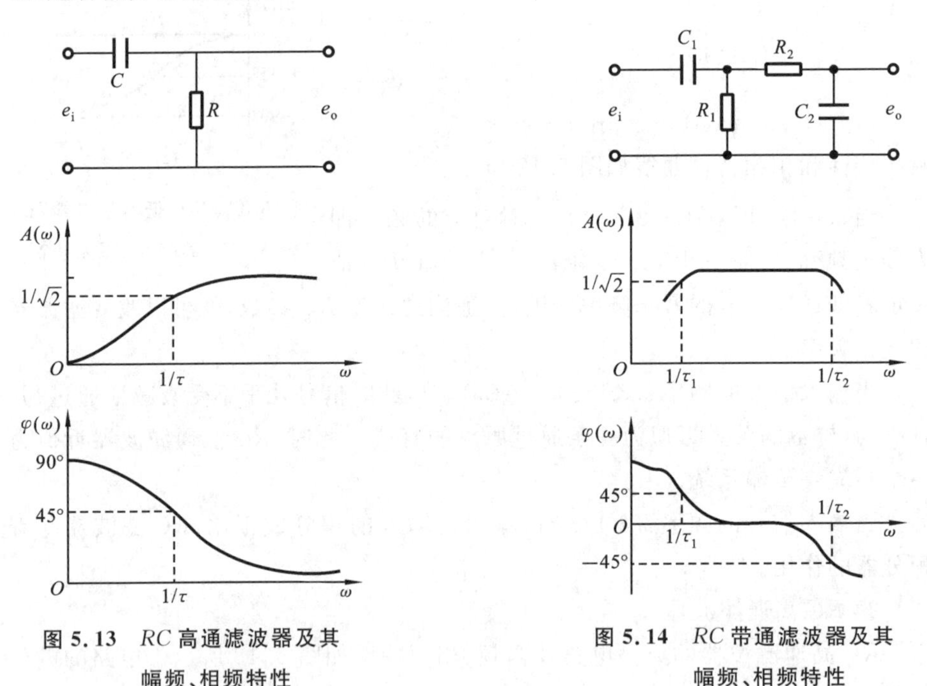

图 5.13　RC 高通滤波器及其幅频、相频特性

图 5.14　RC 带通滤波器及其幅频、相频特性

3) RC 带通滤波器

RC 带通滤波器可看成是低通滤波器和高通滤波器的串联，如图 5.14 所示，所以带通滤波器的传递函数为

$$H(s) = H_1(s)H_2(s) = \frac{\tau_1 s}{\tau_1 s + 1} \cdot \frac{1}{\tau_2 s + 1} \tag{5-28}$$

其幅频特性和相频特性分别为

$$
\begin{cases}
A(\omega) = A_1(\omega)A_2(\omega) = \dfrac{\omega\tau_1}{\sqrt{1+(\omega\tau_1)^2}} \cdot \dfrac{1}{\sqrt{1+(\omega\tau_2)^2}} \\
\varphi(\omega) = \varphi_1(\omega) + \varphi_2(\omega) = \arctan\dfrac{1}{\omega\tau_1} - \arctan\omega\tau_2
\end{cases}
\tag{5-29}
$$

串联所得的带通滤波器以原高通滤波器的截止频率为下截止频率，即 $\omega_{c1}=1/\tau_1$；与此对应，其上截止频率为原低通滤波器的截止频率，即 $\omega_{c2}=1/\tau_2$。分别调节低通、高通滤波器的时间常数 τ_2 和 τ_1，可得到不同的上、下限截止频率和带宽的带通滤波器。

4）*RC* 带阻滤波器

RC 无源带阻滤波器采用桥式 T 形或双 T 形网络，如图 5.15 所示。对带阻滤波器的进一步分析在此不作详述，请参阅相关书籍。

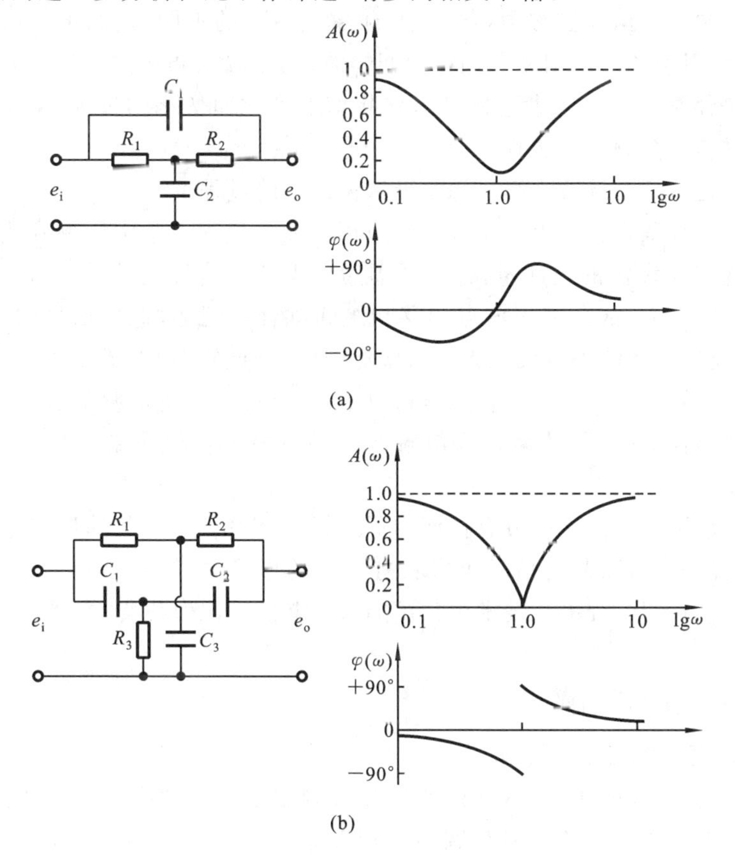

图 5.15　带阻滤波器及其幅频、相频特性

(a) T 形网络；(b) 双 T 形网络

5.3 调制与解调

调制与解调是一对信号变换过程,在工程上常常结合在一起使用。调制是指利用某种低频信号的幅值来控制或改变某一高频振荡信号的某个参数(幅值、频率或相位)的过程。在调制解调技术中,将控制高频信号的低频信号称为调制波,在工程测试技术中,这个调制波往往是经过传感器之后的电信号。载送低频信号的高频振荡信号称为载波。将经过调制过程后所得的高频信号称为已调制波。根据被控参数(如幅值、频率、相位)的不同,调制可分为调幅、调频和调相,得到的已调制波分别称为调幅波、调频波和调相波。从时域上讲,调制过程是使载波的某一参量随调制波幅值的变化而变化的过程;从频域上讲,调制过程是一个频移的过程。

解调是从已调制波中恢复原来低频调制波的过程。

调制与解调在工程上有着广泛的应用。测量过程中常常会碰到比如力、位移等一些变化缓慢的被测量,经传感器后所得的电信号也是低频信号,如果直接采取直流放大,常会带来零点漂移和级间耦合等问题,造成信号的失真。因此,常常通过调制的手段设法先将这些低频信号(调制波)变成易于在信道中传输的高频信号(已调制波),这样,就可以采用交流放大,克服直流放大带来的零漂和级间耦合等问题,然后再采取解调的手段最终获得原来的缓变被测信号(调制波)。

一般来说调制波可能具有任何的形式,如简谐信号、一般周期信号、瞬态信号和随机信号等,而载波信号也可具有不同的形式,如简谐信号、方波信号等。本章将着重介绍工程测试技术中常用的以简谐信号作为载波的调制与解调。

5.3.1 幅值调制与解调

1. 幅值调制的基本原理

幅值调制(或调幅)使载波的幅值随着调制波幅值的变化而变化。调幅在数学上是将一个高频的载波与调制波相乘。如图 5.16 所示,$x(t)$为低频的调制波,$z(t)$为高频载波,$z(t)=\cos\omega_z t$。调幅的调制器其实就是一个乘法器,其输出为调幅波 $x_m(t)$,是 $x(t)$与 $z(t)$的乘积,即

$$x_m(t)=x(t)z(t) \tag{5-30}$$

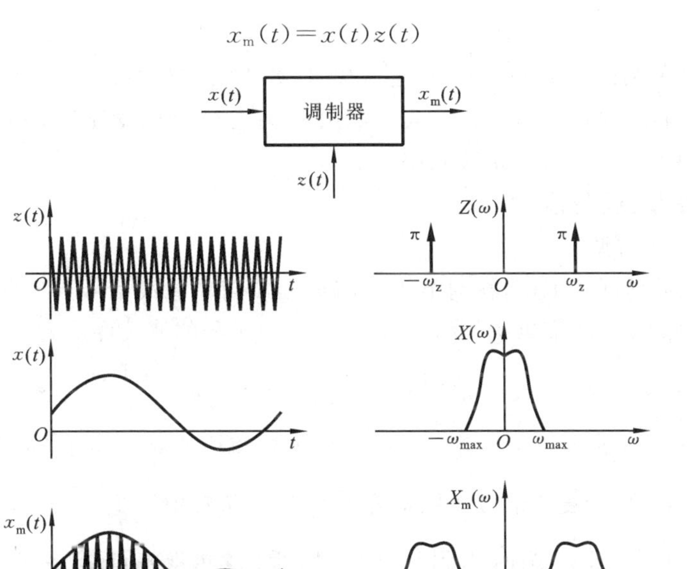

图 5.16 调幅过程

(a)时域波形;(b)频谱图

调幅在频域上是一个频移过程,如图 5.16 所示。已知 $X(\omega)=F[x(t)]$,$Z(\omega)=F[z(t)]$,$X_m(\omega)=F[x_m(t)]$。由傅氏变换的性质可知:两信号在时域中乘积对应于其在频域中频谱的卷积,即

$$x_m(t)=x(t)z(t)\Leftrightarrow X_m(\omega)=\frac{1}{2\pi}X(\omega)*Z(\omega)$$

由于载波 $z(t)$的频谱为

$$z(t)=\cos\omega_z t\Leftrightarrow \pi[\delta(\omega-\omega_z)+\delta(\omega+\omega_z)]$$

则有

$$X_m(\omega)=\frac{1}{2}X(\omega)*\delta(\omega+\omega_z)+\frac{1}{2}X(\omega)*\delta(\omega-\omega_z)$$

即

$$X_m(\omega)=\frac{1}{2}X(\omega+\omega_z)+\frac{1}{2}X(\omega-\omega_z) \tag{5-31}$$

因此,已调制波 $x_m(t)$的频谱相当于将 $x(t)$在原点处的频谱图形移至载波频率 ω_z 处,如图 5.16(b)所示。因此,调幅的过程在频域上就相当于一个频移

的过程。

为避免调幅波 $x_m(t)$的频谱混叠失真,要求载波频率 ω_z 必须大于调制波的最高频率 ω_{max},即 $\omega_z>\omega_{max}$。在实际应用中,往往选择载波频率至少数倍甚至数十倍于调制波 $x(t)$中的最高频率 ω_{max}。

2. 幅值调制的解调

1）同步解调

调幅波的同步解调,在时域上是将调幅波与原载波信号再次相乘,在频域上使得调幅波的频谱再次频移。$x_m(t)$与 $z(t)$乘积的傅氏变换为

$$F[x_m(t)z(t)]=\frac{1}{2}X(\omega_z)+\frac{1}{4}X(\omega_z+2\omega_z)+\frac{1}{4}X(\omega_z-2\omega_z) \quad (5\text{-}32)$$

频谱如图 5.17 所示。只要用一个低通滤波器将中心频率位于 $2\omega_z$ 处的高频成分衰减掉,便可恢复原信号的频谱$\frac{1}{2}X(\omega_z)$(只是幅值减少了一半,可用放大处理来补偿)。由于解调时用到载波信号,所以,同步解调需要同步传送载波信号。

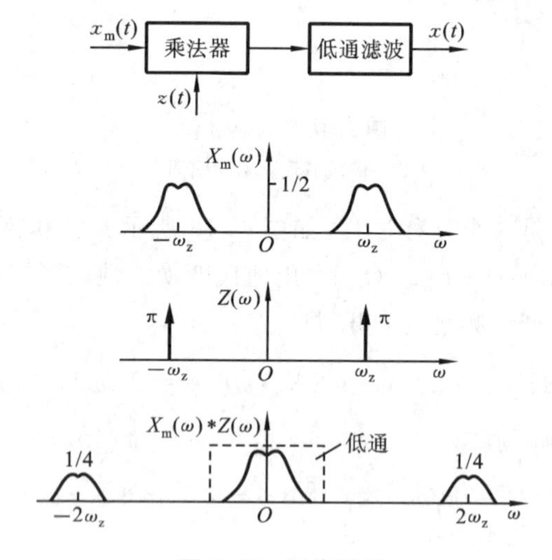

图 5.17　同步解调

2）包络检波

包络检波是一种常用的调幅波解调方法,又称为整流检波法。该方法要求原调制波 $x(t)$具有单极性,即 $x(t)>0$。若 $x(t)$是一个过零点的双极性信号($x(t)$也具有负值),需通过偏置调幅的方法获得单极性的调制波,也就是对调制波 $x(t)$叠加一个直流分量 A,使 $x(t)+A>0$,再与载波相乘。调幅波表达式为

$$x_m(t)=[A+x(t)]\cos\omega_z t \quad (5\text{-}33)$$

这种先偏置再调幅的调制方法称为偏置调幅，获得的调幅波的包络线具有调制信号的形状。图 5.18 所示是偏置调幅与包络检波的示意图。

包络检波法对调幅波进行整流、滤波，就可以恢复调制波。图 5.19 所示是一个简单的包络检波电路。当 $x_m(t)>0$ 时，二极管 D 导通，对电容器 C 充电；当 $x_m(t)<0$ 时，二极管 D 截止，电容器 C 反过来对电阻 R 放电。只要元件的选择满足一定的条件，包络检波电路就能从偏置调幅信号 $x_m(t)$ 中得到调制信号 $x'(t)$，$x'(t)=x(t)+A$。

包络检波最大的优点是不需要同步传送载波信号，检波电路非常简单。但偏置调幅要注意避免过调失真。过调失真是指偏置调幅的直流偏置不够大，使得调制前的信号具有负的电压，导致调幅波 $x_m(t)$ 的相位将发生 180°倒相的现象，如图 5.16 中 $x_m(t)$ 的波形。这时调幅波的包络线不再是原调制波的形状，因为采用包络检波解调无法恢复原来的调制波，所以导致了解调失真。

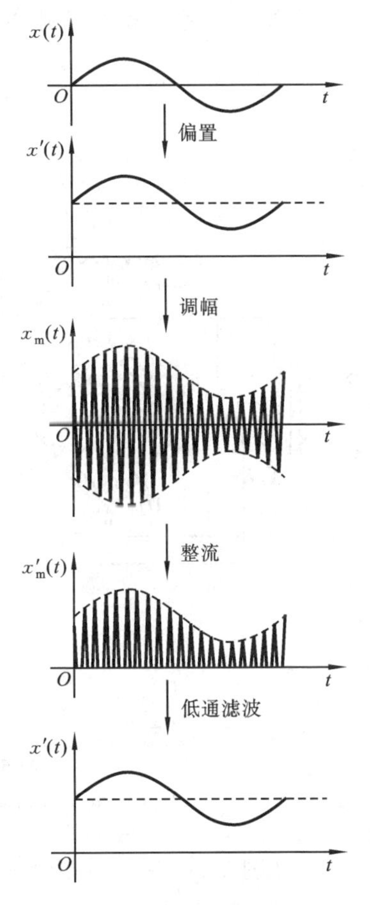

图 5.18　偏置调幅与包络检波示意图

3）相敏检波

相敏检波电路可用来鉴别调制波的极性，利用交变信号在过零位时正、负极性发生突变，使调幅波相位与载波信号比较也相应地产生 180°相位跳变，从而既能反映原调制波的幅值，又能反映其相位。因此，通过相敏

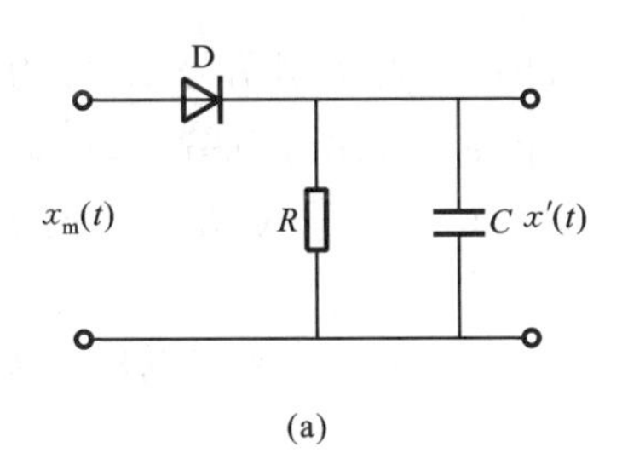

(a)

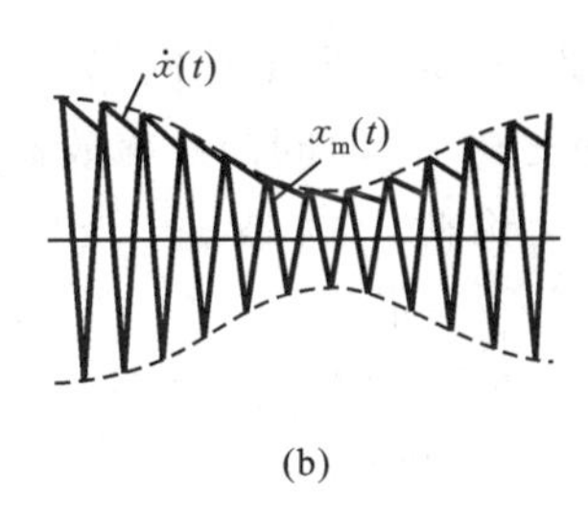

(b)

图 5.19　包络检波电路

检波可以重现原来的调制波。下面介绍一种典型的二极管相敏检波电路,见图 5.20。

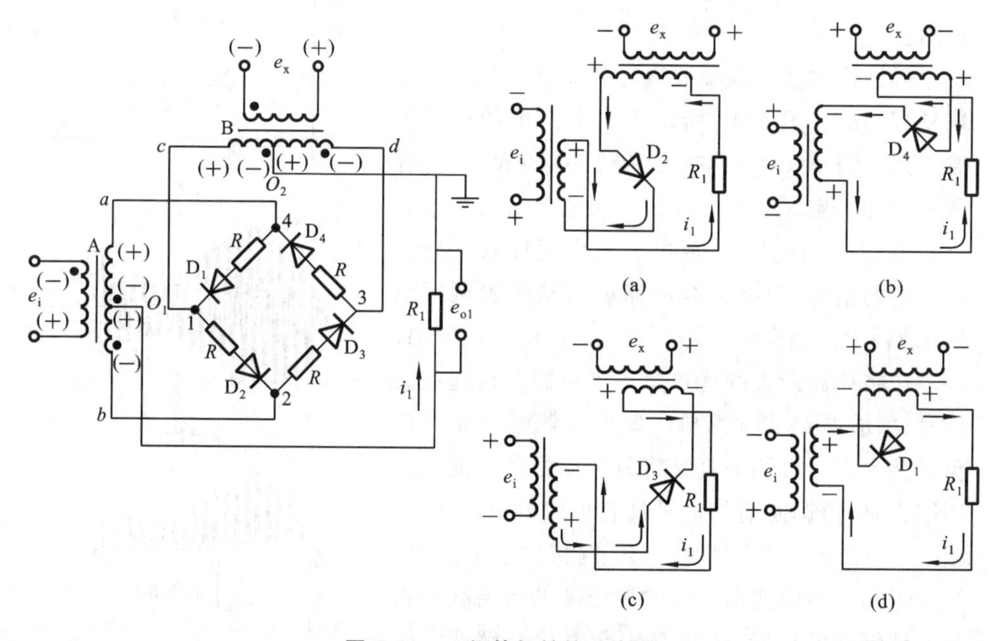

图 5.20 二极管相敏检波电路

(a) $R(t)>0, 0\sim\pi$;(b) $R(t)>0, \pi\sim2\pi$;(c)、(d) $R(t)<0$

在图 5.20 中,四个特性相同的二极管 $D_1 \sim D_4$ 连接成电桥的形式,四个端点分别接至两个变压器 A 和 B 的副边线圈上。变压器 B 副边的输出电压大于变压器 A 副边的输出电压。变压器 A 输入有调幅波信号 e_i,变压器 B 接有参考信号 e_x,e_x 与载波信号的相位和频率均相同,用做极性识别的标准。R_1 为负载电阻。

图 5.21 所示为相敏检波的波形转换过程。当调制信号 $R(t)$ 为正时(图 5.21(b)中的 $0\sim t_1$ 时间内),检波器相应输出为 e_{o1},此时由图 5.20(a)和(b)中可以看到,无论在 $0\sim\pi$ 或 $\pi\sim2\pi$ 时间里,电流 i_1 流过负载 R_1 的方向不变,即此时输出电压 e_{o1} 为正值。

当 $R(t)=0$ 时(图 5.21(b)中的 t_1 点),负载电阻 R_1 两端电位差为零,因此无电流流过,此时输出电压 $e_{o1}=0$。

当调制信号 $R(t)$ 为负时(图 5.21(b)中的 $t_1\sim t_2$ 段),此时调幅波信号 e_i 相对于载波信号 e_x 的极性正好相差 180°,此时从图 5.21(c)和(d)中可见,电流流

过 R_1 的方向与之前相反，即此时输出电压 e_{o1} 为负值。

3. 幅值调制与解调的应用

幅值调制与解调的典型应用是动态电阻应变仪，图 5.22 所示为它的结构原理图。电阻应变片粘贴在构件上感受被测构件的应变 $x(t)$，$x(t)$ 是调制信号；振荡器输出的高频振荡信号 $z(t)$ 作为电桥的工作电压，是载波信号 $x_m(t)$。被测量通过电阻应变片阻值的变化控制电桥的输出电压，此输出电压为调幅波。该输出电压是经放大和相敏检波后，再经低通滤波输出放大后的被测应变信号 $\overline{x}(t)$。

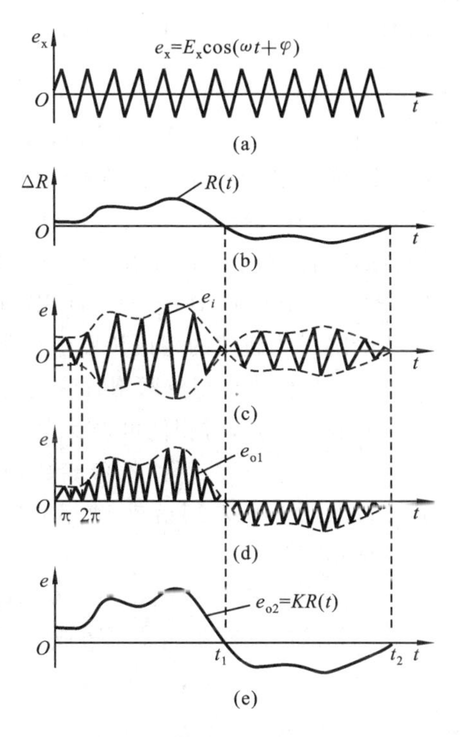

图 5.21　相敏检波的波形转换过程

(a)载波；(b)调制信号；(c)放大后的调幅波；(d)相敏检波后的波形；(e)低通滤波后的波形

5.3.2　角度调制与解调

1. 角度调制

简谐载波可以表示为

$$z(t)=A_0\cos[\omega_z t+\theta_0]=A_0\cos\varphi(t) \tag{5-34}$$

式中：$\varphi(t)$ 称为瞬时相位。瞬时角频率 $\omega(t)$ 是瞬时相位 $\varphi(t)$ 的微分，即

$$\omega(t)=\frac{\mathrm{d}\varphi(t)}{\mathrm{d}t}=\omega_z \tag{5-35}$$

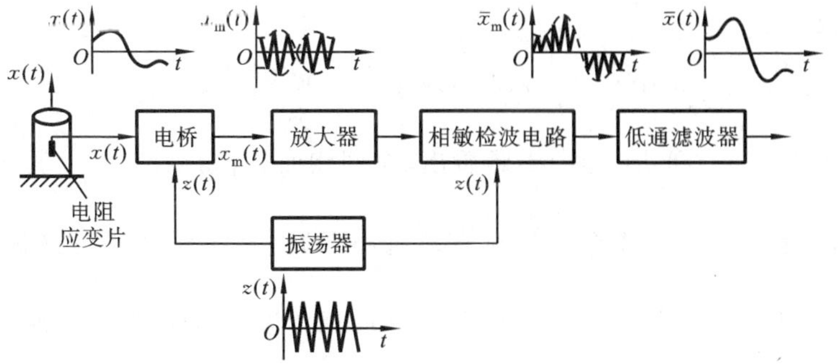

图 5.22　动态电阻应变仪

瞬时相位 $\varphi(t)$是 $\omega(t)$的积分,即

$$\varphi(t)=\int_0^t \omega(\tau)\mathrm{d}\tau \tag{5-36}$$

对于载波 $z(t)=A_0\cos\varphi(t)$,如果保持振幅 A_0 为常数,让载波瞬时角频率 $\omega(t)$随调制波 $x(t)$幅值的变化而作线性变化,则称此种调制方式为频率调制(FM——Frequency Modulation),得到的已调制波为调频波。如果载波的瞬时相位 $\varphi(t)$随调制波 $x(t)$幅值的变化而作线性变化,则称这种调制方式为相位调制(PM——Phase Modulation),得到的已调制波为调相波。由于频率或相位的变化最终都使载波的相位角发生变化,故统称 FM 和 PM 为角度调制。

(1) 调相波。相位调制时载波的瞬时相位 $\varphi(t)$随调制信号 $x(t)$作线性变化,则调相波的瞬时相位可表示为

$$\varphi(t)=\omega_z t+\theta_0+K_{\mathrm{PM}}x(t) \tag{5-37}$$

式中:K_{PM}为相位调制指数,或称为相位调制灵敏度。

调相波为

$$x_{\mathrm{PM}}(t)=A_0\cos[\omega_z t+\theta_0+K_{\mathrm{PM}}x(t)] \tag{5-38}$$

调相波的瞬时角频率可写成

$$\omega(t)=\omega_z+K_{\mathrm{PM}}\frac{\mathrm{d}x(t)}{\mathrm{d}t} \tag{5-39}$$

(2) 调频波。频率调制时载波的瞬时角频率 $\omega(t)$随调制信号 $x(t)$作线性变化,则调频波的瞬时角频率可表示为

$$\omega(t)=\omega_z+K_{\mathrm{FM}}x(t) \tag{5-40}$$

式中:K_{FM}为频率调制指数,或称为频率调制灵敏度。

调频波的瞬时相位可写为

$$\varphi(t)=\omega_z t+\theta_0+K_{\mathrm{FM}}\int x(t)\mathrm{d}t \tag{5-41}$$

则调频波为

$$x_{\mathrm{FM}}(t)=A_0\cos\left[\omega_z t+\theta_0+K_{\mathrm{FM}}\int x(t)\mathrm{d}t\right] \tag{5-42}$$

比较式(5-39)和式(5-40)不难看出,对调相而言,如果把$\frac{\mathrm{d}x(t)}{\mathrm{d}t}$看成调制信号,那么,就可把调相波看成是对$\frac{\mathrm{d}x(t)}{\mathrm{d}t}$的调频波。同理,比较式(5-37)和式(5-41),亦可把调频信号看成是对$\int x(t)\mathrm{d}t$ 的调相波。因此,调频和调相只是角度调制的形式不同,无本质差别。若预先不知道调制波的调制方式,仅从已调制波上是无法分辨调频波和调相波的。图 5.23 所示分别表示调相波及调频波。

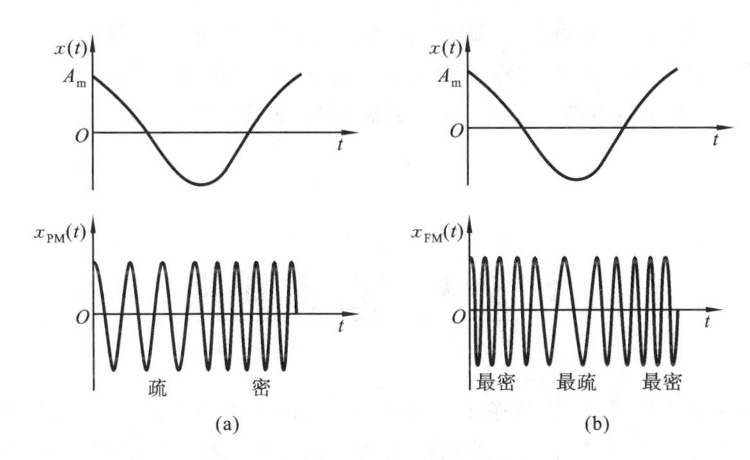

图 5.23 角度调制的信号波形

(a)调相;(b)调频

2. 频率调制的解调

调频信号的解调大多采用非相干解调。非相干解调一般有两种方式:鉴频器和锁相环解调器。前者结构简单,大多用于广播及电视中;后者解调性能优良,但结构复杂,一般用于要求较高的场合,如通讯机等。此处只讨论鉴频器原理。

一般而言,鉴频器的种类虽多,但都可等效为一个微分器和一个包络检波器,如图 5.24 所示。已调制波经过微分器后的输出为

$$\begin{aligned}\frac{\mathrm{d}x_{\mathrm{FM}}(t)}{\mathrm{d}t} &= \frac{\mathrm{d}}{\mathrm{d}t}\left\{A_0\cos\left[\omega_z t+\theta_0+K_{\mathrm{FM}}\int x(t)\mathrm{d}t\right]\right\} \\ &= -A_0\left[\omega_z+K_{\mathrm{FM}}x(t)\right]\sin\left[\omega_z t+\theta_0+K_{\mathrm{FM}}\int x(t)\mathrm{d}t\right]\end{aligned} \tag{5-43}$$

再经包络检波器输出信号为

$$x_{\mathrm{b}}(t) = A_0[\omega_z+K_{\mathrm{FM}}x(t)] \tag{5-44}$$

隔去直流分量,就可得到解调结果 $K_{\mathrm{FM}}x(t)$,它正比于基带信号 $x(t)$。

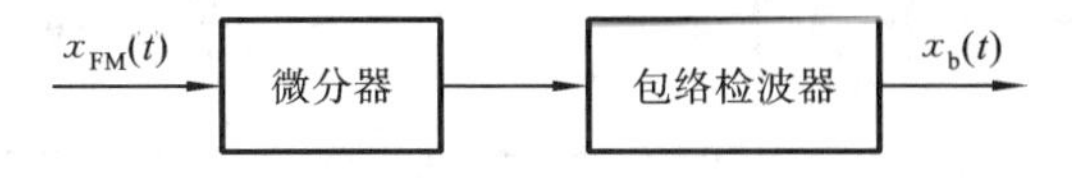

图 5.24 鉴频器等效框图

与调幅相比,调频的主要优点:改善了信噪比,因为调频信号所携带的信息包含在频率的变化之中,并非振幅之中,而干扰波的干扰作用则主要表现在振

幅之中。调频方法也存在严重缺点:调频波通常要求很宽的频带,甚至为调幅所要求带宽的20倍;调频系统比调幅系统复杂,因为调频实际上是一种非线性调制,不能运用叠加原理。因此,分析调频波比分析调幅波困难。

5.4 模/数转换

传感器或其他调理电路输出的信号往往是时间连续的模拟电压或电流。当采用数字式仪器或计算机处理和显示这些信号时,需要先把模拟量转换为数字量,这个转换过程称为模/数(A/D)转换。模/数转换通常由模/数(A/D)转换器来完成。反之,在计算机控制系统和某些数字化测试系统中,需要将数字量转换成模拟量去驱动执行元件或模拟式显示仪表,这个转换过程称为数/模(D/A)转换,所用的装置是数/模(D/A)转换器。

5.4.1 A/D 转换器

1. A/D 转换器工作原理

A/D 转换器也称 ADC,ADC 是把模拟(通常是模拟电压)信号转换为数字信号的电路。这种转换通常分三步进行:采样→量化→编码,第一步在采样保持电路中完成,后两步在 A/D 转换过程中实现。A/D 转换过程如图 5.25 所示。

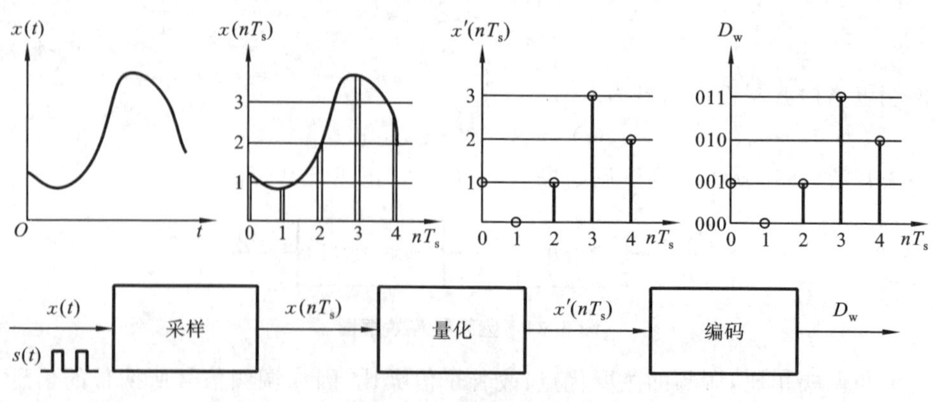

图 5.25 A/D 转换过程

1）采样

所谓采样是指以一定的时间间隔从模拟时间信号中抽取样本值，获得离散时间序列的过程。实际上是把模拟量转换为一个脉冲串，脉冲的幅度取决于输入模拟量，时间上通常采用等时间间隔采样（采样周期为 T_s）。采样之后获得时间离散的、幅值连续的采样信号 $x(nT_s)$，如图 5.25 所示。

采样信号输出给后续的量化过程，但由于量化过程需要一定的时间，因此，需要将采样得到的值保持下来，直到下一次采样时间，因此，还需要实现采样保持。采样和保持功能由如图 5.26 所示的采样保持电路来完成。它由 MOS 管采样开关 T、保持电容 C_b 和跟随器（运放）三部分组成。$s(t)=1$ 时，T 导通，输入的模拟电压 $x(t)$ 向 C_b 充电，电路的输出跟踪输入的变化，即对 $x(t)$ 采样；$s(t)=0$ 时，T 截止，电路的输出将保持前一瞬间采样的数值不变。这里要求 C_b 的漏电电阻、跟随器的输入电阻和 MOS 管采样开关 T 的截止电阻都足够大，大到可忽略 C_b 的放电电流的程度。

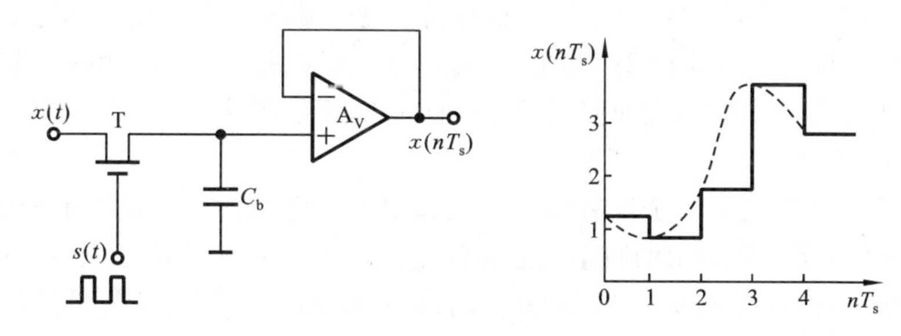

图 5.26　采样保持电路

由此可见，实际上采样之后的信号是如图 5.26 中所示的阶梯形。保持下来的采样电压输出给后续的量化过程。

2）量化

采样保持器输出的采样电压要经量化过程才能最终变成数字信号。量化是把采样点的幅值在一组有限个离散电压值中，经过舍入或截尾方法取其中之一来近似取代信号的实际电压值。假设图 5.25 中的电压的单位是伏特（V），可量化的离散电压值为0 V、1 V、2 V、3 V。第 0 时刻的实际采样值是 $x(0)=1.26$ V，通过截尾方法量化为 $x'(0)=1$ V。

3）编码

编码是把已量化的模拟数值用二进制数码、BCD 码或其他码来表示。对图 5.25 中的量化结果采用二进制编码。如用 3 位二进制表示，其中第 1 位是符号位，各个采样点的二进制数码如图 5.25 所示。

2. A/D 转换误差

1) 量化误差

一个能被 A/D 转换器分辨的电压变化的最小增量，称为量化增量，用 Δ 表示，即

$$\Delta = \frac{U_{\mathrm{ref}}}{2^n}$$

式中：n 为 A/D 转换器位数；U_{ref} 为参考电压，即 A/D 转换器的工作电压范围。

当 A/D 转换器在量化过程中采用截尾法时，最大量化误差等于量化增量 Δ；采用舍入法时，量化误差范围为(−Δ/2～Δ/2)。

典型的 A/D 转换器位数有 8、12、14、16 位。对于一个常用的 14 位转换器，假设 A/D 转换器的输入电压范围是 ±5 V，则其量化增量为 $\Delta=10/2^{14}=0.61$ mV，采用舍入法时的最大量化误差为 $\Delta/2=0.305$ mV。

A/D 转换器的位数 n 值越大，Δ 就越小，量化误差也就越小。但随着转换位数的增加，转换速度会降低，转换器的成本也明显增加。为减小量化误差，根本的办法是取小的量化电平(电压)间隔。量化误差是由于量化电平(电压)的有限性造成的，所以它是原理性误差，只能减小，无法消除。

2) 饱和误差

A/D 转换器的另一个固有误差是饱和误差。饱和误差是输入信号的限值和 A/D 转换器所能显示的数字值之间的差值。A/D 转换器不可能转换任何大小的模拟电压，而是有最小和最大的模拟电压限制。如果超过任一限值，A/D 转换器的输出将不能以正确的数字形式表示电压的大小，并且不会随输入电压的增加(或减小)而变化，其输出变得饱和。在图 5.25 中，如果有超过 3 V 的采样值，经量化和编码后的输出都是 011，所有低于 0 V 的电压值的二进制输出都为 000。如果模拟信号无限大，那么，与之相关的饱和误差也无限大。通过将被量化信号的输入电压限制在 A/D 转换器的工作电压范围之内，可以避免饱和误差。

3) 转换误差

和其他设备一样，A/D 转换器的转换误差可以用磁滞现象、线性度、灵敏度、零点误差和重复性误差来描述，这些误差的范围取决于 A/D 转换器的具体转换方法。影响转换误差的因素包括 A/D 转换器的调节时间，采样过程中的信号噪声、温度因素及励磁功率的波动等。

3. A/D 转换器

实现模拟电压信号的 A/D 转换方法很多，有将模拟电压直接与基准电压进行比较的方式；有通过中间量转换的间接方式，如将模拟电压先转换为频率

或时间量，再转换为数字量。能实现转换的电路形式也很多，下面只介绍一种并行 A/D 转换器，如果想了解更多的 A/D 转换电路，请参阅相关书籍与文献。

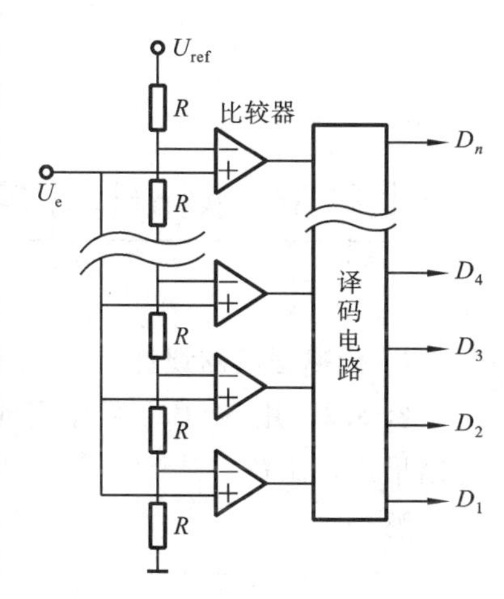

图 5.27 并行 A/D 转换器

并行 A/D 转换器电路简单，转换速度快，但这种电路的造价高。并行 A/D 转换器是采用将输入的模拟电压直接与基准电压比较的方式，如图 5.27 所示。参考电压 U_{ref} 经过分压器与各比较器的反相输入端相连，以设定各比较器的门槛电压。参考电压与输入模拟电压 U_e 的最大值相等。模拟输入电压平行地加到各比较器的正相输入端，当输入电压大于由参考电压设定的门槛电压时，比较器输出高电平，否则，输出低电平。由输出高电平的比较器的个数来表示输入模拟电压的大小。比较器的输出码还不是二进制数码，需要附加专门的译码电路。

5.4.2 D/A 转换器

D/A 转换器是把一个二进制数码转换成模拟量。转换过程分两个步骤，即解码和低通滤波。转换过程和信号形式如图 5.28 所示。解码是将二进制数码转换成具有相应电压值的脉冲，经保持后成为阶梯形的时域连续的、幅值离散的信号。低通滤波去除阶梯信号中的高频成分，还原出平滑的模拟信号。

有关解码器电路请参阅相关书籍。

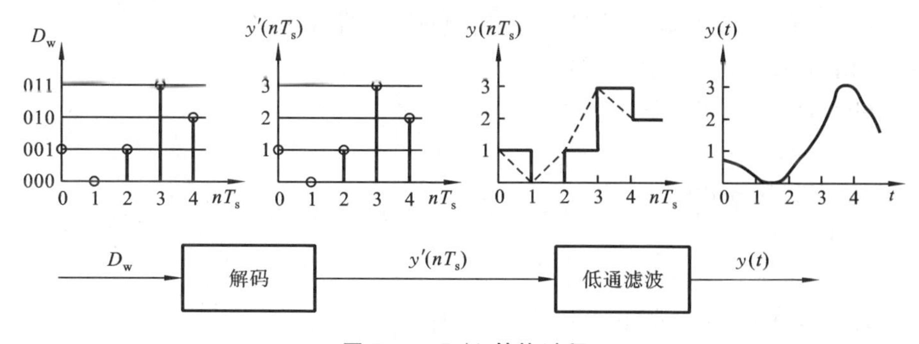

图 5.28 D/A 转换过程

5.5 Matlab 在信号调理与转换中的应用

1. 模拟滤波器设计

例 5.2 用 Matlab 程序实现例 5.1 中的滤波器的设计，并与例 5.1 中的计算结果进行比较。

解

```
fc=2000;fs=4000;
wp=2*pi*fc;  %题中要求的截止频率
ws=2*pi*fs;  %阻带始点频率
rp=3;rs=15;
n1=3;wn1=wp;
[b1,a1]=butter(n1,wn1,'s');  %利用例题的计算结果得到的滤波器
[h1,w1]=freqs(b1,a1);
[n2 wn2]=buttord(wp,ws,rp,rs,'s'); %利用 matlab 中的函数设计滤波器
[b2,a2]=butter(n2,wn2,'s');
[h2,w2]=freqs(b2,a2);
f1=w1/(2*pi);
f2=w2/(2*pi);
amp_dB1=20*log10(h1);  %幅频对数坐标(dB)
amp_dB2=20*log10(h2);
plot(f1,amp_dB1,'--');
hold on;
plot(f2,amp_dB2);
grid;
axis([0 5000-20 5]);
xlabel('Frequency(Hz)');  % x 轴标注
ylabel('Amplitude(dB)');  % y 轴标注
fc=strcat('fc=',num2str(wn2/(2*pi)));  %字符串连接
legend('fc=2000',fc);
```

【注】(1) [n,wn]=buttord(wp,ws,rp,rs,'s')根据要求设计巴特沃思滤波器。其中,wp 和 ws 分别是通带和阻带的拐角频率(截止频率);rp 和 rs 分别是对应拐角频率处的衰减量;'s'表示该滤波器是模拟滤波器。返回的 n 表示满足条件的滤波器的最低阶数;wn 表示设计得到的实际滤波器截止频率。

(2) [b,a]=butter(n,wn,'s');n 表示滤波器的阶数;wn 滤波器截止频率。返回值 B、A 分别是滤波器传递函数分子、分母多项式的系数。

程序运行后的幅频特性曲线如图 5.29 所示,部分变量的值如下:

n2=3

wc2=1.4209e+004

a1=1　25133　3.1583e+008　1.9844e+012

b1=0　0　0　1.9844e+012

b2=0　0　0　2.8688e+012

a2=1　28418　038e+008　2.8688e+012

上面的变量 a1、b1 分别为例 5.1 获得的滤波器传递函数的分子和分母多项式的系数;变量 a2、b2 分别为本例题设计的滤波器传递函数的分子和分母多项式的系数。利用 Matlab 的 Buttord 函数获得滤波器的阶数 n2=3;-3 dB 处的截止频率 wc2=(1.4209e+004)rad/s,约为 2 261 Hz,滤波器的幅频曲线如图 5.29 中的实线所示;而例 5.1 中滤波器的-3 dB 处的截止频率为 2 000 Hz,滤波器的幅频曲线如图 5.29 中的虚线所示。

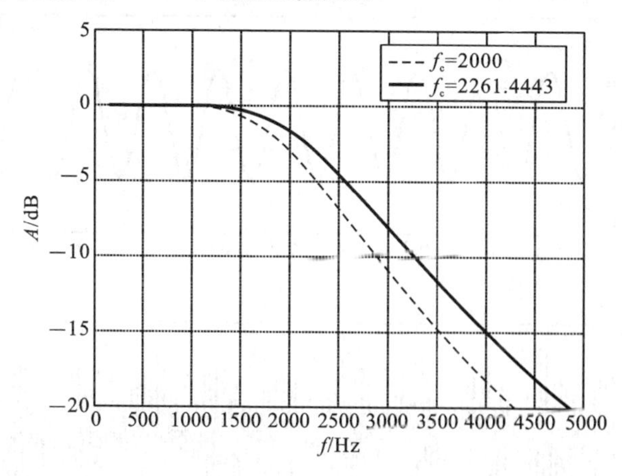

图 5.29　巴特沃思滤波器的幅频特性曲线

2. 幅值调制

例 5.3　已知调制波 $x(t)=\cos 20\pi t$,载波信号为 $\sin 200\pi t$,幅值调制指数 $m=0.5$,画出调幅波的波形。

解

```
N=1000;  %采样点数
fs=500;  %采样频率
n=(0:N-1)/fs;
m=0.5;  %调制指数
x1=sin(200*pi*n);  %载波
x2=cos(20*pi*n);  %调制波
y=(1+m*x2).*x1;  %调幅波
figure('color',[1 1 1])
subplot(2,1,1)  %画调制波
plot(n,x2,'b');
axis([0 1 -2 2]);
xlabel('t');
ylabel('x(t)');
subplot(2,1,2)  %画调幅波
plot(n,y);
axis([0 1 -2 2]);
xlabel('t');
ylabel('x_m(t)');
```

程序运行结果见图 5.30。

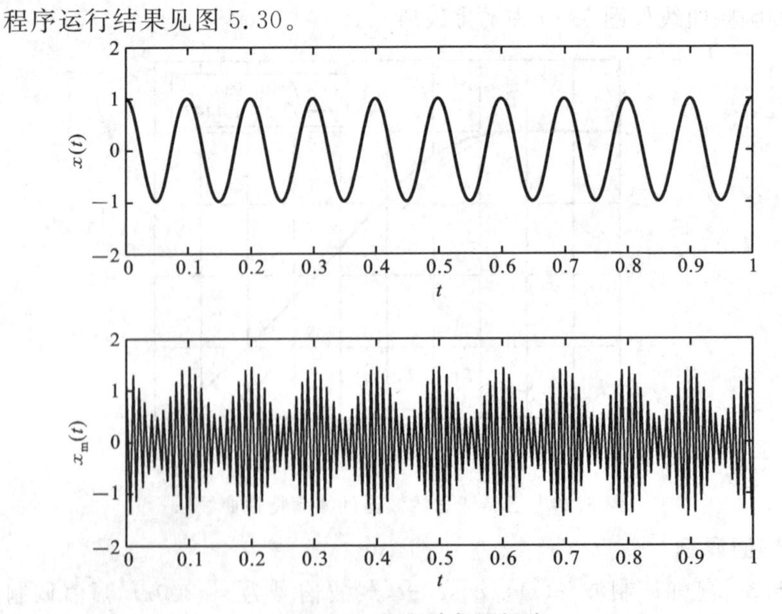

图 5.30　调制波与调幅波

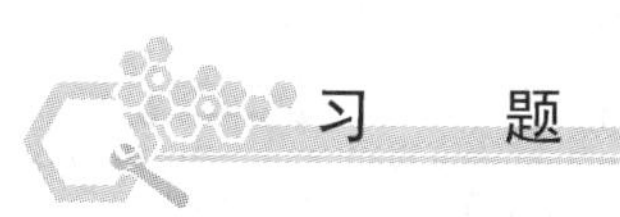

习　题

5.1 如图5.1所示的直流电桥。在初始平衡条件下 $R_2=127.5\ \Omega$；若将 R_3 与 R_4 交换，当 $R_2=157.9\ \Omega$ 时，电桥重新实现平衡，问未知电阻 R_1 的大小是多少？

5.2 某测力传感器中的一个电阻应变片接入直流电桥的一个桥臂。该电阻应变片在无负载时的电阻是500 Ω。传感器的灵敏度是0.5 Ω/N。如果电桥的激励电压为10 V，每一个桥臂的初始电阻是500 Ω，当施加的负载分别为100 N、200 N和350 N时，电桥的输出是多少？

5.3 如图5.2所示的电桥。假设 R_1 为传感器电阻，大小为 $40x+100$，$R_3=R_4=400\ \Omega$，R_3 是可变校准电阻。

(1) 当 $x=0$ 时，要使电桥平衡，R_2 的值应为多少？

(2) 如果采用零值法测量 x，试确定 R_2 和 x 之间的关系。

5.4 低通、高通、带通及带阻滤波器各有什么特点，画出它们的理想幅频特性曲线。

5.5 有人在使用电阻应变仪时，发现灵敏度不够，于是试图在工作电桥上增加电阻应变片数以提高灵敏度。试问，在半桥双臂（邻接方式）上各串联一片的情况下，是否可以提高灵敏度？为什么？

5.6 设计一个巴特沃思低通滤波器，要求通带截止频率 $f_c=6$ kHz，截止频率处的最大衰减量为 −3 dB，阻带始点频率 $f_s=12$ kHz 处的衰减量 $\delta_s=-25$ dB。

5.7 图5.31所示是实际滤波器的幅频特性曲线，指出它们各属于哪一种滤波器？在图上标出截止频率的位置。

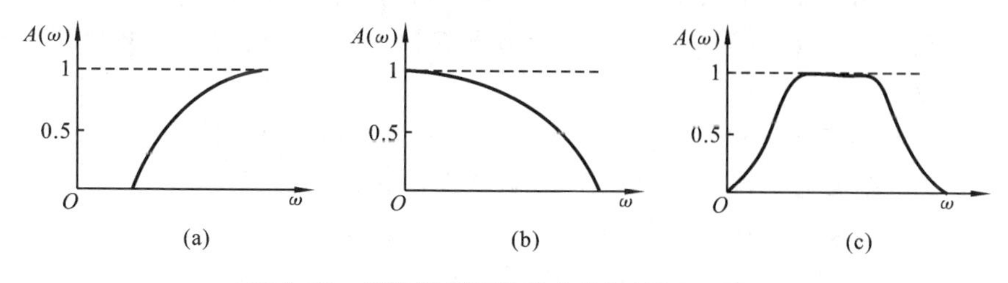

图5.31 滤波器幅频特性曲线(习题5.7图)

5.8 图5.32所示 RC 低通滤波器中 $C=0.01\ \mu F$，输入信号 e_i 的频率为 $f=10$

kHz,输出信号滞后于输入 30°,求:

(1) R 值应为多少?

(2) 如果输入电压的幅值为 100 V,则其输出电压幅值为多少?

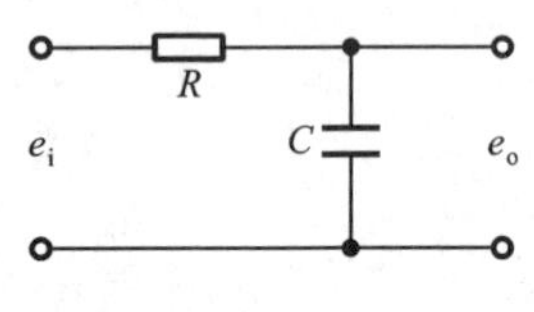

图 5.32　习题 5.8 图

5.9　RC 低通滤波器的 $R=10\ \text{k}\Omega, C=1\ \mu\text{F}$。试求:

(1) 滤波器的截止频率 ω_c;

(2) 当输入为 $x(t)=10\sin 10t+2\sin 1\,000t$ 时,求滤波器稳态输出。

5.10　已知某滤波器的传递函数 $H(s)=\dfrac{\tau s}{\tau s+1}$,式中:$\tau=0.04$ s。当滤波器的稳态输出信号为 $y(t)=46.3\sin(200t+34°)$ 时,求该滤波器的输入信号。

5.11　考虑图 5.33 中所示的滤波器。

(1) 这是什么类型的滤波器? 计算其截止频率(用 Hz 表示)。

(2) 对电路施加下面的输入信号,请确定 u_o。

$$u_i=\{5\sin(2\pi 200t)+2.5\cos(2\pi 1\,000t)+1.5\sin(2\pi 10\,000t)\}\text{mV}$$

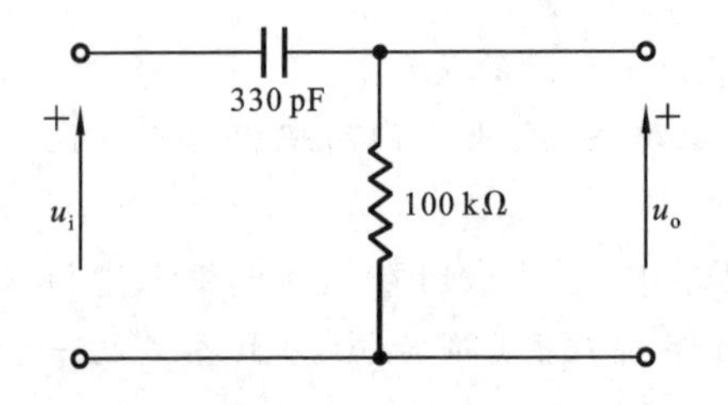

图 5.33　习题 5.11 图

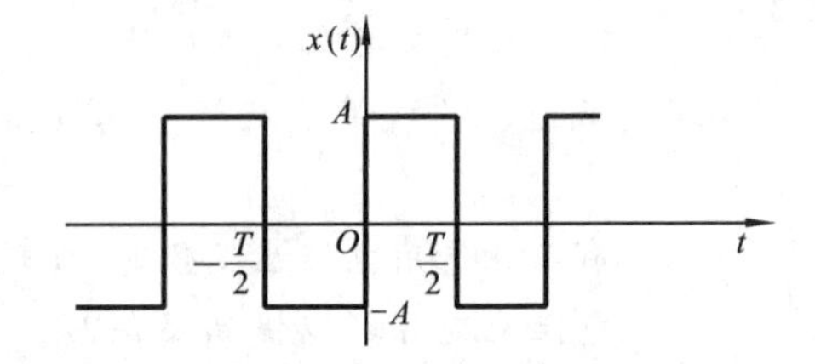

图 5.34　习题 5.12 图

5.12　如图 5.34 所示,调制波为 $x(t)$,载波为 $\cos\omega_z t$。

(1) 画出调幅波的时间波形。

(2) 画出调幅波的频谱。

5.13　设调制波 $f(t)=A_1(\cos\omega_1 t+\cos 2\omega_1 t)$,偏置 A 后对载波 $\cos\omega_z t$ 进行调幅。为避免过调失真,A 与 A_1 的取值应满足什么条件?

5.14　调制波 $f(t)$ 如图 5.35 所示,请画出调相波的时域波形和调频波的时域波形。

5.15　已知某角度调制信号 $s(t)=A_0\cos(\omega_z t+200\cos\omega_m t)$,问:

(1) 如果它是调频波,且 $K_{FM}=4$,试求调制波 $f(t)$;

(2) 如果它是调相波,且 $K_{PM}=4$,试求调制波 $f(t)$。

5.16　什么是调制? 调制的目的是什么? 调制可分为哪几类?

5.17　调幅过程中,载波频率为 f_0,调制波的最高频率为 f_{max},它们之间应满足什么样的关系? 为什么?

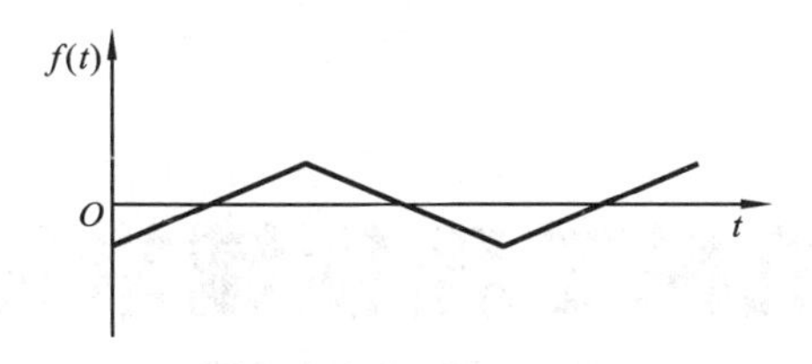

图 5.35 习题 5.14 图

5.18 电压范围为±5 V 的 12 位 A/D 转换器，分别估计采用截尾和舍入法时的量化误差。

第6章　机械工程领域常见物理量的测量

6.1　机械振动的测量

6.1.1　概述

1. 振动及其分类

机械振动是物体在平衡位置附近随时间所做的往复运动。机械振动是工程领域和日常生活中的常见现象。机械设备内部的各种运动部件，由于负载不均匀、结构刚度各向异性、表面质量不够理想等原因，工作时不可避免地会产生振动。如火车、飞机、汽车、机床等在工作时均会产生振动。机械设备在受到外界冲击时也会产生振动。

机械振动的类型很多，主要类型及其特征如表6.1所示。

表6.1　机械振动的类型

分类方法	类　　型	主要特征及说明
按振动产生的原因分	自由振动	当振动系统偏离平衡位置时，仅靠其弹性恢复力维持的振动。其频率为系统固有频率。有阻尼时，其振动将逐渐减弱
	受迫振动	在外部激振力的持续作用下，系统被迫产生的振动。振动的特性与外界激励有关
	自激振动	在无外界激励作用的情况下，由于系统本身原因而产生的振动

续表

分类方法	类　型	主要特征及说明
按振动的规律分	简谐振动	能用正弦或余弦函数来描述的周期振动，是最简单也是最基本的周期振动
	周期振动	不属于简谐振动的周期振动，可分解为若干简谐振动
	非周期振动	量值随时间呈非周期性变化，又称为瞬态振动
	随机振动	不能用确定数学式描述的振动，只能用统计方法来估计
按振动系统的结构参数分	线性振动	系统的惯性力、阻尼力、恢复力分别与加速度、速度、位移呈线性关系。常用线性微分方程来描述其规律
	非线性振动	系统的惯性力、阻尼力、恢复力具有非线性性质。只能用非线性微分方程来描述其规律
按振动系统的自由度分	单自由度振动	只需一个独立坐标就能确定其运动位置的振动
	多自由度振动	需要多个独立坐标才能确定其运动位置的振动

2. 振动测量的意义

通常情况下，振动是有害的。振动会影响机械设备的工作性能，缩短设备寿命，导致设备故障，甚至破坏机械设备。同时，强烈振动产生的噪声会对人的身心健康造成极大的危害，是目前主要的环境污染源之一。但振动也有可被利用的一面，如振动给料机、振动打夯机、振动压路机、振动输送机、振动筛、振动时效设备、动平衡机及各种激振设备都是利用振动来实现其功能的。

机械设备振动的减小或消除，离不开振动测量。振动测量也是大型设备运动状态的监控和故障诊断经常采用的有效手段之一。目前，尚无法用理论计算公式对许多复杂机械结构的动力学特性参数（固有频率、阻尼、机械阻抗等）求解，振动测试是唯一的求解方法。在产品设计和生产阶段，为了提高产品结构的抗振能力，需要对产品结构进行种种振动测试，找出薄弱环节，改善产品结构的抗振能力。振动测试作为一种现代技术手段，还广泛应用于建筑工程、地球物理勘探、生物医疗等各个领域。

振动测量是顺利进行振动测试的一个重要环节。由此可见，振动测量在生产和科研的许多方面都占有重要地位。

3. 振动测量的内容

1) 振动状态参数测量

测量处于工作状态下的被测对象振动的位移、速度、加速度、频率和相位等参数,经分析后可得振动信号的时域统计值(如幅值、峰值、均方根值)等。常用于了解被测对象的振动状态、评定振动量级或寻找振源,以及进行监测、识别、诊断和预估。

2) 振动动态特性参数的测量

对被测对象进行某种激励,使之产生受迫振动,测量其输入和输出(振动响应)并进行分析,求得被测对象的固有频率、阻尼、刚度、阻抗、响应、模态等振动力学参数或动态性能。常用于为改进被测对象的机械结构提供依据,以改善其抗振性能。

4. 振动测量的方法

按振动信号转换的方式不同,振动测量的方法可分为机械法、光学法和电测法。

机械法是利用杠杆原理由机械式振动仪将振动量放大后直接记录下来的一种方法。机械式振动仪具有结构简单、抗干扰能力强、不需要能源等优点,但由于其体积大、灵敏度低和使用频率范围窄等缺点,仅用于少数特定场合。

光测法是将机械振动转换为光信息,再利用光学仪器进行测量的一种方法,如激光干涉法测振、读数显微镜测振,其中激光干涉法测振具有极高的精确度和灵敏度,可以测量微米级以下的微振动。光测法对测试环境要求严格,调整复杂,不便于转移,一般只用在实验室内作为标准振动仪器的计量装置上。

电测法是通过传感器将机械振动量转换成电信号,然后对电信号进行分析处理,从而获得被测机械振动量的各种参数值。它具有使用频率范围宽、灵敏度高、动态范围大等优点,易于实现多点同时测量和远距离遥控测量,而且电信号易于记录、监测和进一步分析处理。因此,电测法是一种目前应用最为广泛的振动测量方法。

6.1.2 振动测量系统

1. 振动测量系统的组成

振动测量系统主要由被测对象、振动测量传感器,以及信号调理、信号分析处理和信号显示保存设备等组成。对于振动动态特性参数的测量,还需要有使被测对象产生受迫振动的激振设备。其组成框图如图 6.1 所示。

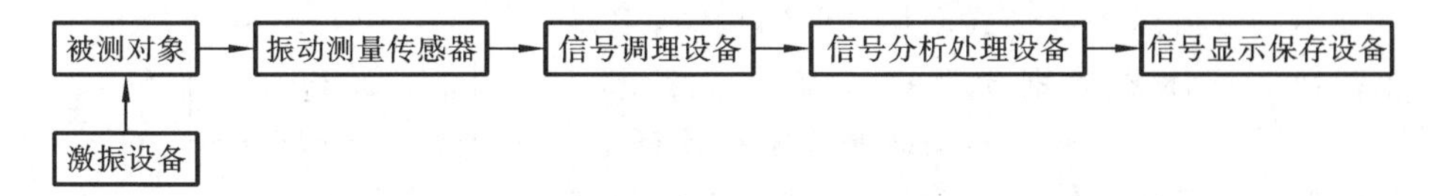

图 6.1 振动测量系统框图

2. 振动测量传感器及其分类

振动测量传感器简称测振传感器，又称为拾振器。根据被测振动参数的不同，测振传感器可分为位移传感器、速度传感器和加速度传感器。按是否与被测对象接触，可分为接触式和非接触式。而接触式测振传感器，按所测振动的性质，又可分为绝对式和相对式。按信号转换的原理分，可分为电气式、机械式和光学式。电气式传感器可将振动信号转换为电信号，电信号分析处理方便，因此应用最为普遍。

相对式测振传感器是以相对静止物体为参考点，将传感器的固定部分固定在相对静止的物体上，传感器的活动部分随着被测物体一起运动。这样测出的是被测物体相对于该参考点的相对运动。

绝对式测振传感器通常是由质量块、弹簧、阻尼器和壳体组成的惯性系统，故又称惯性式测振传感器。工作时，整个传感器通过壳体固定安装在被测对象上。由于惯性力、弹簧力及阻尼力的综合作用，使质量块相对传感器壳体产生相对运动。该相对运动反映了被测物体振动参数的变化。惯性式传感器所测的是被测对象相对于地球惯性坐标系的绝对振动。

相对式测振传感器适用于测量被测对象上两部件间的相对振动，只有在参考点静止时，才能测量绝对振动。如果需要测量被测对象上某点的绝对振动而周围又没有合适的静止参考点时，只能采用惯性式测振传感器。如测量机床床身的绝对振动时，周围部件包括基础都在振动，只能用惯性式测振传感器进行测量。再如，测量行驶中的飞机或汽车的振动、楼房的振动及地震等，就只能采用惯性式测振传感器了。因此，惯性式测振传感器被普遍采用。

3. 激振设备和激振类型

1）激振设备

激振设备是对被测对象施加某种类型的激振力，从而激起被测对象振动的装置。一般要求激振设备能够在所要求的频率范围内提供波形良好、幅值足够和稳定的交变激振力，还要满足体积小、重量轻的要求，以减小激振设备的重量对测量结果的影响。目前，最常用的激振设备是振动台、激振器和力锤三种，而激振器又可分为电动式、电磁式和电液式。

图6.2所示为电动式激振器的结构图，主要由弹簧1、壳体2、磁钢3、顶杆4、磁极5、铁芯6和驱动线圈7等组成。驱动线圈固定在顶杆上，并由弹簧支撑在壳体中，线圈正好位于磁极与铁芯间的气隙中。当线圈通入经功率放大后的交变电流i时，根据磁场中载流体受力的原理，线圈将受到与电流i成正比的电动力的作用，此力通过顶杆传到被测对象上便产生了激振所需的激振力。需注意，激振力比电动力要小，因为电动力还需要克服激振器运动部件的弹性力、阻尼力和惯性力。一般在顶杆与试件之间安装一个力传感器，以便精确地测出激振力的大小和相位。

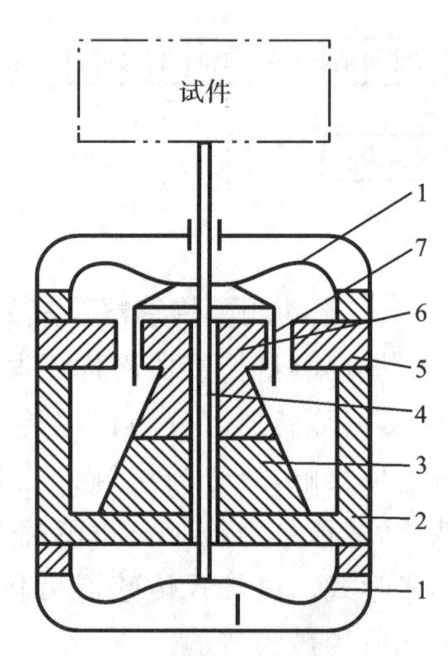

图6.2　电动式激振器结构图

1—弹簧；2—壳体；3—磁钢；4—顶杆；5—磁极；6—铁芯；7—驱动线圈

2）激振类型

常用的激振类型有稳态正弦激振、随机激振和瞬态激振。

稳态正弦激振是一种普遍采用的激振方法，其原理就是对被测对象施加一个稳定的单一频率的正弦激振力。优点是激振功率大、信噪比高，能保证被测对象的测试精确度，所用仪器设备比较通用，测试的可靠性高，因此是一种常用的激振方法。缺点是需要很长的测试周期才能得到足够精确度的测试数据，尤其是小阻尼测试对象需要的时间更长。

随机激振通常用白噪声或伪随机信号发生器作为激振装置的信号源，是一种宽带激振方法。白噪声具有无限宽的频谱，当白噪声信号通过功率放大器来控制激振器时，由于功率放大器和激振器的通频带不是无限宽的，故所得激振力的频谱不可能是无限宽。但它仍然是一种宽带激振，能够激起被测对象在一定频率范围内的随机振动。白噪声发生器所提供的信号是完全随机的，而工程上有时希望能重复进行试验，这时可采用伪随机信号发生器或用计算机产生伪随机码作为随机激振信号源。

瞬态激振通常用瞬态信号作为激振装置的信号源，是一种比较常用的方法。常用的瞬态信号有阶跃激振、脉冲激振和快速正弦扫描激振。力锤就是一种常用的能产生瞬态激振力的激振设备。

6.1.3　常用的振动测量传感器

能用于振动测量的传感器比较多，这里主要介绍电测法中常用的几种用于振动加速度、速度、位移测量的传感器。由于位移、速度、加速度之间为微积分关系，因此许多振动测量传感器中往往带有微积分电路，可根据需要使传感器的输出在位移、速度、加速度之间切换。

1. 压电式加速度传感器

压电式加速度传感器可用于测量振动加速度，属于惯性式测振传感器。图6.3所示为某种压电式加速度传感器的结构和力学模型。由图6.3(a)可知，它主要由底座1、压电元件2、质量块3、夹持环4、壳体5等组成，压电元件、质量块和弹簧安装在圆形中心支柱上，支柱与底座连接。这是一个典型的 m-k-c 二阶系统，其力学模型如图6.3(b)所示。

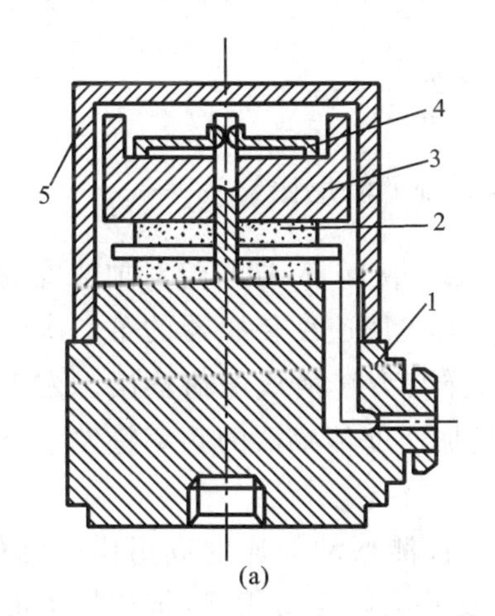

(a)

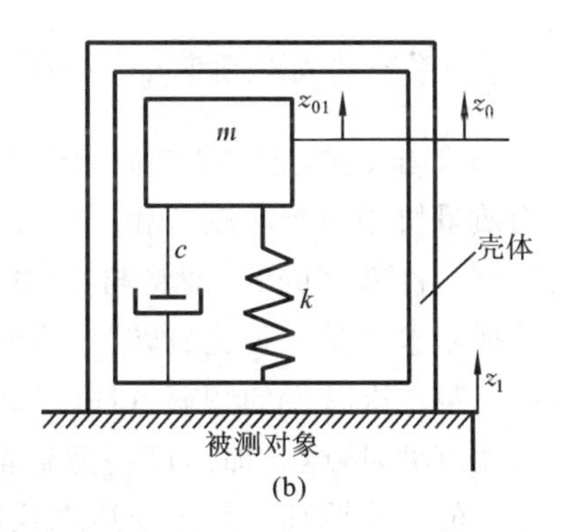

(b)

图6.3 压电式加速度传感器

(a) 结构；(b) 力学模型

1—底座；2—压电元件；3—质量块；4—夹持环；5—壳体

测振时，底座通过双头螺栓固定在被测对象上，底座的振动位移与被测对象的振动位移 z_1 相等，该位移就是传感器即二阶系统的输入。在惯性力、弹簧力、阻尼力等的作用下，传感器内的质量块也会运动。设质量块相对于地球惯性坐标系的绝对振动位移为 z_0，则其相对于底座的振动位移 $z_{01}=z_0-z_1$，压电元件就会产生与 z_{01} 成正比的电荷。

描述 z_{01} 与 z_1 之间关系的微分方程为

$$m\frac{\mathrm{d}^2 z_{01}}{\mathrm{d}t^2}+c\frac{\mathrm{d}z_{01}}{\mathrm{d}t}+kz_{01}=-m\frac{\mathrm{d}^2 z_1}{\mathrm{d}t^2} \tag{6-1}$$

如果以被测对象即底座的绝对加速度 $\frac{\mathrm{d}^2 z_1}{\mathrm{d}t^2}=a$ 作为系统输入，以质量块相对于底座的振动位移 z_{01} 作为系统输出，则式(6-1)变为

$$m\frac{\mathrm{d}^2 z_{01}}{\mathrm{d}t^2}+c\frac{\mathrm{d}z_{01}}{\mathrm{d}t}+kz_{01}=-ma \tag{6-2}$$

式(6-2)所描述的二阶系统的频率特性为

$$H(\omega)=\frac{-1/\omega_n^2}{[1-(\omega/\omega_n)^2]+2\mathrm{j}\zeta(\omega/\omega_n)} \tag{6-3}$$

幅频特性为

$$A(\omega)=\frac{1/\omega_n^2}{\sqrt{[1-(\omega/\omega_n)^2]^2+[2\zeta(\omega/\omega_n)]^2}} \tag{6-4}$$

相频特性为

$$\varphi(\omega)=-\arctan\frac{2\zeta(\omega/\omega_n)}{1-(\omega/\omega_n)^2}-\pi \tag{6-5}$$

式中:ω_n 为系统的固有频率,$\omega_n=\sqrt{k/m}$;ζ 为系统的阻尼比,$\zeta=\frac{c}{2\sqrt{km}}$。

式(6-2)描述的是压电式加速度传感器的第一次转换,即将绝对加速度输入转换为质量块相对于底座的相对位移 z_{01}。压电式加速度传感器的第二次转换是由压电元件来完成的,即将与 z_{01} 成正比的弹簧力转换成电荷输出。由于第二次转换基本上是一种比例转换,因而压电式加速度传感器的频率特性主要还是取决于第一次转换的频率特性(见式(6-3))。

由此可见,压电式加速度传感器能输出与被测振动加速度成正比的电荷,这就是它的工作原理。为了使压电式加速度传感器能正常工作,被测振动的频率 ω 应该远小于压电式加速度传感器的固有频率 ω_n,即 $\omega\ll\omega_n$。但是由于存在电荷泄漏,实际的压电式加速度传感器的幅频特性曲线如图 6.4 所示。由图可见,压电式加速度传感器的工作频率范围很宽。加速度传感器的使用上限频率取决于幅频特性曲线中的共振频率 ω_r。对于阻尼比 $\zeta\leqslant 0.1$ 的小阻尼加速度传感器,上限频率若取为共振频率的 1/3,便可保证幅值误差小于 12%;若取为共振频率的 1/5,则可保证幅值误差小于 6%。

压电式加速度传感器的共振频率与传感器的安装状况有关。加速度传感器出厂时给出的共振频率是在刚性连接的安装状况下得到的,而实际使用时的安装方法很难达到刚性连接的要求,因此传感器的共振频率和上限使用频率都会有所下降。

从压电式加速度传感器的幅频特性可知,它具有低通特性,理论上可测量极低频的振动。但实际上,由于传感器的灵敏度有限,测量低频、小幅值振动时,输出信号很微弱,信噪比很小;另外,电荷的泄漏、器件的噪声等都是不可避免的,所以实际上在低频段存在 0.1~1 Hz 的截止频率。

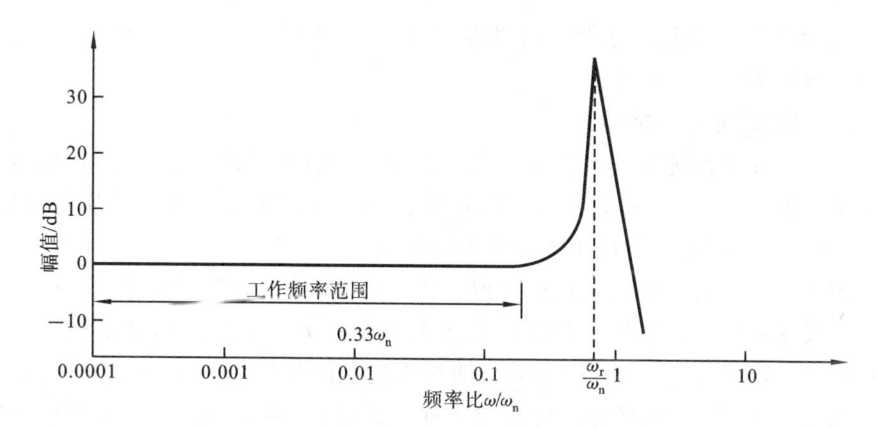

图 6.4　压电式加速度传感器实际的幅频特性

2. 伺服式加速度计

上面所讨论的压电式加速度传感器是在开环状态下工作的，传感器把振动参数直接转变成电量输出。开环型的振动传感器结构简单，但其特性参数和灵敏度依赖于系统的动态特性，动态范围有限，有较大的非线性。采用图 6.5 所示的伺服式加速度计可以很好地克服上述缺点。

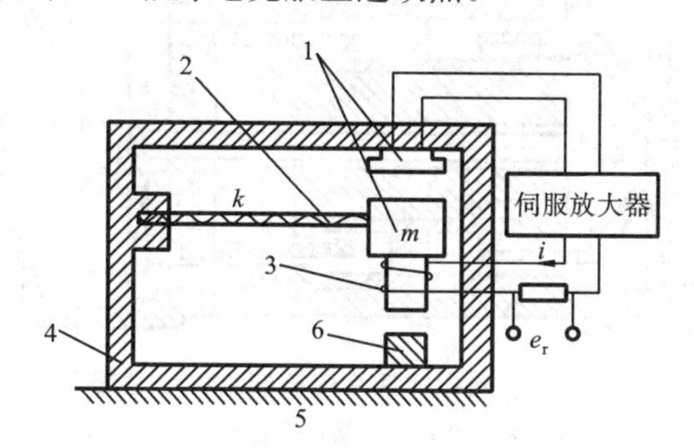

图 6.5　伺服式加速度计

1—质量块和位移传感器；2—弹簧；3—线圈；
4—壳体；5—被测对象；6—永久磁铁

如图 6.5 所示，被测对象振动时，质量块偏离平衡位置，用位移传感器检测相对位移，经伺服放大器放大后输出电流 i，使处在永久磁铁磁场中的线圈产生恢复力，力图维持质量块原来的平衡位置。因此，伺服加速度计在闭环下工作。

此种传感器利用电气回路对力学系统的反作用来改变力学系统原来的参数，以达到扩展被测频率范围、被测量程，获得良好的低频特性、相频特性，提高测量灵敏度及精确度的目的。伺服加速度计已广泛应用于测振工作，例如，高精确度导航设备校验场地的环境微振测量,航天飞机、卫星发射时的加速度监控及建筑物的脉动测量等。

3. 磁电式速度传感器

磁电式速度传感器是利用电磁感应原理工作的传感器。工作时,传感器中的线圈在磁场中作切割磁力线的运动,输出与运动速度成正比的感应电动势。因此,磁电式速度传感器可用于测量振动速度。

图 6.6 所示为一种磁电式速度传感器的结构,与外壳 6 固定在一起的空心磁铁 4 及导磁块 2 内有可动芯轴 5,芯轴两端有弹簧 1 及支撑 8,在磁隙中安装有线圈 7 及阻尼环 3。当外壳随着被测对象左右振动时,在惯性力、弹簧力和阻尼力的综合作用下,线圈将产生相对于外壳的运动,从而切割磁力线而感应出电动势。产生的感应电动势(传感器的输出电压)与线圈切割磁力线的速度成正比,即与线圈相对壳体的运动速度成正比。该种磁电式速度传感器测出的实际上是被测对象相对于地球惯性坐标系的绝对振动,属于绝对式(或惯性式)测振传感器。

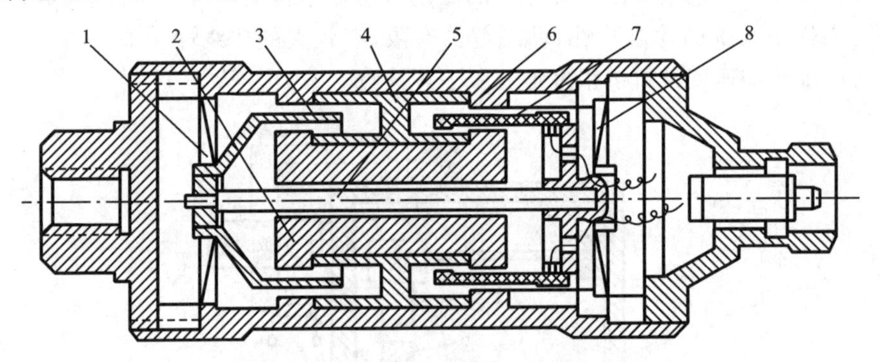

图 6.6　磁电式速度传感器结构示意图

1—弹簧;2—导磁块;3—阻尼环;4—磁铁;5—芯轴;6—外壳;7—线圈;8—支撑

图 6.7 所示是磁电式速度传感器的幅频特性曲线。其中 f_1 为下限频率,f_2 为上限频率,f_n 为固有频率。下限频率取决于固有频率,一般要求 $f_1 \geqslant 1.7 f_n$。由于较大的质量块或过低的弹簧刚度会使弹簧在重力场中的静变形较大,传感器在结构上很难实现。因此,其固有频率一般不会太低,下限频率会高于 10 Hz,上限频率一般为 500～1 000 Hz。

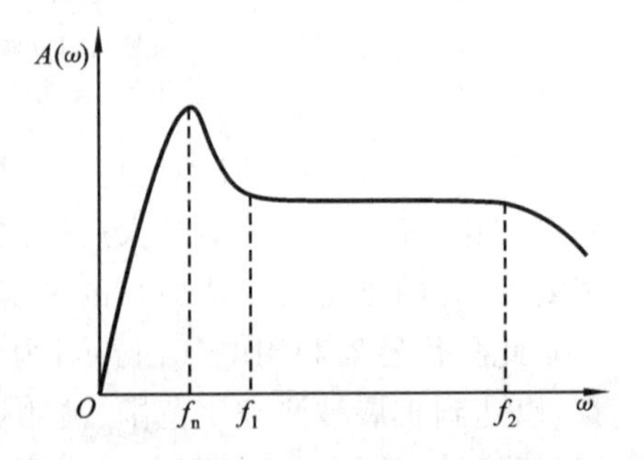

图 6.7　磁电式速度传感器的幅频特性

如果将芯轴的一端加长至露出外壳作为顶杆，测量时，顶杆顶住被测对象，这时传感器测出的是被测对象相对于外壳的相对振动速度。这样，磁电式速度传感器就变成了相对式的振速测量传感器。

磁电式速度传感器结构较简单、使用方便、输出阻抗低、灵敏度较大，适于测量低频信号。缺点是体积大、笨重，不能测量高频信号。

4. 涡流式位移传感器

涡流式位移传感器可以通过传感器探头头部与被测物体间距离的变化来测量物体的振动位移，能方便地测量运动部件与静止部件之间的间隙变化（例如，转轴相对于轴承座的振动等），属于相对式非接触式振动位移传感器。

涡流式位移传感器的测量范围一般为±(0.5～10)mm，灵敏域约为测量范围的0.1%。具有线性范围大、灵敏度高、频率范围宽、抗干扰能力强、不受油污等介质影响及非接触测量等优点。对被测物体表面粗糙度的要求比较低，但是不应该存在凸起、洞眼、刻痕、凹槽等缺陷。被测物体的表面微裂纹及材料的电导率和磁导率对灵敏度的影响比较大。当被测物体是小圆柱体时，则其直径与传感器探头头部直径之比对灵敏度也有影响，一般要求被测物体的直径为探头头部直径的3倍以上。

6.2 表面粗糙度和几何误差的测量

6.2.1 概述

表面粗糙度是指零件表面具有较小间距和微小峰谷不平度，其两波峰或两波谷之间的距离（波距）很小（在1 mm以下），肉眼难以区别，属于微观几何形状误差。

几何误差是指被测要素对理想要素或基准的变动量，包括形状误差和位置误差等。形状误差主要有直线度、平面度、圆度、圆柱度、线轮廓度和面轮廓度等误差；位置误差主要有平行度、垂直度、倾斜度、同轴度、对称度、位置度、圆跳动和全跳动等误差。

表面粗糙度和几何误差的形成和产生，主要源于零件加工中的机床-刀具-夹具系统的几何形状误差，以及受力变形、热变形、振动、磨损等因素。它们对零件的受力、配合性质、连接强度、耐磨性、耐蚀性、工作寿命、工作可靠性和工作精确度等均有较大的影响。

表面粗糙度测量与几何误差都是几何量测量中的重要内容。本节主要介绍表面粗糙度和直线度误差的测量。

6.2.2 表面粗糙度的测量

1. 表面粗糙度的评定术语

1) 取样长度 l_r

取样长度 l_r 是指测量或评定表面粗糙度轮廓时所规定的一段与轮廓走向一致的直线长度，如图 6.8 所示。它的选取与被测表面粗糙度相适应，表面粗糙度值比较大时应该取大一点，要求包含五个以上的轮廓峰和轮廓谷。

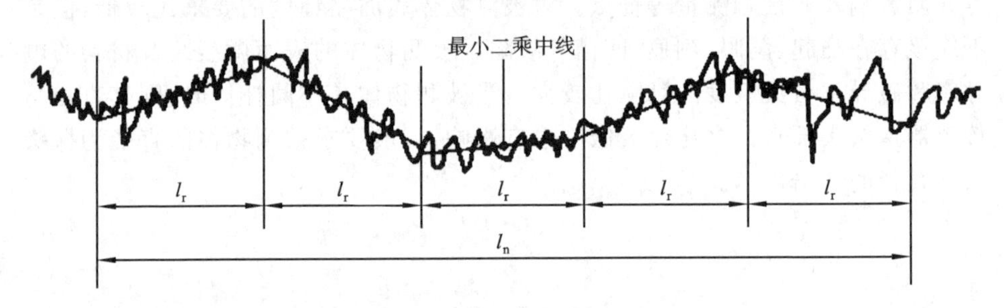

图 6.8 表面轮廓线

2) 评定长度 l_n

评定长度 l_n 是用以评定表面粗糙度轮廓所必需的一段长度，可包括一个或几个取样长度。由于零件表面加工存在不均匀性，为了充分合理地反映被测表面的粗糙度特征，需要用几个取样长度来评定。标准评定长度是 5 个连续的取样长度，如图 6.8 所示。

3) 评定基准线

评定基准线是指为了定量地评定表面粗糙度而确定的一条参考直线。常用的评定基准线有最小二乘中线和算术平均中线两种。最小二乘中线是具有理想直线形状并划分被测轮廓，且在取样长度内使轮廓线上各点的轮廓偏距的平方和最小的基准线。算术平均中线是指在取样长度内将轮廓划分为面积相等的上、下两部分的基准线。算术平均中线并不唯一，其中有一条与最小二乘中线重合。理论上最小二乘中线是唯一理想的基准线，但在实际应用中很难通过人工求取获得，因此一般用算术平均中线代替。

2. 表面粗糙度评定参数

表面粗糙度评定参数用来对表面轮廓微观几何形状特性的某些方面作精确的描述,对表面粗糙度评定参数的基本要求是:能正确、充分地反映表面微观几何形状的特性,具有定量的结果,测量方便。

表面粗糙度的评定参数可分为高度特征参数、间距特征参数和形状特征参数三类。高度特征参数包括轮廓算术平均偏差 Ra、微观不平度十点高度 Rz 和轮廓最大高度 Ry。间距特征参数包括轮廓微观不平度的平均间距 S_m 和轮廓单峰平均间距 S。形状特征参数主要有轮廓支撑长度 n_p、轮廓支撑长度率 t_p 和轮廓支撑长度率曲线 $t_p(c)$。三项高度特征参数为基本评定参数,其他的为辅助评定参数。

1）高度特征参数

在取样长度内,被测轮廓上各点至轮廓基准线距离 y_i 的绝对值的算术平均值为轮廓算术平均偏差 Ra,即

$$Ra = \frac{1}{n}\sum_{i=1}^{n}|y_i| \tag{6-6}$$

Ra 值反映工件表面的粗糙程度,一般来说测得的 Ra 值越大,工件表面越粗糙。Ra 能较全面地反映表面微观几何形状特征,是普遍采用的评定参数。

微观不平度十点高度 Rz 是取样长度内 5 个最大的轮廓峰高 y_{pi} 的平均值和五个最大的轮廓谷深 y_{vi} 的平均值之和(见图 6.9),即有

$$Rz = \frac{1}{5}\left(\sum_{i=1}^{5}y_{pi} + \sum_{i=1}^{5}y_{vi}\right) \tag{6-7}$$

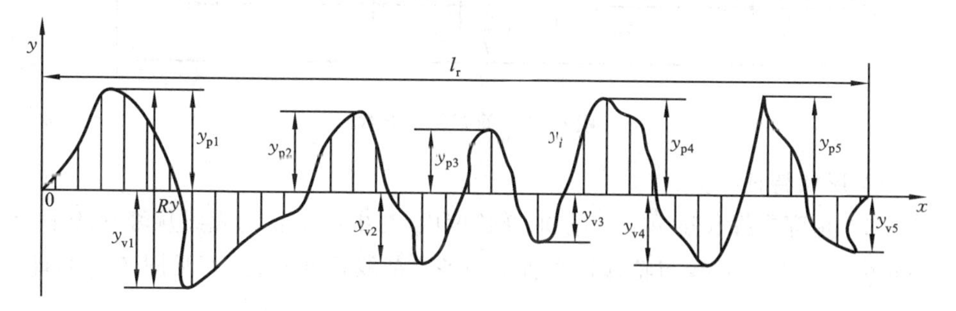

图 6.9 高度特征参数

对同一表面,Rz 的离散性要比 Ra 大。特别对于超精加工表面,轮廓的随机性很大,仅取十点来测量,其所得值是不能作为整个表面微观形状特性的完整描述的。Rz 适合在光学仪器上测量。

轮廓最大高度 Ry 是取样长度内轮廓峰顶线和轮廓谷底线之间的距离,如

图 6.9 所示。即有

$$Ry = y_{\text{pmax}} + y_{\text{vmax}} \tag{6-8}$$

Ry 值越大,表面加工的痕迹越深。Ry 不能反映表面的全面几何特征,但对于某些不允许出现较深加工痕迹、常在交变应力作用下的工作表面,如齿轮表面,Ry 对表面工作性能影响比较大,常需要标注 Ry 参数。

2) 间距特征参数

轮廓微观不平度的平均间距 S_m 是指在取样长度内轮廓间距 S_{mi}(包含一个轮廓峰及其相邻的轮廓谷的一段中线长度)的平均值(见图 6.10),即

$$S_m = \frac{1}{n}\sum_{i=1}^{n} S_{mi} \tag{6-9}$$

轮廓单峰平均间距 S 是取样长度内相邻峰最高点之间沿中线方向上的距离 S_i 的平均值(见图 6.10),即

$$S = \frac{1}{n}\sum_{i=1}^{n} S_i \tag{6-10}$$

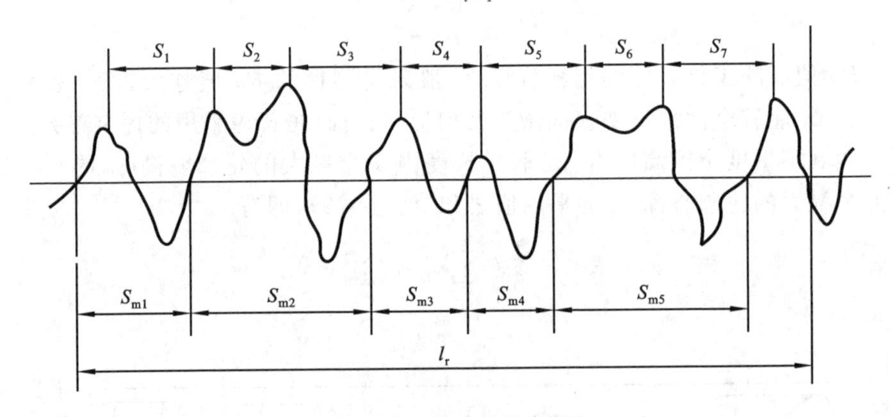

图 6.10 间距特征参数

3) 形状特征参数

(1) 轮廓支撑长度 n_p。n_p 是取样长度内,与中线平行的直线从峰顶线平行下移距离 c 时,该直线与轮廓相截所得的各段截线长度 b_i 之和(见图 6.11),即

$$n_p = \sum_{i=1}^{n} b_i \tag{6-11}$$

(2) 轮廓支撑长度率 t_p。t_p 为轮廓支撑长度 n_p 与取样长度 l_r 之比,即

$$t_p = \frac{n_p}{l_r} \tag{6-12}$$

(3) 轮廓支撑长度率曲线 $t_p(c)$。当截取曲线下移距离 c 变化时,t_p 也会随

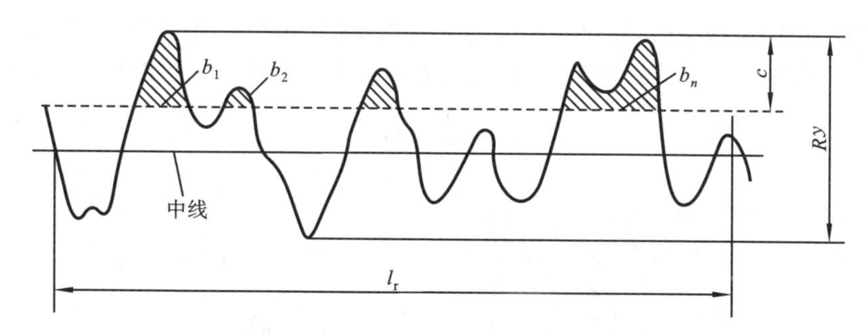

图 6.11 形状特征参数

之变化。轮廓支撑长度率曲线 $t_p(c)$ 描述的就是 t_p 随着 c 变化而变化的情况。

三个形状特征参数与工件的耐磨性有关，其中以用 $t_p(c)$ 来描述工件耐磨性为最好。

3. 表面粗糙度的测量方法

常用的表面粗糙度的测量方法有比较法、光切法、干涉法、针触法和印模法等。

1) 比较法

比较法是将被测表面与已知评定参数值的表面粗糙度标准样板直接进行比较，从而估计出被测表面粗糙度的一种测量方法。用肉眼判断或借助于放大镜、比较显微镜进行比较，也可用手摸、指甲滑动的感觉来判断被测表面的粗糙度。表面粗糙度标准样板与被测表面在材料、形状、加工方法、加工纹理方向等方面应尽可能相同，以减小测量误差。因此，当被检测零件数量较大时，比较合理的办法是从加工零件中挑选出样品，经检定后作为样板使用。

这种方法不能精确地得出被测表面的粗糙度数值，只能作定性分析，评定的准确性在很大程度上取决于检验人员的经验。但由于使用简便、判断快、费用低，能满足一般的生产需要，故常用于车间生产现场中具有较大表面粗糙度数值且对评定精确度要求不高的表面。

2) 光切法

光切法是应用光切原理测量表面粗糙度的一种测量方法。常用的仪器是光切显微镜(又称双管显微镜)。光切显微镜的工作原理如图 6.12 所示。根据光切原理设计的光切显微镜由照明镜管和观察镜管两个镜管组成，两镜管的轴线互成 90°。在照明镜管中，光源 4 发出的光线经聚光镜 5、光阑 6 及物镜 7 后，以 45°的倾斜角照射在具有微小峰谷的被测工件表面上，形成一束平行的光带。表面轮廓的波峰在 A 点处产生反射，波谷在 B 点处产生反射，通过观察镜管的物镜 3，分别成像在分划板 2 上的 C 点与 D 点处。从目镜 1 中可以观察到一条与被测表面相似的齿状亮带,通过目镜分划板与测微器,可以测出 C、D 点之间的距离 N。如果观察镜管物镜的放大倍数为 M,则被测表面的微观不平度的峰谷高度为

$$h=\frac{N}{M}\cos45^{\circ} \tag{6-13}$$

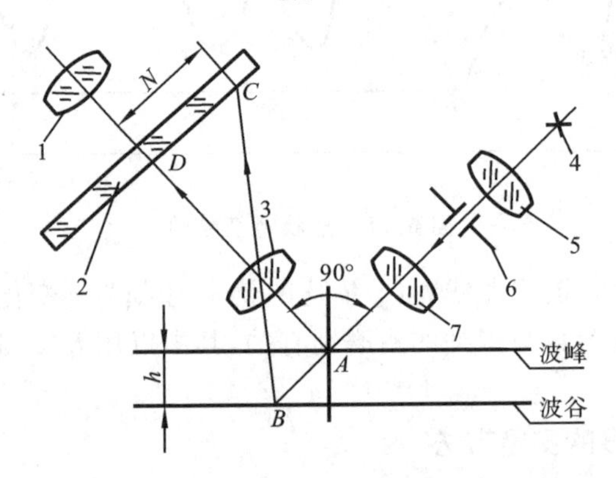

图 6.12 双管显微镜

1—目镜;2—分划板;3,7—物镜;4—光源;5—聚光镜;6—光阑

光切法主要用于测量 Rz 值,也可用于测量 Ry 值,测量 Rz 值的范围一般为 0.5～60 μm。

3) 干涉法

干涉法是利用光波干涉原理来测量表面粗糙度的方法。常用的仪器是干涉显微镜。

若被测平面绝对平整,在干涉显微镜的目镜视场里看到间距为 b 的等距平行直线干涉条纹。由干涉原理可知,b 为光波波长 λ 的一半,即 $b=\lambda/2$。若被测表面不平整,则将呈现如图 6.13 所示的弯曲干涉条纹。干涉条纹的弯曲是由表面凹凸不平所引起的。因此,测出干涉条纹的弯曲度 a 与间距 b 之后,可得被测表面的实际不平度 h 为

$$h=\frac{a}{b}\times\frac{\lambda}{2} \tag{6-14}$$

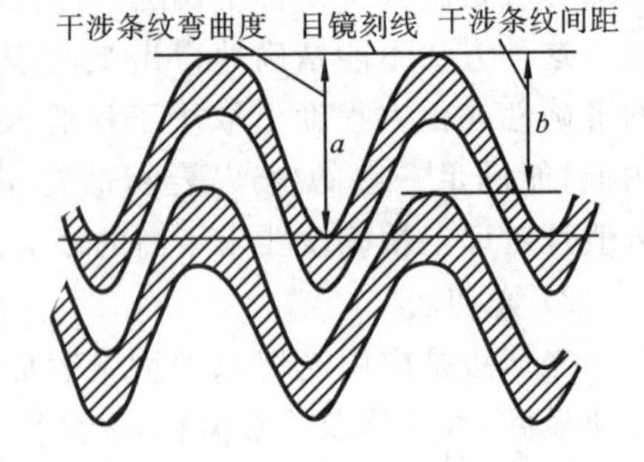

图 6.13 弯曲干涉条纹

干涉法适宜于用来测量表面粗糙度 Rz,也可用于测量 Ry,Rz 的测量范围为0.025～0.8 μm。干涉法属于一种高精确度的表面粗糙度测量方法。

4) 针触法

针触法是通过针尖感触被测表面微观不平度的截面轮廓的测量方法。它

是一种接触式电测量方法，所用测量仪器为轮廓仪。

图6.14所示是电感式电动轮廓仪的原理示意图。触针通常用金刚石材料制作，半径一般为2.5～12.5 μm。它在一定的测量压力下与被测工件表面接触，在驱动装置驱动下，触针和定位块以一定的速度均匀地沿被测工件表面滑动时，工件微观不平度峰谷使触针作上下移动。通过杠杆，电感传感器的铁芯会在电感线圈内移动，引起线圈电感量变化，使电桥两臂电感差动变化。电桥输出与触针位移成正比的调幅信号，经放大、相敏整流后，可将触针位移信号从调幅信号中解调出来，得到放大的与触针位移成正比的缓变信号。将相敏整流后的信号功率放大器放大后，推动记录器中的记录笔画出其轮廓曲线，则可评价 *Ra* 的大小。当需要以 *Ra* 值显示时，将相敏整流后的信号经噪声滤波器、波度滤波器进一步降低调制频率与外界高频干扰信号和波度的影响，经线形放大和全波整流后，可得到与轮廓曲线上各点到中线距离（绝对值）成正比的信号。该信号进入积分平均表，输出 *Ra* 值。

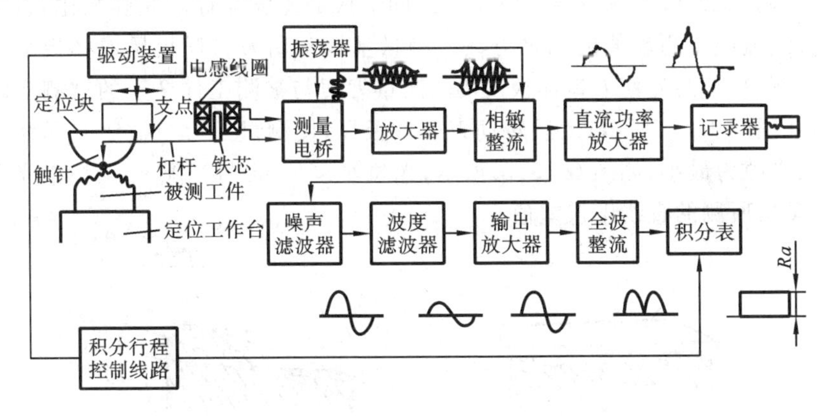

图6.14 电感式电动轮廓仪原理示意图

采用针触法可以测定的 *Ra* 值范围为0.025～5 μm。该方法测量范围广、快速可靠、操作简便并易于实现自动测量和微机数据处理。不足之处是被测表面易被触针划伤，触针磨损对测量精确度有影响。

5）印模法

对一些不便使用上述方法直接测量的表面，如工件上的一些特殊部位和某些内表面，可以采用印模法来测量其表面粗糙度。印模法是利用一些无流动性和弹性的塑性材料（如石蜡、低熔点合金等），将其压印在被测表面上，取得被测表面轮廓的复印模型，然后测量复印模型，间接地测出被测表面的粗糙度。

6.2.3 直线度误差的测量

1. 直线度误差和分类

直线度误差是指实际直线对理想直线的最大变动量。直线度误差可分为给定平面内的直线度误差、给定方向上的直线度误差和任意方向上的直线度误差。在此主要介绍给定平面内(或给定方向上)的直线度误差的评定和测量。

2. 直线度误差的测量方法

直线度误差测量的方法很多,一般可分为直接测量法和间接测量法。光隙法、指示器法、干涉法、光轴法和钢丝法等属于直接测量法;而水平仪法、自准直仪法、跨步仪法、表桥法和平晶测量法等属于间接测量法。在此只介绍光隙法、指示器法和水平仪法。

1) 光隙法

这种方法是将被测直线和测量基线间形成的光隙与标准光隙相比较,从而获得直线度误差测量值的测量方法。测量基线常用刀口样板尺或样板平尺来体现。测量原理:先使刀口样板尺1的测量刀刃与被测工件2上的被测实际线接触,如图6.15(a)所示;然后转动刀口样板尺,使测量刀刃与被测实际线之间的最大光隙为最小,如图6.15(b)所示,光隙 $h_1<h_2$;再将光隙 h_1 与标准光隙比较,估读出所测的直线度误差值。

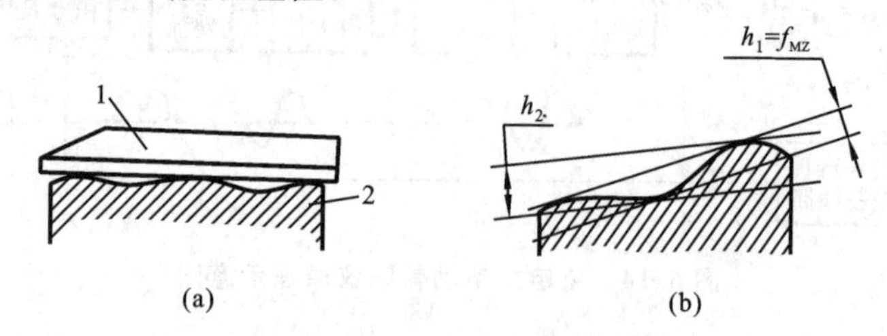

图6.15 用光隙法测直线度误差

注:f_{MZ}为用最小包容区域法求得的直线度误差。

1—样板尺;2—被测工件

光隙法操作简单,不需要作数据处理。如操作得当,测量精确度可达1～3 μm。缺点:测量的准确度与目测者的经验有关;需要比被测直线精确度更高的刀口样板尺作为测量标准;受刀口样板尺长度限制,该方法只适合测量长度小于500 mm的直线。因此,这种方法通常用于对尺寸较小的磨削或研磨表面进行测量,尤其适用于车间检验。

2) 指示器法

这里所用的指示器是指百分表、千分表或各种测微仪。该方法通常用平板、导轨或平尺等测量基准来体现测量基线，用指示器测出被测直线相对测量基线的偏离量，进而评定直线度误差值。

图 6.16 所示是以平板作为测量基准的例子。测微仪的测头与被测件上的被测直线接触，当测微仪在平板上沿被测直线方向移动时，测头上下移动量反映出被测直线相对于平板的变化状况，也可事先在被测表面上确定若干个测量点，测微仪只在各测点上测取数据。测量时，要事先调整被测要素的位置，使其两端与测量基准的高度差相等。这样，在整个测量过程中，测微仪的最大读数与最小读数之差就可作为被测要素的直线度误差值。

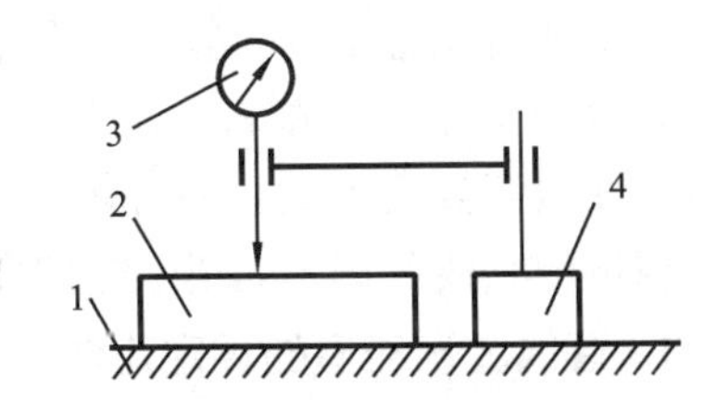

图 6.16　用指示器法测量直线度误差

1—平板；2—被测件；
3—指示表；4—指示表座

该方法适用于中小平面及圆柱、圆锥面素线或轴线等的直线度误差测量。

3）水平仪法

水平仪法是由水平面体现测量基线，用水平仪测量直线度误差的方法。该方法适用于中、大型零件的测量。

图 6.17(a)所示是用水平仪测量直线度误差的示意图。先根据被测直线的长度选择合适的桥板跨距 L，被测直线长度最好是桥板跨距的整数倍。再将被测直线大致调水平。从被测直线的最左端开始测量，记录下此时水准管的读数 α_1；然后沿被测直线首尾衔接地拖动桥板并测量，即每一步移动一个桥板跨距，记录下每次测量的读数 α_i。设水平仪的分度值为 τ(mm/m)，则根据读数 α_i 可

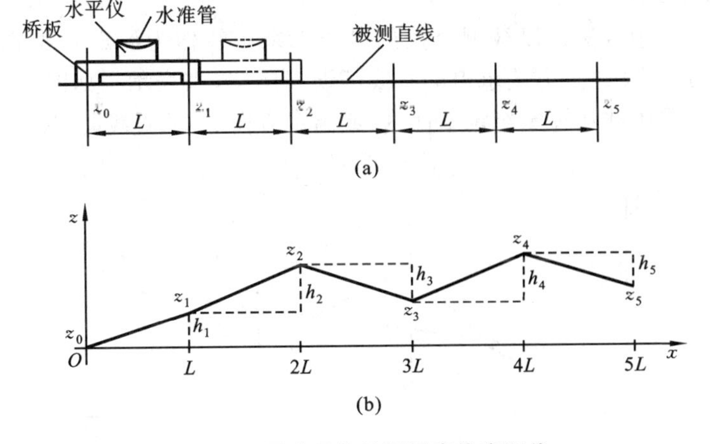

图 6.17　用水平仪法测量直线度误差

以计算出每次测量时桥板跨距 L 两端相应点 z_i 与 z_{i-1} 间的高度差 h_i，即

$$h_i = \alpha_i \tau L \tag{6-15}$$

以 z_0 点作为坐标原点，其他各点 z_i 的纵坐标为 z_{i-1} 的纵坐标与 h_i 之和。如果 h_i 为正，则 z_i 点在 z_{i-1} 点的上面；反之，则 z_i 点在 z_{i-1} 点的下面。各点横坐标与其在被测直线上的位置相对应。确定了各点之后，将它们连接起来，从而可得到被测直线的图形，如图 6.17(b)所示。

3. 直线度误差值的评定方法

直线度误差的评定方法有：最小包容区域法、最小二乘中线法和两端点连线法。其中最小包容区域法的评定结果小于或等于其他两种评定方法的结果。

1）最小包容区域法

用最小包容区域法评定给定平面内(或给定方向上)的直线度误差时，根据测得的图形求得包容实际直线且具有最小宽度的两平行直线，这两平行直线之间的区域称为最小包容区域。这两平行直线沿 z 轴方向的距离就是被测直线的直线度误差。按这种方法求得的直线度误差用 f_{MZ} 来表示，如图 6.18 所示。

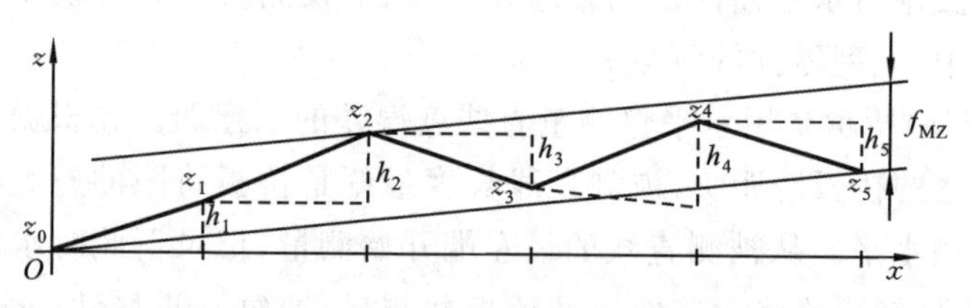

图 6.18　用最小包容区域法评定直线度误差

2）最小二乘中线法

最小二乘中线法是以被测直线的最小二乘中线作为评定基线的直线度误差的评定方法，按这种方法求得的直线度误差用 f_{LS} 来表示。如图 6.19 所示为利用最小二乘中线法评定给定平面内(或给定方向上)的直线度误差。

$$f_{LS} = h_{max} - h_{min} \tag{6-16}$$

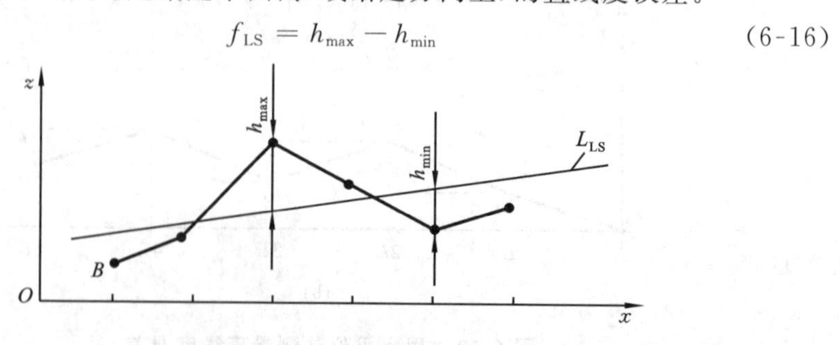

图 6.19　用最小二乘中线法评定直线度误差

式中：h_{max}、h_{min}分别为测量点相对最小二乘中线L_{LS}在z轴方向上的最大、最小偏离值。h_i位于最小二乘中线L_{LS}的上方为正，下方为负。

3）两端点连线法

两端点连线法是以两端点连线L_{BE}作为评定基线的直线度误差的评定方法，按这种方法求得的直线度误差值用f_{BE}来表示。

对给定平面内（或给定方向上）的直线度，在测得的图形上绘出首末两端点B、E的连线L_{BE}，沿z轴方向量出（或计算出）各点在L_{BE}线上方和下方的最大偏离量h_{max}和h_{min}，h_i在L_{BE}的上方为正，下方为负（见图6.20），则

$$f_{BE} = h_{max} - h_{min} \tag{6-17}$$

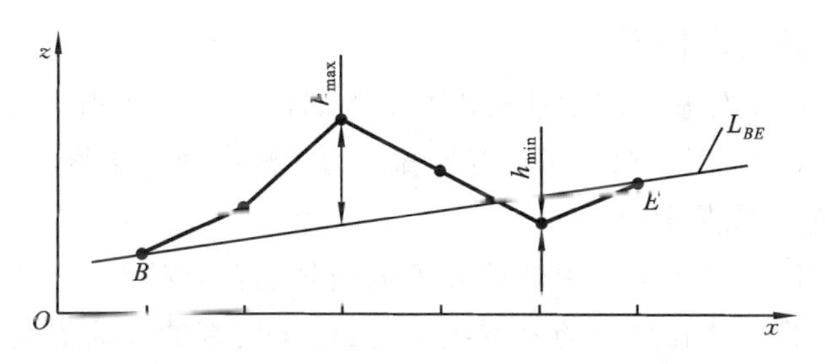

图 6.20　用两端点连线法评定直线度误差

6.3　温度的测量

6.3.1　概述

温度是表示物体受热程度或其热状态程度的量，温度的变化会影响到物体的尺寸、体积、密度、硬度、弹性系数、电导率、磁导率、热容量等属性值。

温度的表示（或测量）需有温度标准，即温标。历史上，曾经广泛使用以特定物质的某种物理属性随温度的变化特性来定义温标的方法，例如摄氏温标和华氏温标都是利用水银的体积随温度的变化特性来定义的。这样的方法带有一定的局限性和任意性。当前世界通用的国际温标是热力学温标，也称开尔文温标，是以绝对零度（分子停止运动的温度，－273.15 ℃）为基点的温度标尺。热力学温标确定的温度数值为热力学温度（符号为T），单位为开尔文（符号为K）。

在我国也可以使用摄氏温度(符号为 t)作为法定计量单位,单位为摄氏度(℃)。摄氏温度与热力学温度的分度是一样的,只是基点不一样,它们之间的关系为

$$T = t + 273.15 \tag{6-18}$$

温度的测量方法通常按感温元件是否与被测物接触而分为接触式测量和非接触式测量两大类。接触式测量应用的温度传感器具有结构简单、工作稳定可靠及测量精确度高等优点,如热膨胀式温度计、热电阻温度计等。非接触式测量应用的温度传感器,具有测量温度高、不干扰被测物温度等优点,但测量精确度不高,如辐射式温度计等。

6.3.2 热膨胀式温度计

利用物体受热体积膨胀的性质而制成的温度计称为热膨胀式温度计,常用的有玻璃管液体温度计、双金属温度计和压力式温度计等几种。

1. 玻璃管液体温度计

玻璃管液体温度计是利用玻璃和测温液体的温度体积膨胀特性的差异来工作的。玻璃管液体温度计的基本组成是:位于底端的玻璃泡、有温度刻度的毛细玻璃管、充满玻璃泡和部分毛细玻璃管的测温液体。随着温度的升高,测温液体的体积膨胀量比玻璃的大,测温液体就会在温度计的毛细玻璃管中上升,液体上升的高度与毛细玻璃管上的温度刻度配合就可以用来测量温度。常用的测温液体有水银、酒精、煤油、甲苯、石油醚、戊烷等几种。测温液体的沸点和凝固点决定了玻璃管液体温度计可测温度的上限和下限,在温度计的管内充入一定压力的惰性气体,可以提高液体的沸点,从而增大温度计的测量范围。由于每种测温液体的沸点和凝固点都不一样,因此,采用不同测量液体的玻璃管液体温度计具有不同的测量范围。常见玻璃管液体温度计的测量范围如表6.2所示。

表 6.2 常见玻璃管液体温度计的测量范围

测温液体	测量范围/℃	
	下限	上限
水银	−35	800
酒精	−100	80
煤油	0	300
甲苯	−80	100
石油醚	−120	20
戊烷	−200	20

玻璃管液体温度计按用途可以分为工业用温度计、实验室用温度计、标准水银温度计及指示小温差的贝克曼温度计等。玻璃管液体温度计的测量范围不宽，精确度也不是很高，响应速度较慢，而且温度计必须与被测物充分接触。但由于具有直观、结构简单、稳定性好、价格低廉等优点，因此，在被测温度波动范围不大的场合得到了广泛应用。

2. 双金属温度计

双金属温度计的传感元件是由两种膨胀系数不同的金属牢固结合而成的，一端固定，另一端自由。当温度变化时，由于两种金属伸缩不一致而发生弯曲，自由端就产生位移，通过连接装置带动指针在标尺上移动，即可指示出温度。双金属温度计形状多样，常见的有片状、螺旋盘状、螺杆状等几种形状，如图6.21所示。

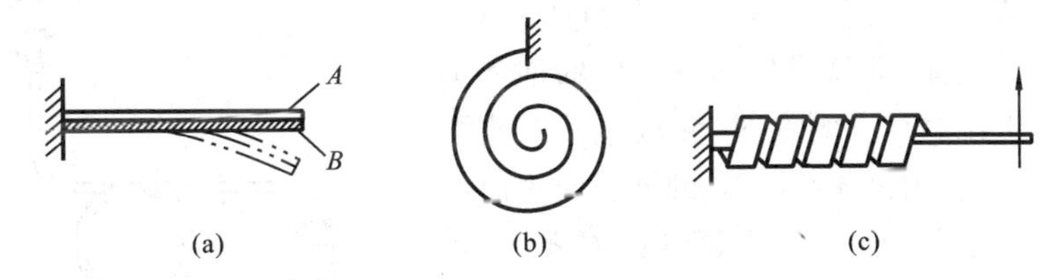

图 6.21 双金属温度计

(a) 片状；(b) 螺旋盘状；(c) 螺杆状

双金属片温度计常用膨胀系数低的镍铁合金和膨胀系数高的黄铜来制作，要求结构匀称，且具有良好的弹性，以保证测温的精确度和重复使用性。温度升高时，双金属片会向膨胀系数小的一侧弯曲；温度下降时，会向膨胀系数大的一侧弯曲；如图 6.21 所示。

通常情况下，低温型双金属温度计测温范围为－80～80 ℃，高温型的测温范围为 0～500 ℃。双金属温度计的优点是结构简单、成本低、牢固耐用、抗震、可靠性高。因此，广泛地应用于工农业生产的温度检测、控制及报警。图 6.22 所示为一恒温箱控温用的基于双金属片温度计的温控器，当温度超过调温旋钮设定的温度值时，双金属片往里（向上）的弯曲量足够大，以致双金属片与接电簧片断开，断开加热器的供电，使加热器停止加热，实现

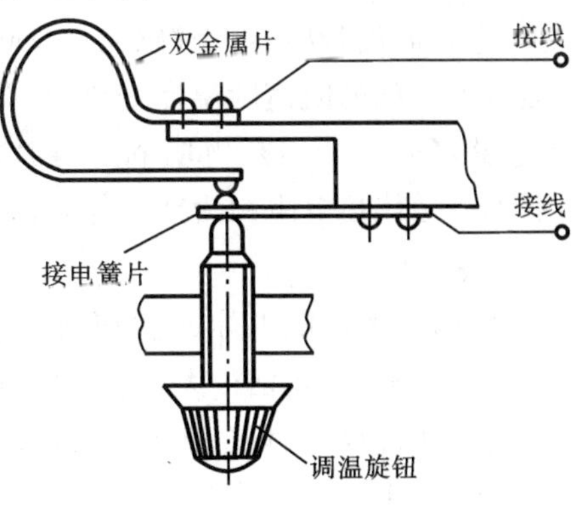

图 6.22 双金属温控器

温度控制的目的。

双金属温度计的缺点是测温范围不宽,热响应速度较慢,温度计必须插入被测介质一定深度,和玻璃管液体温度计一样只能用于现场测量,信号不能远距离传输。

3. 压力式温度计

压力式温度计的测温原理是基于封闭容器中的工作介质的压力随着温度的变化而变化的原理之上的,压力值就反映了温度的数值。工作介质为液体的温度计,称为液体压力温度计;工作介质为气体的温度计,称为气体压力温度计;而用低沸点液体的饱和蒸气作为工作介质的温度计,则称为蒸气压力温度计。

图 6.23 是压力式温度计的结构原理图。该压力式温度计是由测温包 A、毛细管 B 和弹簧管压力表 C 等元件构成的一个封闭系统。系统内填充气体、液体或低沸点液体的饱和蒸气等作为工作介质。测量时,测温包放在被测介质中,测温包内的工作介质因温度变化而使压力变化,经毛细管传给弹簧管压力表,其指示机构指示出相应的温度数值。

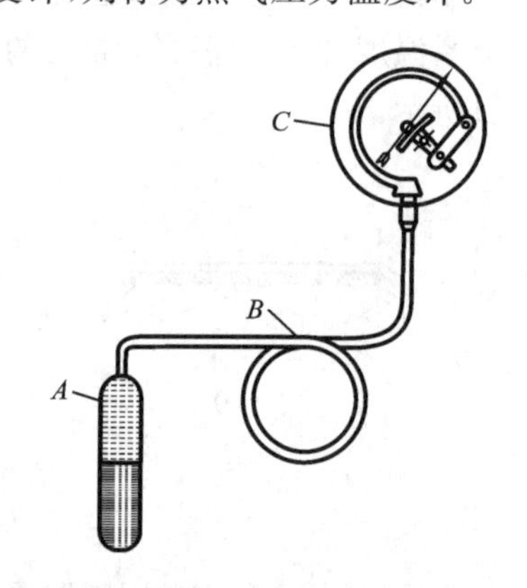

图 6.23 压力式温度计结构原理图

工作介质决定着压力式温度计的灵敏度和测量范围。工作介质的温度体积膨胀系数大,则密闭容器内的压力变化也大,温度测量的灵敏度就高,因此要求工作介质的体积温度膨胀系数要大。

6.3.3 热电阻温度传感器

热电阻温度传感器的敏感元件是热电阻,工作原理基于热电阻的热电阻效应(热电阻元件的阻值随温度变化而变化的现象)。按热电阻材料的不同,热电阻传感器可分为金属热电阻和半导体热电阻。通常,把金属热电阻称为热电阻,而把半导体热电阻称为热敏电阻。

1. 热电阻

热电阻一般由电阻体、绝缘套管、保护管和接线盒等部件组成。热电阻的热惯性(时间常数)差别很大,热惯性大的,其时间常数为 1.5～4.0 min;热惯性小的,其时间常数不超过 10 s。下面介绍几种常用的热电阻。

1) 铂热电阻

铂热电阻是用很细的铂丝绕在云母、石英或陶瓷支架上做成的。其特点是性能稳定、精确度高、重复性好。它的长时间稳定复现性可达 10^{-4} K，是目前制造热电阻的最好材料，常用作标准温度计，以传递温度的基准和标准。它的测温范围一般为 $-200 \sim 850$ ℃。

铂热电阻的电阻-温度特性常用下述方程来近似描述：

$$R_t = \begin{cases} R_0[1 + At + Bt^2 + Ct^3(t - 100)], & -200\ ℃ \leqslant t \leqslant 0\ ℃ \\ R_0[1 + At + Bt^2], & 0\ ℃ < t \leqslant 850\ ℃ \end{cases} \tag{6-19}$$

式中：R_t 为温度为 t ℃时的电阻值；R_0 为温度为 0 ℃时的电阻值；A 为系数，等于 $3.908\,02 \times 10^{-3}$ ℃$^{-1}$；B 为系数，等于 -5.802×10^{-7} ℃$^{-2}$；C 为系数，等于 $-4.273\,5 \times 10^{-12}$ ℃$^{-4}$。

常用 $W_{(100)}$ 来表示铂热电阻 100 ℃时的电阻值与 0 ℃时的电阻值的比值。一般工业用铂热电阻要求 $W_{(100)} = 1.387 \sim 1.390$，标准铂热电阻要求 $W_{(100)} \geqslant 1.392\,5$。

铂在氧化性介质中，在高温下的物理性质和化学性质都非常稳定。但是，在还原性介质中，特别是在高温下铂丝很容易被从氧化物中还原出来的蒸气所污染，变脆并改变温度-电阻特性，因此一定要加保护套。

2）铜热电阻

由于铂是贵重金属，因此，在一些测量精确度要求不高且温度较低的场合，可采用铜热电阻。铜热电阻的测量范围一般为 $-50 \sim 100$ ℃，在正常测量范围内，其电阻-温度特性方程为

$$R_t = R_0(1 + \alpha t) \tag{6-20}$$

式中：α 为铜的电阻温度系数，一般为 $(4.25 \sim 4.28) \times 10^{-3}$ ℃$^{-1}$。

铜热电阻具有线性度好、电阻温度系数高、易于提纯及价格便宜等优点，缺点是电阻率小、易氧化。铜的电阻率只有 $1.7 \times 10^{-8}\ \Omega \cdot m$，而铂的电阻率为 $9.81 \times 10^{-8}\ \Omega \cdot m$。因此，制作同样阻值的电阻时，铜电阻丝比铂电阻丝要细很多，导致机械强度不高；或者增加电阻丝的长度，而导致电阻体积较大。温度超过 100 ℃时，铜容易氧化。因此，它只适合用在低温和无侵蚀性的介质中。

3）其他热电阻

铂、铜热电阻用于低温和超低温测量时性能不够理想，随着低温技术和超低温技术发展的需要，一些可用于低温和超低温检测的热电阻得到了应用。

（1）铟电阻　一种高精确度低温热电阻，用 99.99%高纯度的铟丝绕制而成，灵敏度比铂电阻高 10 倍，可在 $-269 \sim 258$ ℃内使用，测量精确度可达 ± 0.001 K。其缺点是材料软、复现性差。

(2) 锰热电阻　适宜在−271～210 ℃内使用,电阻值随温度变化大,灵敏度高。其缺点是材料脆、难以拉制成丝。

2. 热敏电阻

1) 热敏电阻的结构形式

热敏电阻是利用半导体材料的电阻值随温度显著变化的这一特性进行温度检测的热敏元件。热敏电阻材料是由某些金属氧化物按不同的配方比例烧结而成的。

热敏电阻主要由热敏元件、引线和壳体组成,其中引线是在烧结前埋入的。采用不同的封装形式,热敏电阻可制成珠状、圆片状、片状、杆状等各种形状,作为感温元件时通常选用珠状和圆片状。

2) 热敏电阻的基本类型

根据电阻-温度特性的不同,热敏电阻可分为负温度系数型(NTC 型)、正温度系数型(PTC 型)和临界温度系数型(CTR 型)。图 6.24 中的曲线 1、2、3、4 分别为 NTC 型、CTR 型、PTC 型热敏电阻和铂电阻的电阻-温度特性曲线。

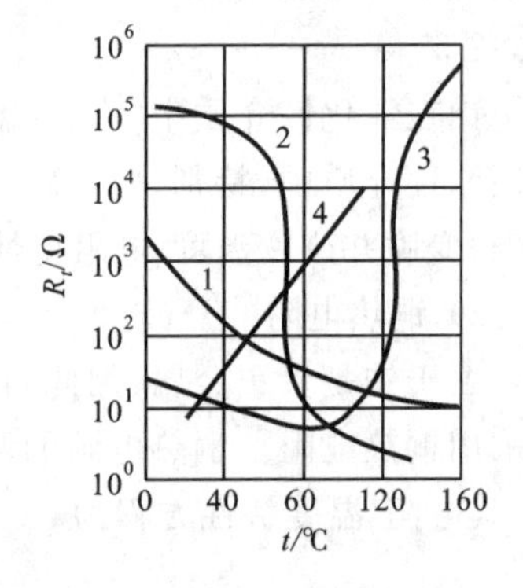

图 6.24　热敏电阻的温度特性曲线

(1) NTC 型热敏电阻　NTC 型热敏电阻材料是由锰、钴、镍、铁、铜等过渡金属氧化物混合烧结而成的。温度低时,这些氧化物材料的载流子(电子和孔穴)数目少,所以其电阻值较高;随着温度的升高,载流子数目增加,所以电阻值降低,如图 6.24 中的曲线 1 所示。因此,NTC 型热敏电阻具有负的温度系数,其电阻-温度特性可由下式来描述

$$R_t = R_0 e^{B\left(\frac{1}{273+t}-\frac{1}{273+t_0}\right)} \tag{6-21}$$

式中:R_t 为热敏电阻在 t℃时的阻值;R_0 为热敏电阻在 t_0℃时的阻值;B 为热敏电阻的材料系数,与材料有关,一般为 2 000～6 000 ℃。

按使用温度不同,NTC 型热敏电阻可分为低温(−60～300 ℃)型、中温(300～600 ℃)型和高温(2 600 ℃)型三种。NTC 型热敏电阻具有精确度高、可靠性高、体积小、响应快、成本低等优点。因此,NTC 型热敏电阻在工业、农业、科技、医学、通信、家电等领域得到了广泛的应用。

(2) CTR 型热敏电阻　CTR 型热敏电阻材料是以三氧化二钒与钡、硅等氧化物,在磷、硅氧化物的弱还原气氛中烧结而成的。其温度特性属于剧变型,具有开关特性。当温度高于居里点 T_c时,其阻值会减小到临界状态,突变的数

量级为 2～4，如图 6.24 中的曲线 2 所示。因此，这类热敏电阻又被称为临界热敏电阻。

由于 CTR 型热敏电阻的温度特性存在剧变性，因此不能像 NTC 型热敏电阻那样可用于宽范围的温度测量。但是其在某一较小范围内的温度特性却是非常优良的，可在特定的温度范围内使用。

(3) PTC 型热敏电阻　PTC 型热敏电阻是以钛酸钡添加稀土元素烧结而成的半导体元件，具有正温度系数。其温度特性曲线如图 6.24 中的曲线 3 所示。

3) 热敏电阻的主要特点

与热电阻相比，热敏电阻具有如下优点：

(1) 电阻温度系数大(约为热电阻的 10 倍)、灵敏度高；

(2) 结构简单、体积小、热惯性小；

(3) 利用半导体掺杂技术，可测 42～100 K 之间的温度；

(4) 使用寿命长。

缺点是互换性差、发散性严重。

6.3.4　热电偶

1. 热电偶基本工作原理

热电偶可以利用导体材料的热电效应将被测温度的变化转换成一定的电压信号输出。热电偶具有测量精确度高、测量范围广、构造简单、使用方便等优点，是工业上最常用的温度检测元件之一，广泛应用于 100～1 500 ℃范围内温度的测量。

如图 6.25(a)所示，两种不同材料的导体 A 和 B 组成一个闭合电路。两个接点，一个为测量端或热端，温度为 T；另一个为参比端或冷端，温度为 T_0。若两接点处的温度不同即 $T_0 \neq T$，则在该电路中会产生电动势，形成电流，这种现象称为热电效应。该电动势称为热电动势，且热电动势仅与测量端的温度 T 有关。热电偶就是利用这一特点进行温度检测的。热电动势是由两种导体间的接触电动势和单一导体的温差电动势组成的。

接触电动势是指两种不同的导体或半导体在接触处产生的电动势。当两种具有不同自由电子密度的金属导体接触时，在接触面上就会发生电子扩散。电子将从自由电子密度高的金属导体往密度低的金属导体扩散，失去电子的金属导体将带正电，得到电子的金属导体将带负电。设导体 A 和 B 的自由电子密度为 N_A 和 N_B，且有 $N_A > N_B$，电子扩散的结果会使导体 A 失去电子而带正电，导体 B 则因获得电子而带负电。接触面间形成电场，这个电场将阻碍电子继续扩散。当达到动态平衡时，在接触区形成一个稳定的电位差，即接触电动势 e_{AB}，如图 6.25(b)所示。该接触电动势与两导体的电子密度差有关，并和接触区的温度成正比。测量端的接触电动势表示为 $e_{AB}(T)$，冷端的接触电动势表示为$e_{AB}(T_0)$，如图 6.25(d)所示。

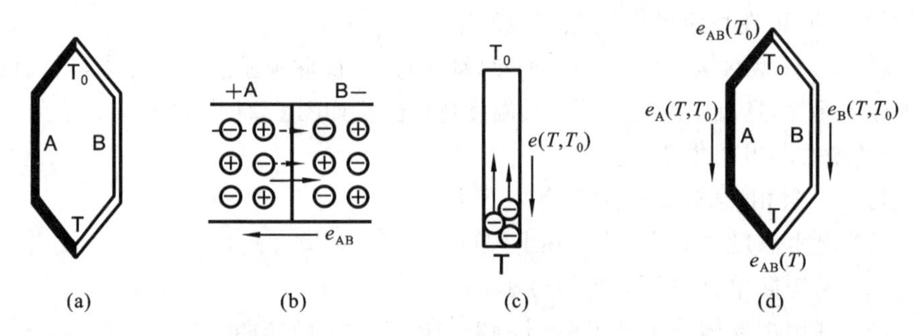

图 6.25 热电偶的工作原理

对于单一导体，由于两端温度不同而在两端间产生的电动势，称为单一导体的温差电动势。高温端的电子能量高、运动速度快，电子将从速度快的高温端向速度慢的低温端扩散，使高温端失去电子而带正电，低温端获得电子而带负电，从而在导体两端形成温差电动势 $e(T,T_0)$，如图 6.25(c)所示。单一导体的温差电动势与导体的性质和两端间的温度差有关。导体 A 的温差电动势表示为 $e_A(T,T_0)$，导体 B 的温差电动势表示为 $e_B(T,T_0)$，如图 6-25(d)所示。

这样，由导体 A、B 组成的热电偶回路的电动势分布如图 6-25(d)所示。整个回路的总电动势即热电动势为

$$E_{AB}(T,T_0)=e_{AB}(T)-e_A(T,T_0)-e_{AB}(T_0)+e_B(T,T_0) \qquad (6\text{-}22)$$

由于温差电动势比接触电动势小，又 $T>T_0$，所以总电动势 $E_{AB}(T,T_0)$中以导体 A、B 在测量端的接触电动势 $e_{AB}(T)$所占比重最大，故总电动势 $E_{AB}(T,T_0)$的方向主要取决于接触电动势 $e_{AB}(T)$的方向。

当导体 A、B 的材料一定时，总电动势仅与两接点处的温度有关，式(6-22)可表示为

$$E_{AB}(T,T_0)=f(T)-f(T_0) \qquad (6\text{-}23)$$

如果参比端的温度 T_0 已知且恒定，则 $f(T_0)$为常数，故热电偶回路的总电动势 $E_{AB}(T,T_0)$只是测量端温度 T 的单值函数，实际的函数关系必须由实验确定。由于实验结果具有再现性，从而可以用于温度的测量。

2. 热电偶的基本定律

利用热电偶作为传感器来检测温度时，必须在热电偶回路中引入显示或记录仪表，并用连接导线将它们连接起来。因此，必须掌握下面的基本定律，以保

证能够正确地选择和使用热电偶。

1）均质导体定律

由同一种均质（电子密度处处相同）导体或半导体组成的闭合回路，无论其截面积、长度与温度如何，都不能产生热电动势，这就是均质导体定律。反之，若回路中有热电动势产生，则导体一定是非均质的。

2）中间导体定律

在热电偶回路中接入第三种金属导体C，只要该金属导体C两端的温度相同，则对热电偶回路总电动势没有影响，这就是中间导体定律。

利用热电偶测温时，连接导线和显示仪表等均可看成中间导体。根据中间导体定律，只要保证连接导线和显示仪表各自两端的温度相同，则对热电偶的热电动势没有影响。因此，中间导体定律对热电偶的实际应用有十分重要的意义。

3）连接导体定律和中间温度定律

在热电偶回路中，若导体A、B分别与连接导线A′、B′相接，其接点温度分别为T、T_n、T_0，如图6.26所示。那么，回路中的热电动势将等于热电偶的热电动势$E_{ABA'B'}(T,T_0)$与连接导线A′、B′在温度T_n、T_0时的热电动势$E_{A'B'}(T_n,T_0)$的代数和。这就是连接导体定律，即

$$E_{ABA'B'}(T,T_0)=E_{AB}(T,T_n)+E_{A'B'}(T_n,T_0) \tag{6-24}$$

如果A与A′、B与B′的材料分别相同，则由式(6-24)可得

$$E_{ABAB}(T,T_0)=E_{AB}(T,T_n)+E_{AB}(T_n,T_0) \tag{6-25}$$

式(6-25)表明，接点温度为T和T_0的热电偶，其热电动势等于接点温度为T和T_n（中间温度）、T_n和T_0时的热电动势的代数和。这就是中间温度定律。

中间温度定律也有重要的应用。热电偶的分度表均是以参比端温度$T_0=0$ ℃为标准的，而热电偶在实际使用时其参比端温度一般是高于0 ℃的某个数值，如$T_n=20$ ℃。此时可根据式(6-25)来修正热电动势，从而得到被测温度。

4）标准电极定律

用导体A、B组成的热电偶的热电动势等于AC热电偶和CB热电偶的热电动势的代数和，即

$$E_{AB}(T,T_0)=E_{AC}(T,T_0)+E_{CB}(T,T_0) \tag{6-26}$$

该规律称为标准电极定律，导体C称为标准电极，如图6.27所示。由于纯铂丝的物理性质和化学性质稳定，熔点较高，易提纯，所以目前常用纯铂丝作标准电极。如果已求出各种热电极对铂极的热电特性，可大大简化热电偶的选配工作。

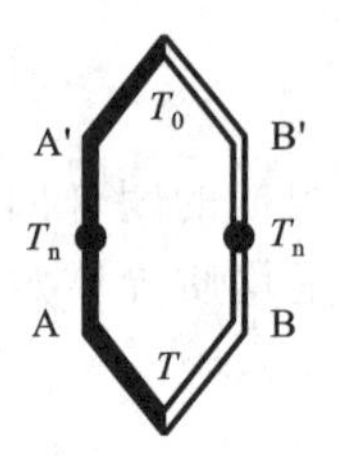

图 6.26　连接导体定律

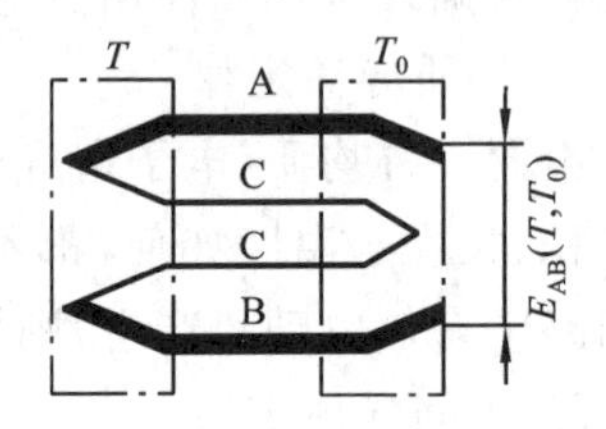

图 6.27　标准电极定律

3. 常用的热电偶

根据热电效应的原理,任意两种不同质的导体或半导体都可用于制作热电偶。而事实上,为了获得良好的测量效果,用于制作热电偶的材料必须经过严格的配对。下面介绍几种国际公认为有代表性的并被普遍采用的热电偶。

1) 铂铑$_{10}$-铂热电偶

这种热电偶的正极是 90%铂(质量分数,余同)、10%铑的合金,负极为纯金属铂。它具有测量精确度高、稳定好、抗氧化性好等优点,可用于精密温度测量。它在 1 300 ℃以下的温度范围内可长期工作,短期可测 1 600 ℃的高温,适合在氧化或中性气氛介质中使用。例如,可用于各种高温加热炉、热处理炉及钢水的温度测量。其主要缺点是价格昂贵、热电动势小、灵敏度低,在高温还原性介质中容易被侵蚀和污染而失去测量精确度。

2) 铂铑$_{30}$-铂铑$_6$热电偶

这种热电偶的正极是 70%铂、30%铑的合金,负极是 94%铂、6%铑的合金。它具有测量精确度高、稳定好和更强的抗氧化性能。可长期测量 1 600 ℃的高温,短期可测 1 800 ℃的高温。其缺点是热电动势小,且价格昂贵。

3) 镍铬-考铜热电偶

这种热电偶的正极是 90%镍、10%铬的合金,负极是 44%镍、56%铜的合金。它具有热电动势大、测量精确度高、灵敏度高、抗氧化性好及价格低等优点。适用于还原性或中性介质,长期适用温度在 600 ℃以下,短期可测 800 ℃的温度。其缺点是测量范围较窄,考铜合金易氧化而失去测量精确度。

4) 镍铬-镍硅热电偶

这种热电偶的正极是 90%镍、(9～10)%铬、0.4%硅的合金,负极是 90%镍、(2.5～3)%硅、0.6%钴等的合金。它具有热电动势大、线性好、价格便宜、化学稳定性高等优点。在氧化性或中性介质中,可长时间测量 900℃以下的温度,短期可测 1 200 ℃的高温。而在还原性介质中,它会很快被腐蚀,只能用于测量 500 ℃以下的温度。虽然精确度相对较低,但能满足大多数工业测量的要求，是工业测量中最常用的热电偶之一。

还有一些用于特殊测量的超高温热电偶(所测温度可达 2 000 ℃)、低温热电偶(可在 2～273 K 的低温范围内使用)。

6.3.5 辐射式温度计

辐射式温度计是利用辐射原理，即利用热接收器接收被测物体在不同温度下辐射能量的不同来确定对象的温度的。目前，在工业上应用的有光学高温计、辐射高温计、光电高温计、比色高温计、红外辐射测温仪等。

前面介绍的都是接触式温度计，而辐射式温度计的感温元件不与被测物接触，称为非接触式温度计。在测温过程中，由于感温元件不与被测物接触，不存在感温元件为被测物烧毁、侵蚀和磨损等问题，因而测温上限高、寿命长；感温元件不进入被测空间也就不会破坏其温度分布，故特别适于测量运动着的工件表面温度；因其不与被测工件接触，感温元件也易于安装；它还具有响应快，便于实现遥控及自动检测等特点；此外，它的感温元件热惯性可做得很小，输出信号可做得足够大，从而测温滞后小、灵敏度高。其主要缺点是测温准确度不够高，精确度不如接触式测温仪表，结构复杂。

6.4 流体参量的测量

6.4.1 概述

由于流体(如液体和气体)传动系统已经成为许多机械的重要组成部分，其中流体的压力(这里所说的“压力”实际上是物理学中的“压强”在工程中的习惯称呼，是指单位面积上所受到的作用力。)和流量等参量的测量在工程领域具有十分重要的意义，是工程测试领域中的重要内容之一。

在国际单位制中，压力的单位为帕(Pa)，1 Pa＝1 N/m^2。根据参考基准的不同，压力可分为绝对压力和相对压力。以绝对真空(绝对零压力)为参考基准的压力，称为绝对压力。以大气压为参考基准的压力，称为相对压力。相对压力大于零时，称为表压力(表压)；相对压力小于零时，称为真空度(负压)。压力测量装置大多采用相对压力(表压或负压)作为指示值，而很少采用绝对压力。

按压力随时间变化的关系，又可分为静态压力和动态压力。静态压力是指不随时间变化或随时间变化缓慢的压力；动态压力是指随时间快速变化的压力。

流体的流量可分为体积流量 q_V 和质量流量 q_m，分别是指单位时间内流过管道某一截面处流体的体积和质量，单位分别是 m^3/s 和 kg/s。

能测量流体压力和流量的装置有很多，其结构和原理也有不同程度的差别，但它们都有中间转换元件，即将流体的压力、流量等转换为中间机械量，再用相应的传感器把中间机械量转换为电量输出。同时，测量装置的精确度和动态响应不仅与传感器及整个测试系统的特性密切相关，还与由传感器、连接管道等组成的流体系统特性密切相关。这点在流体参量的测量中不容忽视。

6.4.2 流体压力的测量

常用的压力测量方法是静重比较法和弹性变形法。前者多用于各种压力测量装置的静态标定，而后者是压力计和压力传感器等压力测量装置的工作基础。弹性变形法就是利用弹性元件来感受压力，将压力转换为弹性元件的变形的方法。该变形可通过一些机械装置直接指示出压力值，也可借助于其他传感器转换为电信号输出。因此，能感受压力的弹性式压力敏感元件是压力测量装置的关键元件。

1. 弹性式压力敏感元件

常用的弹性式压力敏感元件有波登管、波纹管、膜片和膜盒，以及薄壁圆筒等。

1）波登管

波登管又称为弹簧管，是弯成各种形状的空心弹性金属管，常见的有C形、盘旋形、扭转形和螺旋形等结构形式，如图6.28所示。波登管一端固定，另一端活动；截面形状有平椭圆形、椭圆形、长方形等多种形状。当这种弹性管一侧通入有一定压力的流体时，由于管壁内外侧的压力差(外侧一般为大气压力)，管的截面趋向于变成圆形，截面的短轴伸长。这种截面形状的改变导致管趋向伸直，一直伸展到管的弹簧力与压力的作用相平衡为止。这样，波登管的自由端便产生了位移(线位移或角位移)。

波登管实际上是利用管的曲率变化或扭转变形将压力变化转换为自由端的位移量，从而实现压力的测量的。波登管是大多数指针式压力计的敏感元件，同时也被广泛用于压力传感器中。波登管的材料应根据被测压力来选择：低于20 MPa时，通常采用磷铜；高于20 MPa时，则采用不锈钢或其他高强度的合金钢。以波登管作为压力测量装置的敏感元件，可以得到较高的测量精确

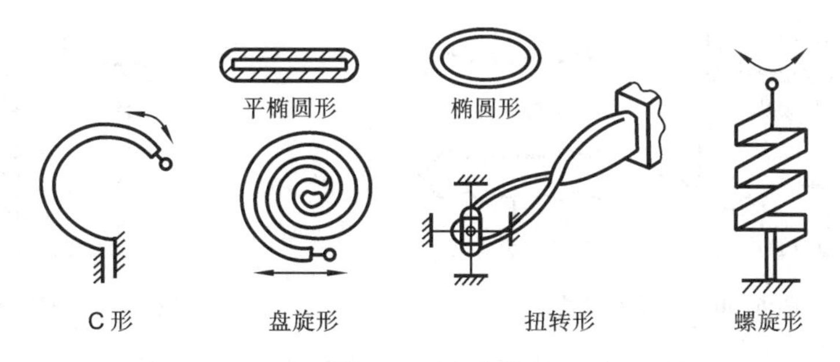

图 6.28 波登管

度，但缺点是尺寸大、固有频率低、滞后大。因此，只适合用于测量静态压力。

2）波纹管

波纹管是一种表面上有许多同心环状波纹的薄壁圆筒。它一端开口且被固定，另一端封闭却处于自由状态，如图 6.29 所示。从开口端注入一定压力的流体后，波纹管在流体压力作用下沿轴向很容易被拉长，灵敏度较高。在形变允许范围内，管内压力与波纹管的轴向伸缩变形成正比，从而将压力转换为位移量。它可测的压力较低。对于小直径的黄铜波纹管，最大允许压力约为 1.5 MPa。无缝金属波纹管的刚度与材料的弹性模量成正比，而与波纹管的外径和波纹数成反比，同时刚度与壁厚成近似的三次方关系。

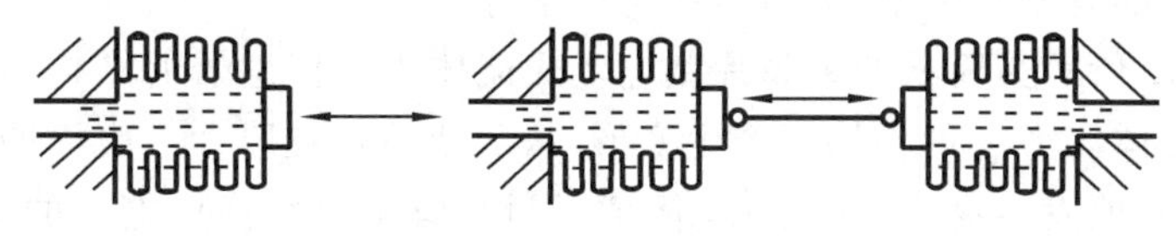

图 6.29 波纹管

波纹管主要用做测量和控制压力的弹性元件。由于灵敏度高，故在小压力和压差测量中使用较多。

3）膜片和膜盒

膜片是用弹性材料制成的圆形薄片，主要形式有平膜片、波纹膜片和悬链膜片，若将两个膜片边缘对焊起来，就构成膜盒，如图 6.30 所示。以平膜片作为压力敏感元件的压力传感器，一般采用位移传感器来感测膜片中心的位置变化，或在膜片表面粘贴应变片来感测其表面应变。当被测压力较低，平膜片产生的位置变化很小，不能达到所要求的最小输出时，可采用图 6.30 中所示的波纹膜片或波纹膜盒，波纹膜盒的挠度是单个波纹膜片的两倍。

4）薄壁圆筒

薄壁圆筒的结构见图 6.31，其壁厚一般小于圆筒直径的二十分之一。当筒

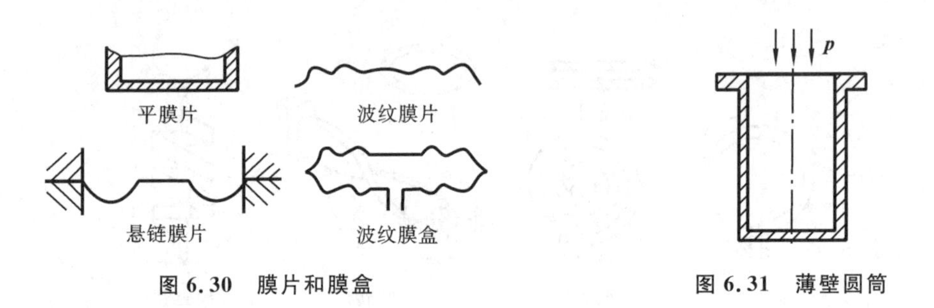

图 6.30 膜片和膜盒

图 6.31 薄壁圆筒

内腔与被测压力相通时,筒壁均匀受力,并均匀地向外扩张,于是筒壁将产生应变。

2. 常用的流体压力传感器

能测量流体压力的传感器很多,在此只介绍常用的应变式、压阻式、压电式、电容式流体压力传感器。其他的还有电感式、涡流式、霍尔式等流体压力传感器,受篇幅限制,在此不作介绍。

1)应变式流体压力传感器

应变式流体压力传感器的工作原理是利用粘贴在弹性元件上的应变片,将流体压力引起的弹性元件的弹性变形转换为应变片的变形,使应变片的电阻值发生变化,再由后续测量电路(如电桥)转换为电量的变化。目前,常用的应变式压力传感器有平膜片型、圆筒形和组合型等。

图 6.32 所示为简易的平膜片型应变式流体压力传感器的结构示意图。图中膜片在流体压力 p 的作用下产生变形,从而使粘贴在膜片上表面的应变片产生应变,电阻值发生变化,变化的电阻值通过后续电路转换成电量的变化输出。这种应变式流体压力传感器体积小、重量轻、精确度高、测量范围宽,从几帕到 500 MPa,而且耐压、抗振,因而应用广泛。

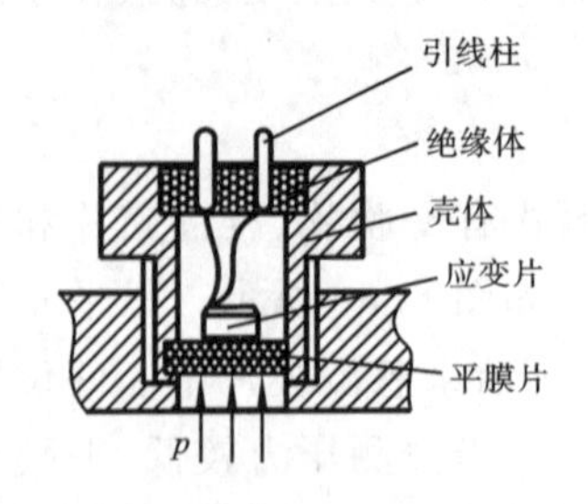

图 6.32 平膜片型应变式流体压力传感器结构示意图

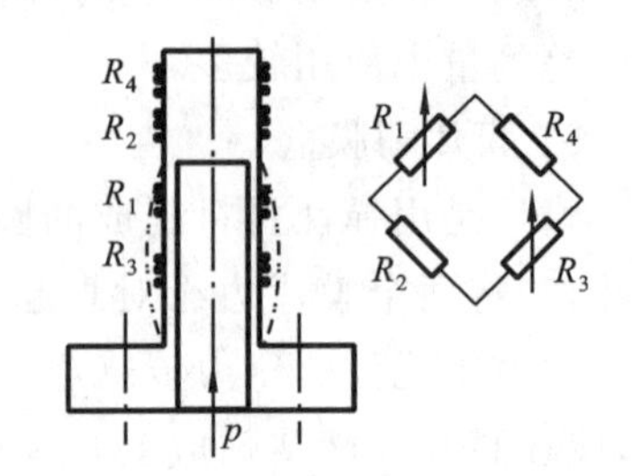

图 6.33 圆筒形应变式流体压力传感器原理图

图 6.33 所示为圆筒形应变式流体压力传感器的原理图。它的上端密封且具有实心端头,下端开口并有用于固定的法兰。圆筒外表面如图 6.33 所示粘

贴有 4 个相同的应变片 R_1、R_2、R_3、R_4，组成全等臂电桥，流体从开口端进入圆筒。当筒内外压力相同时，四个桥臂电阻值相等，电桥输出为零。当筒内压力大于筒外压力时，R_1、R_3 发生变化，电桥输出相应的电信号。这种圆筒形应变式流体压力传感器常用于高压测量。

图 6.34 所示为常见的几种组合型应变式流体压力传感器。在此类传感器中，应变片并不直接粘贴在感压元件上，而是借助某种传递机构将感压元件的弹性变形传递给粘贴有应变片的其他弹性元件。图(a)中，膜片 1 在流体压力作用下产生位移，通过连杆使粘贴有应变片的悬臂梁 2 发生变形。图(b)中，感压元件悬链膜片 1 的变形传递给粘贴有应变片的弹性圆筒 3，使之发生变形。图(c)中，波登管 4 在流体压力作用下自由端产生拉力，该拉力使粘贴有应变片的悬臂梁 2 发生变形。图(d)中，波纹管 5 在压力作用下产生轴向力，使粘贴有应变片的梁 6 发生变形。

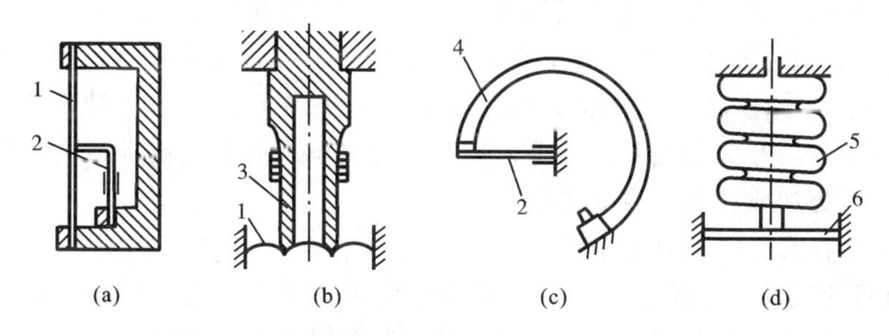

图 6.34　常见的组合型应变式流体压力传感器

1—膜片；2—悬臂梁；3—弹性圆筒；4—波登管；5—波纹管；6—梁

2）压阻式流体压力传感器

图 6.35 所示为压阻式流体压力传感器的原理示意图。它是以单晶硅平膜片作为感压元件，在硅膜片上分布长条形的具有压阻效应的半导体应变片而形成的。当受到流体压力或压差作用时，硅膜片产生变形，从而使分布在其上的半导体应变片也产生变形。基于压阻效应，应变片的阻值会发生变化，根据电阻与压力的对应关系就可以得出所测压力。

由于采用了集成电路的扩散工艺，这种传感器的体积可以做得很小(直径可小至 1.5～3 mm)，动态特性好(0 至几百千赫)。半导体应变片的灵敏度一般要比金属应变片高 50～70 倍，因此，这种传感器的灵敏度很高。由于电阻直接分布在膜片上，没有粘贴层，因此这种传感器零漂小、灵敏度高、重复性好。

3）压电式流体压力传感器

压电式流体压力传感器是以压电晶片作为转换元件，将流体压力的变化转

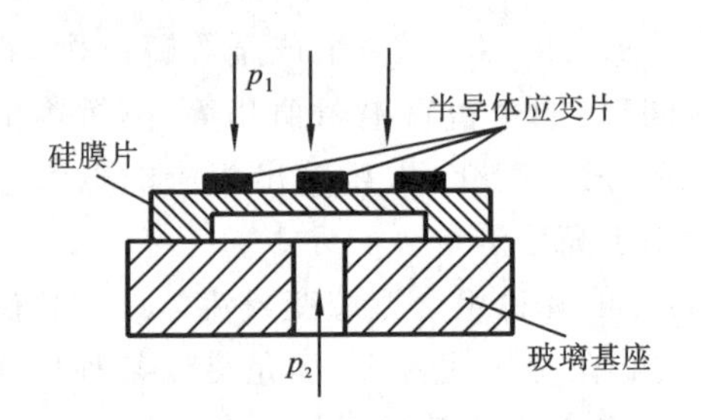

图 6.35 压阻式流体压力传感器原理示意图

换为电量变化的传感器。其工作原理是:流体压力通过膜片或活塞等传递机构作用在压电晶片上,由于压电效应,晶片产生电荷,电荷经放大变换后输出。图 6.36 所示为活塞型压电式流体压力传感器的结构示意图,膜片型压电式流体压力传感器的结构示意图可参见图 4.30。膜片型压电式流体压力传感器一般用于低压的测量,活塞型压电式流体压力传感器用于高压的测量。

压电式流体压力传感器测量范围宽(几百帕至几百兆帕)、体积小、重量轻、安装方便,具有非常高的灵敏度和固有频率,适用于动态压力或冲击压力的测量,不合于静态压力的测量。需要采用具有极高输入阻抗的电荷放大器作前置放大,放大器决定了其可测频率的下限。

4) 电容式流体压力传感器

电容式流体压力传感器的工作原理是将流体压力的变化转换为电容的变化,经电路变换为电量输出。图 6.37 所示为采用单个电容的电容式流体压力传感器的结构示意图。膜片作为电容器的一个极板,在流体压力 p 的作用下产

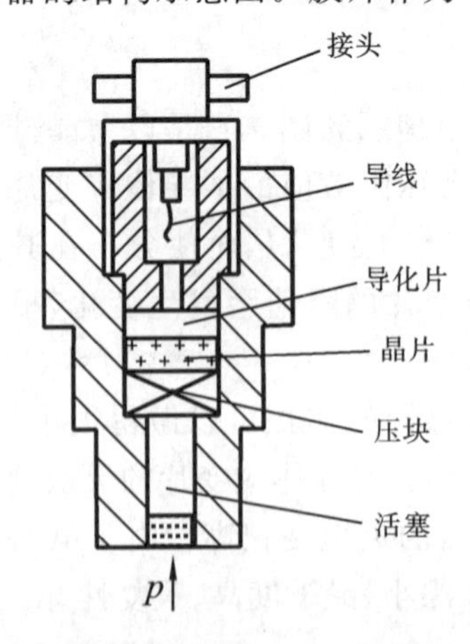

图 6.36 活塞型压电式流体压力传感器结构示意图

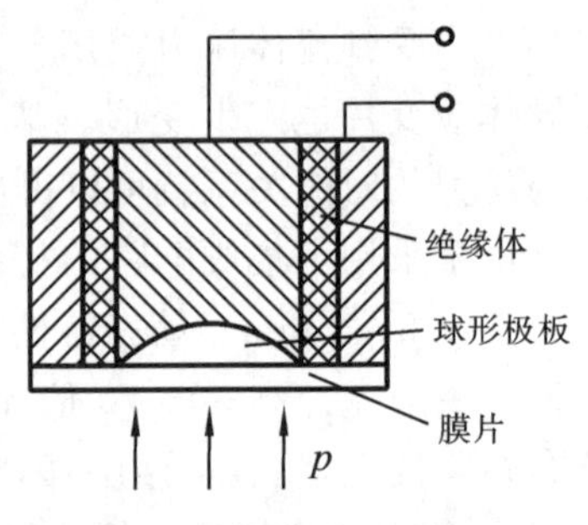

图 6.37 电容式流体压力传感器结构示意图

生变形，改变了膜片与球形极板之间的距离，从而引起电容器电容的变化，再通过电路转换为适当的电量输出。这种电容式流体压力传感器只适合于低压测量，线性度较差。

为提高灵敏度和改善线性度，可以采用图 4.21 所示的由两个电容组成的电容式压差传感器(即差动型电容式流体压力传感器)。

电容式流体压力传感器的灵敏度高、频响好、抗干扰能力强。

6.4.3 流体流量的测量

由于流体的质量流量等于其体积流量乘以流体的密度，因此，这里主要介绍流体体积流量的测量。

流体的体积流量可用标准容器和计时装置(如秒表)来测量，方法是测量流体充满标准容器所需的时间。这种方法只能用来测量稳定的流量或平均流量，也常用于各种流量计的静态标定。一般工业用或实验室用流体流量计的基本工作原理是通过某种中间转换元件或机构，将管道中流动的流体流量转换成压差、位移、转速、力等参量，然后再将这些参量转换成电量输出。下面介绍几种常见的流量计。

1. 压差式流量计

压差式流量计是在流体的流动管道中安装某种阻力元件而形成的。流体流过阻力元件时会产生与流量呈一定函数关系的压力差，通过测量该压力差，即可确定通过的流体流量。因此，压差式流量计采用的是流量-压差转换法，主要由产生压差的装置和检测压差的装置两部分组成。产生压差的装置主要有节流元件(如孔板、喷嘴、文丘里管等)、动压管、均速管、弯管等。

图 6.38 所示的压差式流量计使用孔板节流元件作为压差发生装置。在管道中插入一片中心开有锐角孔的圆板(俗称孔板)，当流体流过孔板时，流动截面缩小，流动速度加快。根据伯努利方程，压力必定下降。分析表明，若在节流装置前后端面处取压力值 p_1 和 p_2，则流体体积流量为

$$q_V = C_d A_0 \sqrt{\frac{2}{\rho}(p_1 - p_2)} \quad (6\text{-}27)$$

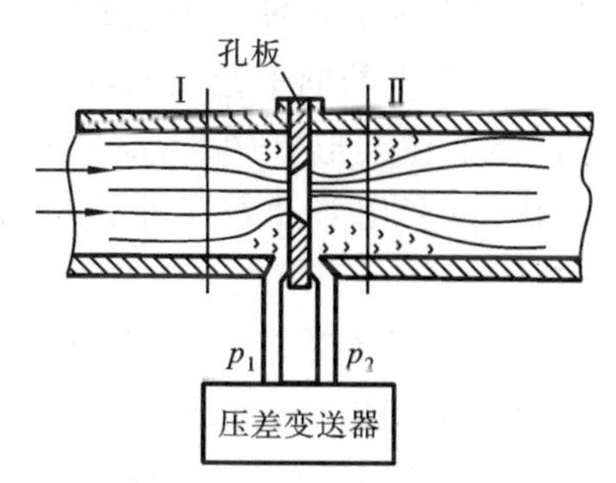

图 6.38 压差式流量计原理图

式中：q_V 为体积流量(m^3/s)；A_0 为孔板锐角孔口的截面积；ρ 为流体的密度(kg/m^3)；C_d 为流量系数，与流道结构和流动状态有关，是无量纲量。

上面的分析表明,流体的流量与节流元件前后压差的平方根成正比,采用压差变送器测出此压差,经开方运算后便得到流量信号。

上述流量计的工作原理虽然简单,但是流量系数 C_d 的准确确定却十分麻烦。由于工业上应用压差式流量计已有很长的历史,对一些标准的节流装置作过大量的试验,积累了一套非常完整的数据资料。实际使用时,只需要根据所采用的标准节流元件、安装方式和使用条件等查阅有关手册,便可得到流量系数。

压差式流量计是目前工业应用最广泛的一种流量仪表,约占整个流量仪表70%的市场份额。而实际使用时,由于雷诺数及流体温度、黏度、密度等的变化,以及孔板孔口边缘的腐蚀磨损程度不同,精确度常远低于理想值。

2. 浮子流量计

浮子流量计的原理如图 6.39 所示,将一个能上下浮动的浮子放于垂直的圆锥形的测量管中,浮子与圆锥形测量管内壁之间形成一个环形节流缝隙。当被测流体流过该环形节流缝隙时,在浮子上、下端之间产生压差 Δp,压差 Δp 与环形节流缝隙的通流面积的平方成反比,与流量的平方成正比。压差 Δp 对浮子产生一个向上的浮力,用于克服浮子机构(含浮子和铁芯)的重量使其悬停在某一个平衡位置。当流量变大时,Δp 就会变大,Δp 产生的浮力就会大于浮子机构的重量,而使其向上移动。由于测量管为圆锥形,于是环形节流缝隙的通流面积就会增大,压差 Δp 下降,直至压差产生的向上浮力与浮子机构的重量重新平衡为止。因此,通过的流量不同,浮子在锥形管中悬浮的位置也就不同,即将流量的变化转换为浮子位移的变化,再利用差动变压器式位移传感器测出浮子的位移,便可确定通过的流体流量。

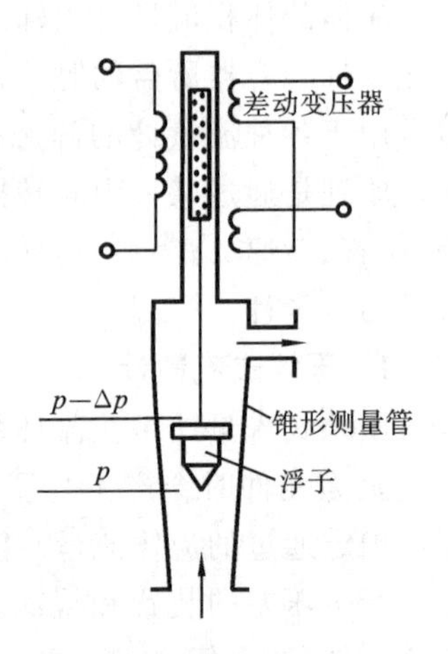

图 6.39　浮子流量计原理图

与压差式流量计一样,浮子流量计也是利用流体流动的节流原理进行工作的流量测量装置。它与压差式流量计的不同之处是它的压差是恒定的,而其节流元件的过流面积却是变化的。浮子流量计一般适用于小流量测量场合。

3. 靶式流量计

图 6.40 所示为靶式流量计的工作原理图。在管道中装设一圆靶(靶置于管道中央,靶的平面垂直于流体流动方向)作为阻力元件,当流体流过时,流动

流体对圆靶产生一个推力 $\boldsymbol{F}_1$，其大小与通过的流量成一定函数关系，测量出推力 $\boldsymbol{F}_1$ 即可确定流量值。一般是先测量出管外杠杆一端的平衡力 $\boldsymbol{F}_2$ 后再求取 $\boldsymbol{F}_1$。

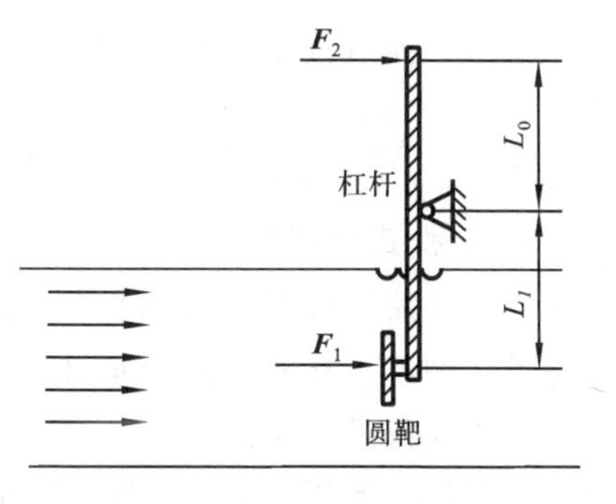

图 6.40 靶式流量计原理图

靶式流量计的流量与检测信号(推力)之间的关系是非线性的，使用不方便，并且限制了流量计的测量范围。近年来出现了一种新型的自补偿靶式流量计，它使用测量控制网络和专门的电控元件，使靶上所受到的推力被自动平衡，于是输出的控制电流值与体积流量呈线性关系。

4. 涡轮流量计

涡轮流量计是根据放在流体中的涡轮的转速与流体的流量近似成正比的原理进行测量的。图 6.41 所示是一种涡轮流量计的结构示意图，它主要由涡轮 1、导流器 6 和磁阻式磁电传感器组成。涡轮转轴的轴承 2 由固定在壳体上的导流器支撑，流体顺着导流器流过涡轮时，推动叶片使涡轮转动。其转速与流量 q_V 成一定的函数关系，通过测量转速即可确定对应的流量 q_V。

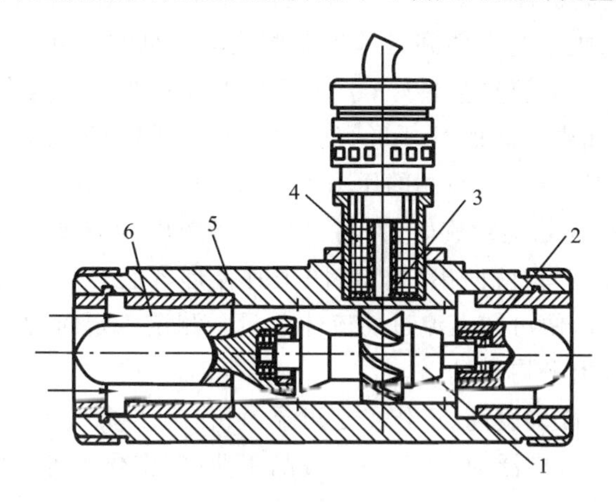

图 6.41 涡轮流量计结构示意图

1—涡轮；2—轴承；3—永久磁铁；4—感应线圈；5—壳体；6—导流器

叶片采用导磁材料制作，与磁电传感器的永久磁铁、铁芯及线圈一起形成磁路。叶片旋转时，磁路的磁阻将发生周期性的变化，从而使线圈中感应出脉冲电压，脉冲电压的频率与涡轮转速成正比。这样，通过检测磁电传感器输出的脉冲电压的频率，就可以检测出涡轮的转速，从而检测出流体的流速。

就涡轮流量计本身来说,其时间常数为2～10 ms,因此,其具有较好的响应特性,可用来测量瞬变或脉动流量。涡轮流量计在线性工作范围内的测量精确度为0.25%～1.0%。

5. 容积式流量计

容积式流量计利用精密的标准容器,对被测流体进行连续测量。因此,又称为量斗型或直接测量型流量计。

容积式流量计实际上相当于一种容积式液动机,流体从进口进入液动机,经过一定尺寸的工作容腔,由出口排出,使得液动机输出轴转动。对一定规格的流量计来说,输出轴每转一周所需要的流体体积是恒定的,此体积称为流量计的排量。测量输出轴的平均转速,就可测得流过流量计的平均流量。

常见的容积式流量计有椭圆齿轮流量计、腰形转子流量计、螺旋转子流量计等几种。实际上,符合一定要求的液动机也可用做容积式流量计。

以椭圆齿轮流量计为例,其工作原理如图6.42所示。在金属壳体内,椭圆齿轮A、B精密啮合。当流体自左向右通过时,在压力的驱动下,齿轮转动。当齿轮处于图(a)所示的位置时,作用于B轮上的转矩为零;由于$p_1>p_2$,因此A轮左侧压力大,而右侧压力小,产生的力矩使A轮作逆时针转动;A轮作为主动轮带动B轮转动,把它与壳体间月牙形容腔内的流体排至出口。在图(b)所示的位置上,A轮和B轮都产生转矩,于是两轮继续转动,A轮在排出流体的同时将流体封入B轮和壳体间的月牙形容腔内。到达图(c)所示的位置时,作用于A轮上的转矩为零,而B轮左侧的压力大于右侧的压力,从而产生转矩,使B轮成为主动轮,带动A轮继续旋转,并将月牙形容腔内的流体排出。如此继续下去,椭圆齿轮每转一周,就向出口排出四个月牙形容腔容积的流体。累计齿轮输出轴转动的圈数,便可知道流过的流体总量。测定一定时间间隔内通过的流体总量,便可计算出平均流量。

容积式流量计准确度高、工作稳定可靠,可作为工业流量计量的标准仪表。其结构简单、磨损小,广泛应用于医疗、食品工业、精密化工等领域。

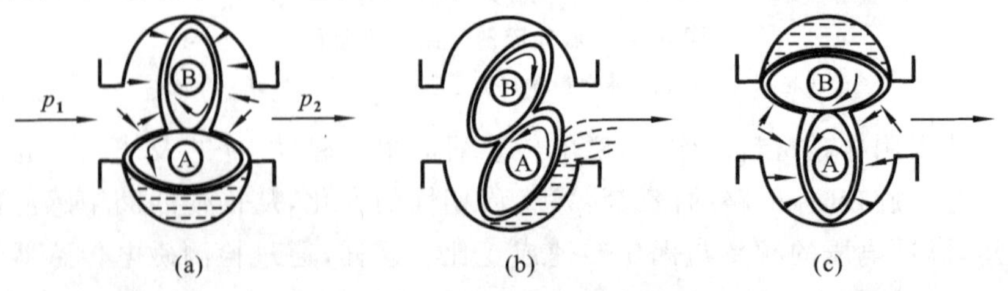

图6.42 椭圆齿轮流量计工作原理图

6. 超声波流量计

超声波在流体中的传播会受到流体流速的影响，通过检测接收的超声波信号可测得流体流速，再根据管道的通流截面积，便可得到流体的流量，这就是超声波流量计的测量原理。超声波流量计的测量方法有多种，但工业上最常用的有两种：一是传播时差法，一是多普勒法。

超声波在流体中传播时，在顺流传播和逆流传播时的速度是不同的，利用这一特点，通过求出超声波顺流传播和逆流传播的时间差，就可以求出流体的速度，这就是传播时差法超声波流量计的工作原理。

如图 6.43 所示，在管道外壁上、下游位置分别安装有一个超声波传感器。它们之间的距离为 L，既可以发射超声波，又可以接超声波。设顺流方向的传播时间为 t_1，逆流方向的传播时间为 t_2，流体静止时超声波的传播速度为 c，流体流动速度为 v，则

$$\begin{cases} t_1 = \dfrac{D/\cos\theta}{c + v\sin\theta} \\ t_2 = \dfrac{D/\cos\theta}{c - v\sin\theta} \end{cases} \tag{6-28}$$

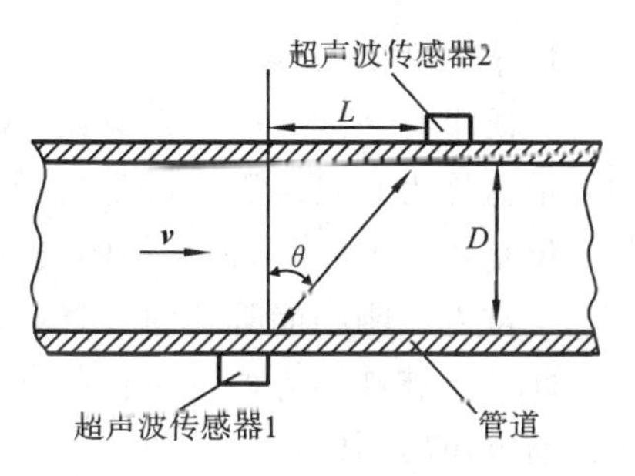

图 6.43 传播时差法超声波流量计工作原理示意图

式中：D 为管道内径；θ 为超声波传播方向与流体运动方向的垂线的夹角。

$$\theta = \arctan\frac{L}{D} \tag{6-29}$$

由于 $v \ll c$，可求出传播时间差为

$$\Delta t = t_2 - t_1 = \frac{2Lv}{c^2 - (v\sin\theta)^2} \approx \frac{2Lv}{c^2} \tag{6-30}$$

由式(6-30)则可得出流体的流速为

$$v = \frac{c^2}{2L}\Delta t \tag{6-31}$$

由此可得出流量的计算公式为

$$q_V = \frac{c^2 D^2 \Delta t \pi}{8L} \tag{6-32}$$

超声波流量计具有不阻碍流体流动的特点，携带和安装方便，通用性好。它可以用来测量多种流体，无论是非导电性流体、高黏度流体，还是强腐蚀性或剧毒性流体，只要是能传输超声波的流体，它都可以测量，尤其适合于测量大口径管道的流量。其缺点是价格较贵。目前，多用在不适合采用其他流量计的测量场合中。

6.5 声音的测量

6.5.1 声信号的几个基本物理量

1. 声压和声压级

介质中有声波时的压强与无声波时的压强之差称为瞬时声压,瞬时声压的均方根值称为有效声压。通常所说的声压,是指有效声压。声压用 p 来表示,其单位是帕斯卡(Pa),但常用的是 μPa。声压是表示声音强弱的基本物理量。

正常人耳刚刚能听到的 1 000 Hz 声音的声压为 2×10^{-5} Pa,称为听阈声压。此声压被规定为评定声音的参考声压 p_0。使人耳刚刚产生疼痛感的声压称为痛阈声压,其值为 20 Pa。

声压级是该点的声压 p 与参考声压 p_0 的比值,采用常用对数再乘以 20 的值,单位为分贝(dB)。目前,国际上采用的声压级符号为 L_p,即

$$L_p = 20\lg\left(\frac{p}{0.000\ 02}\right) \tag{6-33}$$

声压级是相对量,无量纲。在声学中,用“级”来表示相对量,并用分贝作单位。图 6.44 所示为典型声源的声压和声压级。

2. 声强和声强级

声强是指单位时间内,声波通过垂直于声波传播方向的单位面积的声能量,用符号 I 表示,单位为瓦/米^2(W/m^2)。

对于球面波或自由平面波,如果介质密度为 ρ,声速为 c,那么,在传播方向上,声强与声压间的关系为

$$I = \frac{p^2}{\rho c} \tag{6-34}$$

式中:介质的密度 ρ 与声速 c 的乘积,称为介质的声特性阻抗。

声强级是指该点的声强 I 与参考声强 I_0 的比值,采用常用对数再乘以 10 的值。声强级用 L_I 表示,单位也是分贝(dB)。其表达式为

$$L_I = 10\lg\frac{I}{I_0} \tag{6-35}$$

式中:参考声强 $I_0 = 10^{-12}$ W/m^2。

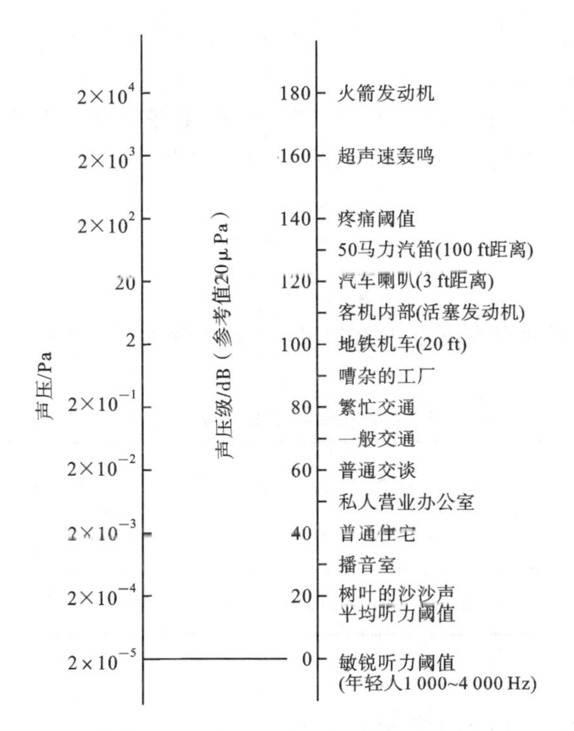

图 6.44　典型声源的声压和声压级

（注：1 ft＝0.3048 m）

将式(6-34)代入式(6-35)中，则有

$$L_I = 10\lg\frac{I}{I_0} = 10\lg\frac{p^2/\rho c}{p_0^2/\rho c} = 10\lg\frac{p^2}{p_0^2} = 20\lg\frac{p}{p_0} = L_p$$

由此可见，声强级数值与声压级数值相等。

3. 声功率与声功率级

声功率是指单位时间内，声波通过垂直于传播方向某指定面积的声能量，常用 W 表示，单位为瓦(W)。

声功率级是指声波的声功率 W 与参考声功率 W_0（$W_0=10^{-12}$ W）的比值，采用常用对数再乘以10的值。声功率级用 L_W 表示，单位为分贝(dB)。其表达式为

$$L_W = 10\lg\frac{W}{W_0} \tag{6-36}$$

目前没有直接测量声功率级的仪器，然而，该值可由声压级数值计算得到。

4. 倍频程

人耳能够听到的声音的频率范围为20～200 00 Hz，频率有1 000倍的变动

范围。为方便起见,将这宽广的频率范围划分为若干较小的频段,这就是频程或频带。将频率比为 2^n 的两个频率之间的频段称为 n 倍频程。常用的有:$n=1$,$n=1/2$,$n=1/3$,$n=1/5$,$n=1/10$。每个频程以它的中心频率 f_0 来命名。中心频率 f_0 和上截止频率 f_{c2}、下截止频率 f_{c1},以及带宽 B 之间的关系为

$$f_0=\sqrt{f_{c1}f_{c2}} \tag{6-37}$$

$$f_{c2}=2^n f_{c1} \tag{6-38}$$

$$B=f_{c2}-f_{c1} \tag{6-39}$$

显然,频程的相对宽度都为常数 2^n,而绝对宽度则随中心频率的增加而按一定比例增加。

表 6.3　1 倍频程的中心频率和频率范围

中心频率/Hz	31.5	63	125	250	500	1 000	2 000	4 000	8 000	16 000
频率范围/Hz	22.4～45	45～90	90～180	180～355	355～710	710～1 400	1 400～2 800	2 800～5 600	5 600～11 200	11 200～22 400

6.5.2　噪声的主观评价参数

1. 响度和响度级

响度是正常人耳听觉对声音强弱的一种感觉,即声音响亮的程度。它主要取决于声强,也与声波的频率和波形有关。声强相同的声音,其频率在 1～4 kHz(特别是在 3～4 kHz)之间时,人耳听觉对其最为敏感。在此范围之外,随着频率的升降,人耳的响度感觉逐渐降低。当声波频率低于 20 Hz 或高于 20 kHz 时,在人耳中便不能引起声感。

响度用 N 表示,其单位为宋(Sone)。将声压级为 40 dB、频率为 1 000 Hz 的纯音的响度定义为 1 Sone。声压级每升高 10 dB,响度随之增加 1 倍。即声压级为 50 dB 时,其响度为 2 Sone,为 60 dB 时响度为 3 Sone。

响度级是用人耳听觉来比拟声音的强度大小的主观单位,用 L_N 表示,单位为方(Phon)。响度级是这样确定的:选用 1 000 Hz 纯音作为标准,调节该纯音的声压级,使它和所测试的声音听起来同样响,这个声压级就被定为所测试声音的响度级。例如,一个声音听起来和声压级为 80 dB、频率为 1 000 Hz 的标准纯音一样响,则这个声音的响度级就是 80 Phon。

响度和响度级都是人们对纯音的主观反应,两者之间的关系为

$$L_N=40+10\log_2 N \tag{6-40}$$

2. 计权网络和计权声压级

人们对声音的主观感受是可以用响度级来描述的，但其测量和计算都十分复杂。为了能用仪器直接读出反映人耳对声音强弱的主观感觉的评价量，人们提出了用电子网络来模拟不同声压下的人耳频率特性。这种电子网络称为计权网络，常用一种特殊的滤波器电路来实现。通过计权网络测得的声压级，称为计权声压级，简称声级。

A 计权网络用于模拟人耳对 55 dB 以下低强度噪声的频率特性；B 计权网络用于模拟人耳对 55～85 dB 中等强度噪声的频率特性；C 计权网络用于模拟人耳对 85 dB 以上高强度噪声的频率特性。三者的主要差别是对噪声低频成分的衰减程度不同，A 衰减最多，B 次之，C 最少。由于 A 计权网络测出来的噪声强度对低频声较迟钝，而对高频声较敏感，故它与人耳对噪声的主观感觉比较接近。A 计权网络测出的量是单一的数值，是噪声所有成分的综合反映，并且测量又容易与人耳主观感觉接近，所以在噪声测量中得到广泛的应用，并被作为评价噪声的标准。由于 B 和 C 两种计权网络表征人耳的主观特性不明显，故近年来已逐渐不使用。

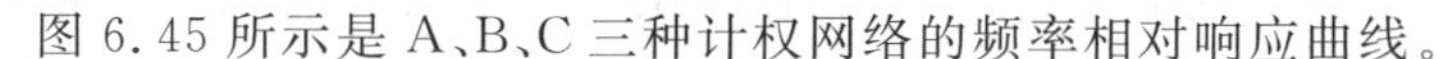

图 6.45 所示是 A、B、C 三种计权网络的频率相对响应曲线。

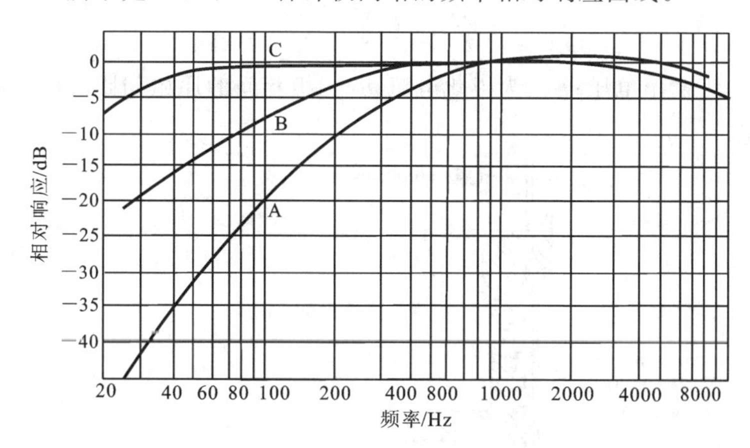

图 6.45　计权网络的频率相对响应曲线

3. 等效连续 A 声级

A 计权声级能较好地反映人耳对噪声强度和频率的主观感觉，因此，对于连续而稳定的噪声是一种较好的评价量。但是对于起伏而不连续的噪声，或者在不同时间发出的噪声，用 A 声级评价就不大合适。为了评价这种噪声，人们提出将一定时间内不连续的噪声能量，用总的工作时间进行平均的方法来评价噪声对人的影响。用这种方法计算出来的声级称为等效声级或等效连续 A 声

级,用符号 L_{eq} 表示,单位为 dB(A)。其数学表达式为

$$L_{eq}=10\lg\frac{1}{T}\int_0^T\left(\frac{p_A(t)}{p_0}\right)dt \tag{6-41}$$

式中:T 为总测量时间;$p_A(t)$ 为 A 计权瞬时声压;p_0 为参考声压,$p_0=20\ \mu\text{Pa}$。

6.5.3 声信号的测量仪器

1. 麦克风

大部分麦克风用膜片作为声波的感受元件,该膜片在与其接触的声波作用下振动。利用某种形式的二次传感器,将该膜片的振动转换为电信号输出。根据二次传感器的不同,普通麦克风可分为电容器式、电动力式、压电晶体式和炭精式四种类型。

1) 电容器式麦克风

电容器式麦克风可能是用于声音测量的最受欢迎的麦克风。它配置一个膜片,该膜片作为空气介质电容器的一个极板,如图 6.46 所示。由于声波声压的冲击,膜片发生振动,使电容器的极板间距发生变化,产生一个输出电压。

$$E(t)=E_{bias}\frac{\delta(t)}{\delta_0} \tag{6-42}$$

式中:$E(t)$为输出电压;E_{bias}为极化电压;δ_0 为极板间的原始间距;$\delta(t)$为极板间距的变化。

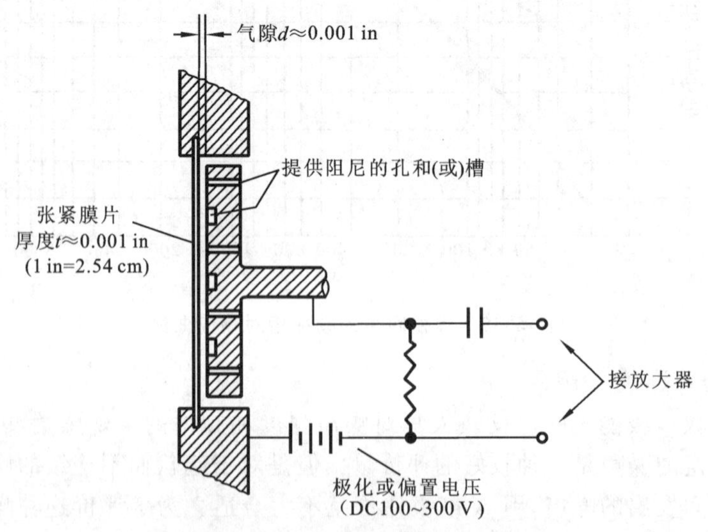

图 6.46 电容器式麦克风结构示意图

在相当宽广的频带范围内，电容器式麦克风具有比较平坦的幅频特性和接近0°的相频特性。

2）电动力式麦克风

电动力式麦克风应用的是电磁感应原理。图6.47所示为电动力式麦克风中的一种典型结构。永久磁铁提供磁场，当膜片在声波声压的作用下振动时，与膜片相连的线圈就会切割磁力线。于是，在线圈中就会感应出与线圈相对磁场运动的速度成正比的电压。这样就提供了一个模拟电信号输出。

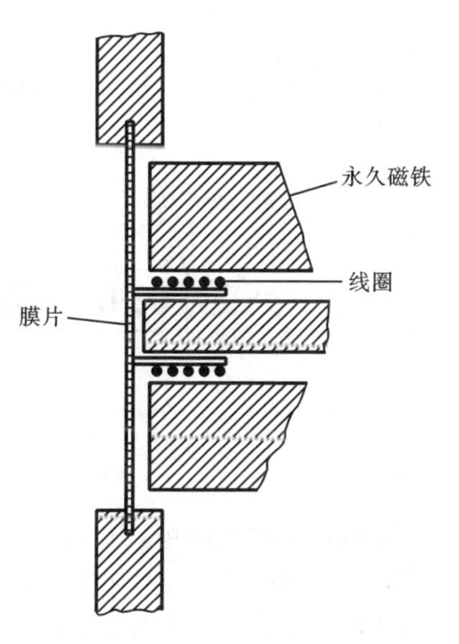

图6.47　电动力式麦克风典型结构示意图

3）压电晶体式麦克风

压电晶体式麦克风一般是通过膜片使压电元件弯曲来产生输出信号的。为了得到最高的灵敏度，常将一个悬臂梁式压电元件机械地连接到膜片上。其他结构采用膜片和压电元件直接接触，或通过粘接（压电元件弯曲放置），以及直接支承（压电元件受压）。压电晶体式麦克风广泛地用于要求精确的声音测量的场合。

4）炭精式麦克风

炭精式麦克风的二次传感器由一小盒炭精砂组成。当有声音信号作用于麦克风上时，声波作用在传声器的振动膜上，使振动膜随之振动，同时使炭精砂所受到的压力发生变化。压力变大时，炭精砂粒被挤紧，电阻减小；压力变小时，炭精砂粒疏散，电阻增大。炭精式麦克风灵敏度高，但噪声大，且容易受潮。

2. 声级计

声级计是最基本和最常用的便携式声音测量仪器，主要用于测量声压级和声级。声级计一般由麦克风、计权网络、放大器和指示装置等组成，其原理框图如图6.48所示。麦克风将声音信号转换成电信号。计权网络的频率特性与人耳的平均频率特性接近，能粗略地将仪器响应与人的听觉响应相匹配。按测量精确度不同，声级计可分为普通声级计和精密声级计。前者的测量误差约为±3 dB，后者的约为±1 dB。

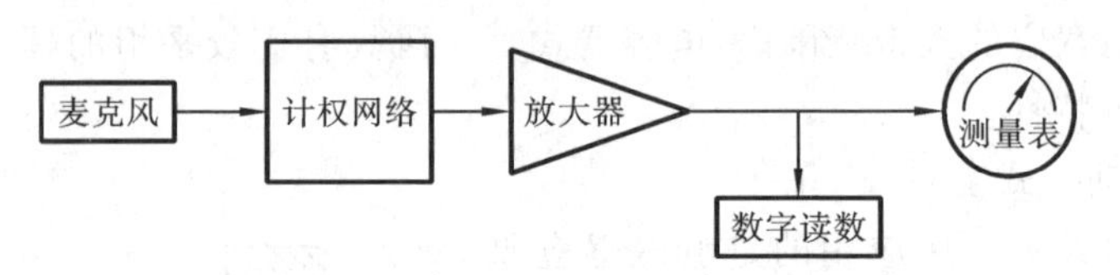

图 6.48 声级计原理框图

6.6 应变与应力的测量

6.6.1 概述

在机械工程实际中,力、扭矩和压力是重要的技术参数,分析机械零件、机械结构等的受力状态,对工艺的合理安排、设备的安全运行以及自动控制等具有重要的指导作用。常用的力测量方法是采用电阻应变仪测定构件表面的应变,再根据应变、应力以及力之间的关系,确定构件的受力状态。

电阻应变仪大多采用调幅放大电路,如第 5 章的图 5.22 所示,其主要由电桥、放大器、相敏检波电路、低通滤波器、振荡器和稳压电源等组成。根据被测应变的性质和工作频率不同,应变仪可分为以下几种。

(1) 静态电阻应变仪 适用于测量静态的应变和变化十分缓慢的应变。

(2) 静动态电阻应变仪 适用于测量静态应变和 0～200 Hz 的低频动态应变。

(3) 动态电阻应变仪 适用于测量 0～2000 Hz 的动态应变。

(4) 超动态电阻应变仪 指工作频率高于 10 kHz 的电阻应变仪,主要用于测量爆炸、冲击等变化非常剧烈的瞬间过程。

电阻应变仪的测量电路多采用电桥电路,电桥的输出电压与各桥臂阻值变化的关系可以用式(5-3)表示,此式称为电桥的和差特性,即

$$e_o = \frac{1}{4}\left(\frac{\Delta R_1}{R_0} - \frac{\Delta R_2}{R_0} + \frac{\Delta R_3}{R_0} - \frac{\Delta R_4}{R_0}\right)e_i \tag{6-43}$$

由于应变测量过程中多采用等臂电桥,即电桥各臂电阻应变片的灵敏度 K_g 相同,根据式(4-12),即 $\Delta R/R = K_g\varepsilon$,得到电桥的输出电压与应变的关系为

$$e_o = \frac{1}{4}K_g(\varepsilon_1 - \varepsilon_2 + \varepsilon_3 - \varepsilon_4)e_i \tag{6-44}$$

在应变和应力的测量过程中，电阻应变片在构件上的布置和电桥的连接形式不仅依赖于构件的受力情况，还要考虑其他的因素：如何消除温度的影响；在复合受力的情况下，如何消除附加载荷；如何提高灵敏度等。式(6-43)和式(6-44)对测量过程中如何进行应变片布置和电桥的连接具有重要的指导作用。

下面介绍常见的应力测量：单向应力测量和平面应力测量。

6.6.2　单向应力测量

1. 拉伸(或压缩)

如图6.49(a)所示，某构件在拉力 $\boldsymbol{F}$ 的作用下，其横截面的应力是均匀分布的，应力的方向已知。为了测量应力的大小，可以沿着力的作用方向粘贴一电阻应变片 R_1，为了实现温度补偿，可以在另一个构件(不受力)上粘贴应变片 R_2。电桥采用半桥双臂邻接形式，如图6.49(b)所示。假设温度引起的电阻的变化值为 ΔR_{T}，则电桥的输出电压为

$$\begin{aligned} e_{\mathrm{o}} &= \frac{1}{4}\left(\frac{\Delta R_1 + \Delta R_{\mathrm{T}}}{R_0} - \frac{\Delta R_{\mathrm{T}}}{R_0}\right)e_{\mathrm{i}} \\ &= \frac{1}{4}K_{\mathrm{g}}\varepsilon e_{\mathrm{i}} \end{aligned} \tag{6-45}$$

也可将温度补偿片 R_2 贴在同一构件上，如图6.49(c)所示。电桥的连接形式也如图6.49(b)所示，此时电桥的输出电压为

$$e_{\mathrm{o}} = \frac{1}{4}K_{\mathrm{g}}(1+\nu)\varepsilon e_{\mathrm{i}} \tag{6-46}$$

根据测得的应变 ε，可以计算应力

$$\sigma = E\varepsilon \tag{6-47}$$

式中：E 为构件材料的弹性模量。

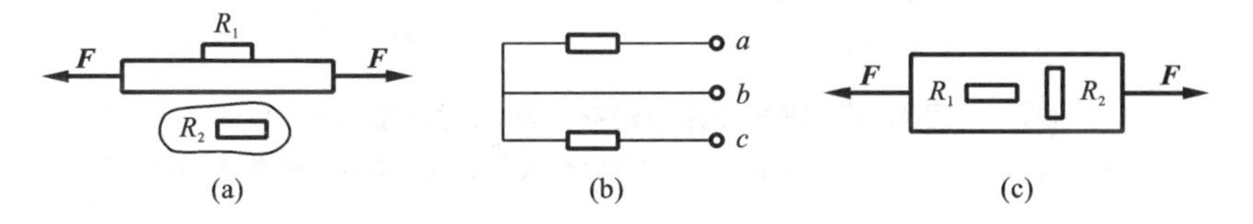

图6.49　单向拉伸的布片与电桥连接形式

(a)另设温度补偿片的布置；(b)半桥双臂邻接形式；(c)两个应变片的布置

2. 弯曲

某构件受到一弯矩 M 的作用，如图6.50(a)所示，在弯矩的作用下，构件上、下表面正应力的绝对值最大，两个正应力的关系可以表示为 $\sigma_1 = -\sigma_2$，它们

的绝对值用σ_{max}表示,其与弯矩的关系可以表示为

$$M = W\sigma_{max} \tag{6-48}$$

式中:W 为抗弯截面模量。

为了测量弯矩的大小,应变片的布置与电桥的连接形式可以分别与图 6.49(a)、(b)相同,此时的输出电压为 $e_o = \frac{1}{4}K_g\varepsilon e_i$。也可以将两个应变片分别粘贴在构件的上、下表面,如图 6.50(b)所示;电桥采用双臂邻接形式,如图 6.50(c)所示。与采用单一应变片相比,这样会使应变仪的灵敏度提高,并实现温度补偿。此时的电压输出为

$$e_o = \frac{1}{2}K_g\varepsilon e_i \tag{6-49}$$

也可采用粘贴四个应变片的方式,如图 6.50(d)所示;电桥为全桥工作方式,如图 6.50(e)所示。这时应变仪的灵敏度会进一步提高,电桥的输出电压为

$$e_o = K_g\varepsilon e_i \tag{6-50}$$

根据测得的应变 ε,由式(6-47)和式(6-48)可以求得弯矩为

$$M = WE\varepsilon \tag{6-51}$$

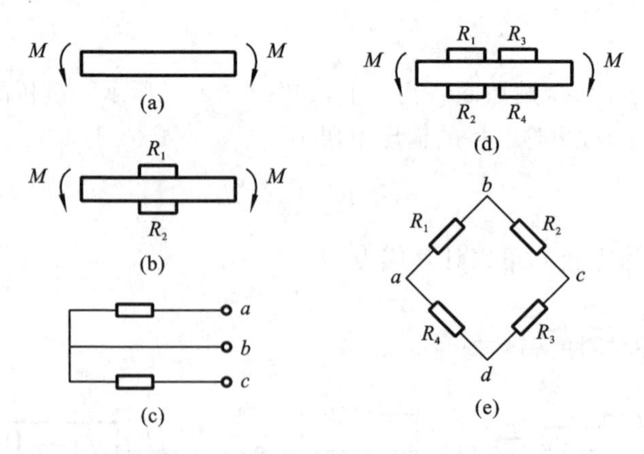

图 6.50 弯矩作用下的布片与电桥连接形式

(a)弯矩;(b)两个应变片的布置;(c)半桥双臂邻接形式;(d)四个应变片的布置;(e)全桥形式

3. 扭转

由材料力学可知,当圆轴受扭矩 T 作用时,与轴线成 45°的方向为主应力的方向,如图 6.51(a)所示,且互相垂直方向上的主应力大小相等、方向相反,即 $\sigma_1 = -\sigma_2$。主应力的绝对值与圆周横截面的最大切应力 τ_{max} 相等,即 $|\sigma_1| = |\sigma_2| = \tau_{max}$。因此,可以通过测量主应力方向上的应变求最大切应力的值 τ_{max},并可求得扭矩。扭矩计算式为

$$T = \tau_{\max} W_{\mathrm{p}} \tag{6-52}$$

式中：W_{p} 为圆截面的扭转截面系数。

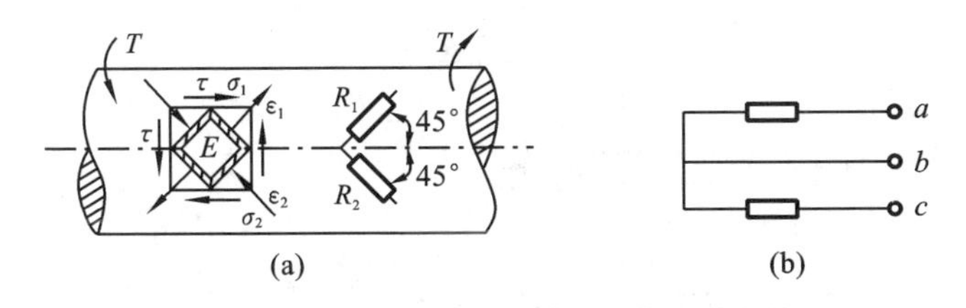

图 6.51 扭矩作用下的布片和电桥连接形式

(a)受力分析；(b)半桥双臂邻接形式

如图 6.51(a)所示，测量时将应变片沿主应力方向粘贴在圆轴表面上，即与轴线成 45°的方向。电桥采用双臂邻接形式，如图 6.51(b)所示，由于 $\varepsilon_1 = -\varepsilon_2 = \varepsilon$，此时电桥的输出电压为

$$e_{\mathrm{o}} = \frac{1}{2} K_{\mathrm{g}} \varepsilon e_{\mathrm{i}} \tag{6-53}$$

根据广义胡克定律

$$\begin{cases} \varepsilon_1 = \dfrac{1}{E}(\sigma_1 - \nu\sigma_2) \\ \varepsilon_2 = \dfrac{1}{E}(\sigma_2 - \nu\sigma_1) \end{cases} \tag{6-54}$$

以及测得的主应变，有

$$|\sigma_1| = |\sigma_2| = \frac{E\varepsilon}{1+\nu} \tag{6-55}$$

因此，圆轴构件的扭矩值为

$$T = \frac{W_{\mathrm{p}} E \varepsilon}{1+\nu} \tag{6-56}$$

4. 拉伸(压缩)及弯曲联合作用

如图 6.52(a)所示，当构件同时受到拉伸和弯曲的作用时，可以利用不同的布片和电桥连接形式，达到只测量一种载荷作用而消除另一种载荷的作用。

如果只测量弯矩，应变片布置和电桥连接形式可以分别如图 6.50(b)、(c)所示，此时拉伸产生的应变 ε_1 和 ε_2 大小相等。由式(6-44)可知，当采用半桥邻接形式时，两个应变是求差的关系，互相抵消，对电桥的输出电压没有影响，测量得到的应变值反映了弯矩的大小。

如果只测量拉伸，应变片的布置和电桥连接形式可以分别如图 6.52(b)、(c)所示，此时弯矩引起的应变 ε_1 和 ε_2 的关系为 $\varepsilon_1 = -\varepsilon_2$，相对桥臂的两个应变

是求和的关系，互相抵消，测量得到的应变值反映了拉伸的大小，此时电压输出值为

$$e_o = \frac{1}{2}K_g \varepsilon e_i \tag{6-57}$$

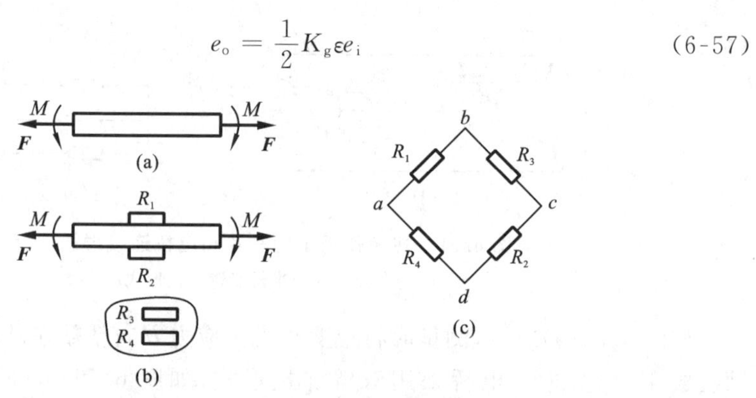

图 6.52　拉伸与弯曲联合作用下拉伸测量的布片和电桥连接形式

(a)拉伸与弯曲的联合作用；(b)布片；(c)全桥连接形式

常见单向应力测量中的布片与电桥连接形式见表 6.4。

表 6.4　单向应力测量中的布片与电桥连接形式

受力状态与贴片图	电桥连接形式		电桥输出电压	特　点
F, R_1, R_2, F	半桥双臂邻接	a, b, c	$e_o = \frac{1}{4}K_g \varepsilon e_i$	能消除温度的影响(另设补偿片)
F, R_1, R_2, F	半桥双臂对接	a, b, c, d, R_1, R_2	$e_o = \frac{1}{2}K_g \varepsilon e_i$	不能消除温度的影响，可消除弯矩的影响
F, R_1, R_2, F	半桥双臂邻接	a, b, c	$e_o = \frac{1}{4}K_g \varepsilon(1+\nu)e_i$	不能消除弯矩的影响，可消除温度的影响
F, R_1, R_2, R_3, R_4, F; F, $R_1(R_3)$, $R_2(R_4)$, F	全桥	a, b, c, d, R_1, R_2, R_3, R_4	$e_o = \frac{1}{2}K_g \varepsilon(1+\nu)e_i$	同时消除温度与弯矩的影响

续表

受力状态与贴片图	电桥连接形式		电桥输出电压	特　　点
	半桥双臂邻接		$e_o = \frac{1}{2}K_g \varepsilon e_i$	消除温度和拉伸力的影响
	全桥		$e_o = K_g \varepsilon e_i$	消除温度和拉伸力的影响

6.6.3　平面应力测量

平面应力状态是工程常见的应力状态。在工程实际中，构件上某一点单元体各面上的应力分量有的为零，而不为零的应力分量其矢量作用线都位于同一平面内，如图 6.53(a)所示（不考虑斜截面 ef），该单元体所有不为零的应力分量的作用线都位于 xy 平面内，这种应力状态称为平面应力状态，也称为二向应力状态。平面应力状态采用简化的平面表示方法，如图 6.53(b)所示。在实际测量中，许多机械结构和零部件处在平面应力状态下，其主应力的方向可能是已知的，也可能是未知的。

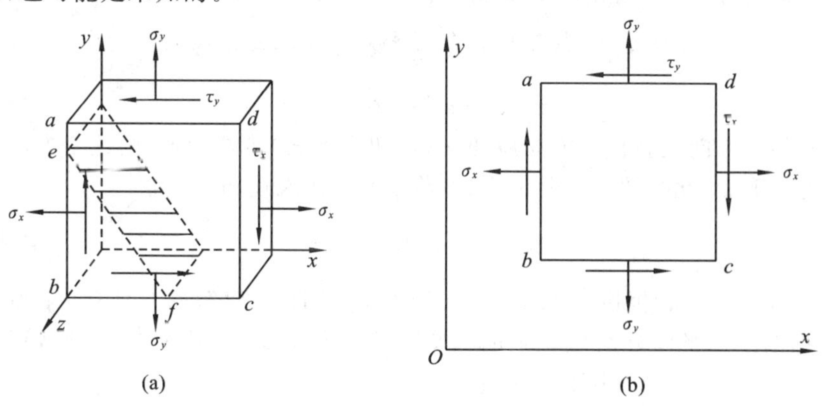

图 6.53　平面应力状态的单元体及其平面表示

(a)平面应力状态的单元体；(b)平面应力状态的平面表示

1. 主应力方向已知

当平面应力场内的主应力方向已知时,只需沿两个互相垂直的主应力方向各粘贴一片应变片,分别测出两个方向的主应变,再根据广义胡克定律计算出主应力,即

$$\begin{cases}\sigma_1 = \dfrac{E}{1-\nu^2}(\varepsilon_1 + \mu\varepsilon_2) \\ \sigma_2 = \dfrac{E}{1-\nu^2}(\varepsilon_2 + \mu\varepsilon_1)\end{cases} \tag{6-58}$$

2. 主应力方向未知

在平面应力状态下,当主应力的大小和方向都未知时,一般采取粘贴应变花的办法进行测量。常用的应变花是由三个按照一定角度排列的应变片组成的,如图 4.6(c)所示,用它们可以测量某点三个方向上的应变,再根据测得的三个应变值求解出主应力的大小及方向,求解的方法和原理介绍如下。

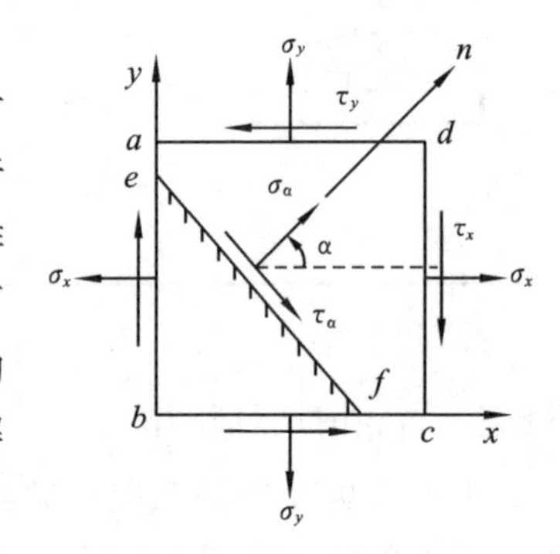

图 6.54 单元体及其斜截面的平面表示

图 6.53(a)所示的单元体正投影如图 6.54 所示,与 z 轴平行的任一斜截面 ef(α 截面)的外法线 n 与 x 轴的夹角 α 为方向角;在正应力 σ_x 和 σ_y 作用下,将单元体沿 x、y 方向产生的正应变分别设为 ε_x 和 ε_y,将在切应力 τ_x 的作用下产生的切应变设为 γ_x,α 截面上的正应力和切应力分别用 σ_α 和 τ_α 表示。根据材料力学理论可知,α 截面上的正应变 ε_α 和切应变 γ_α 可以分别表示为

$$\varepsilon_\alpha = \frac{\varepsilon_x + \varepsilon_y}{2} + \frac{\varepsilon_x - \varepsilon_y}{2}\cos 2\alpha + \frac{\gamma_x}{2}\sin 2\alpha \tag{6-59}$$

$$\gamma_\alpha = (\varepsilon_x - \varepsilon_y)\sin 2\alpha + \gamma_x \cos 2\alpha \tag{6-60}$$

若某个方向上斜截面的切应变 γ_α(或切应力 τ_x)恰好为零,则这个方向的斜截面为主平面,此时的方向角设为 α_{p},将 $\gamma_\alpha=0$ 代入式(6-60)得

$$\alpha_{\mathrm{p}} = \frac{1}{2}\arctan\frac{\gamma_x}{\varepsilon_x - \varepsilon_y} \tag{6-61}$$

$2\alpha_{\mathrm{p}}$ 在$[-\pi,\pi]$范围内取值。式(6-61)确定的 α_{p} 应有两个值(两个值相差 90°),即两个主平面分别与 x 轴的夹角。将这两个 α_{p} 值代入式(6-59),得出两个主应变 ε_1 和 ε_2 的一般表示式为

$$\varepsilon_{1,2} = \frac{\varepsilon_x + \varepsilon_y}{2} + \frac{1}{2}\sqrt{(\varepsilon_x - \varepsilon_y)^2 + {\gamma_x}^2} \tag{6-62}$$

在实际测量中,粘贴在被测构件上的应变花与 x 轴夹角分别为 α_1、α_2 和 α_3

时，可测得三个方向上的应变分别为 $\varepsilon_{\alpha1}$、$\varepsilon_{\alpha2}$ 和 $\varepsilon_{\alpha3}$，连同三个角度值代入式(6-59)，通过联立方程可求解出 ε_x、ε_y 和 γ_x，再根据式(6-61)、式(6-62)和式(6-58)，分别求出主应变的方向与 x 轴的夹角 α_p、主应变以及主应力的大小。

为了简化计算，应变花的角度 α_1、α_2 和 α_3 常取特殊角，如 0°、45°、90° 或 0°、60°、120°，假设应变花的角度为 $\alpha_1=0°$，$\alpha_2=45°$ 和 $\alpha_3=90°$，将这些角度值代入式(6-59)，得

$$\begin{cases}\varepsilon_0=\dfrac{\varepsilon_x+\varepsilon_y}{2}+\dfrac{\varepsilon_x-\varepsilon_y}{2}=\varepsilon_x\\ \varepsilon_{45}=\dfrac{\varepsilon_x+\varepsilon_y}{2}+\dfrac{\gamma_x}{2}\\ \varepsilon_{90}=\dfrac{\varepsilon_x+\varepsilon_y}{2}-\dfrac{\varepsilon_x-\varepsilon_y}{2}=\varepsilon_y\end{cases} \tag{6-63}$$

对上面的方程组求解可得

$$\varepsilon_x=\varepsilon_0,\quad \varepsilon_y=\varepsilon_{90},\quad \gamma_x=2\varepsilon_{45}-(\varepsilon_0+\varepsilon_{90}) \tag{6-64}$$

将式(6-64)代入式(6-61)、式(6-62)，可得主应变与 x 轴的夹角 α_p 以及主应变 ε_1、ε_2 分别为

$$\begin{cases}\alpha_p=\dfrac{1}{2}\arctan\dfrac{2\varepsilon_{45}-\varepsilon_0-\varepsilon_{90}}{\varepsilon_0-\varepsilon_{90}} & (6\text{-}65)\\ \varepsilon_1=\dfrac{\varepsilon_0+\varepsilon_{90}}{2}+\dfrac{\sqrt{2}}{2}\sqrt{(\varepsilon_0-\varepsilon_{45})^2+(\varepsilon_{45}-\varepsilon_{90})^2} & \\ \varepsilon_2=\dfrac{\varepsilon_0+\varepsilon_{90}}{2}-\dfrac{\sqrt{2}}{2}\sqrt{(\varepsilon_0-\varepsilon_{45})^2+(\varepsilon_{45}-\varepsilon_{90})^2} & (6\text{-}66)\end{cases}$$

将式(6-66)代入式(6-58)，得主应力 σ_1 和 σ_2 分别为

$$\begin{cases}\sigma_1=\dfrac{E}{2(1-\nu)}(\varepsilon_0+\varepsilon_{90})+\dfrac{E}{\sqrt{2}(1+\nu)}\sqrt{(\varepsilon_0-\varepsilon_{45})^2+(\varepsilon_{45}-\varepsilon_{90})^2}\\ \sigma_2=\dfrac{E}{2(1-\nu)}(\varepsilon_0+\varepsilon_{90})-\dfrac{E}{\sqrt{2}(1+\nu)}\sqrt{(\varepsilon_0-\varepsilon_{45})^2+(\varepsilon_{45}-\varepsilon_{90})^2}\end{cases} \tag{6-67}$$

常见电阻应变花的结构形式及其应力计算公式如表 6.5 所示。

表 6.5 应变花的结构形式及其应力计算公式

应变花的名称及形式	应力的大小和方向计算
ε_{90} ε_{45} ε_0 三轴 45°应变花	$\sigma_{1,2}=\dfrac{E}{2(1-\nu)}(\varepsilon_0+\varepsilon_{90})\pm\dfrac{E}{\sqrt{2}(1+\nu)}\sqrt{(\varepsilon_0-\varepsilon_{45})^2+(\varepsilon_{45}-\varepsilon_{90})^2}$ $\tau_{max}=\dfrac{\sqrt{2}E}{2(1+\nu)}\sqrt{(\varepsilon_0-\varepsilon_{45})^2+(\varepsilon_{45}-\varepsilon_{90})^2}$ $\alpha=\dfrac{1}{2}\arctan\dfrac{2\varepsilon_{45}-\varepsilon_0-\varepsilon_{90}}{\varepsilon_0-\varepsilon_{90}}$

续表

应变花的名称及形式	应力的大小和方向计算
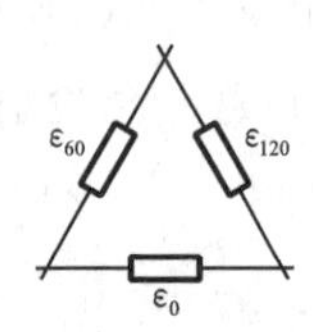 三轴 60°应变花	$\sigma_{1,2}=\frac{E}{3(1-\nu)}(\varepsilon_0+\varepsilon_{60}+\varepsilon_{120})\pm\frac{\sqrt{2}E}{3(1+\nu)}\sqrt{(\varepsilon_0-\varepsilon_{120})^2+(\varepsilon_{120}-\varepsilon_{60})^2+(\varepsilon_{60}-\varepsilon_0)^2}$ $\tau_{\max}=\frac{\sqrt{2}E}{3(1+\nu)}\sqrt{(\varepsilon_0-\varepsilon_{120})^2+(\varepsilon_{120}-\varepsilon_{60})^2+(\varepsilon_{60}-\varepsilon_0)^2}$ $\alpha=\frac{1}{2}\arctan\frac{\sqrt{3}(\varepsilon_{60}-\varepsilon_{120})}{2\varepsilon_0-\varepsilon_{60}-\varepsilon_{120}}$
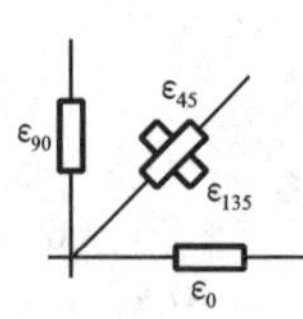 四轴 45°应变花	$\sigma_{1,2}=\frac{E}{2}\left[\frac{\varepsilon_0-\varepsilon_{90}}{1-\nu}\pm\frac{1}{1+\nu}\sqrt{(\varepsilon_0-\varepsilon_{90})^2+(\varepsilon_{45}-\varepsilon_{135})^2}\right]$ $\tau_{\max}=\frac{E}{2(1+\nu)}\sqrt{(\varepsilon_0-\varepsilon_{90})^2+(\varepsilon_{45}-\varepsilon_{135})^2}$ $\alpha=\frac{1}{2}\arctan\frac{\varepsilon_{45}-\varepsilon_{135}}{\varepsilon_0-\varepsilon_{90}}$
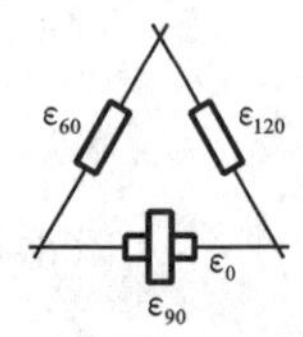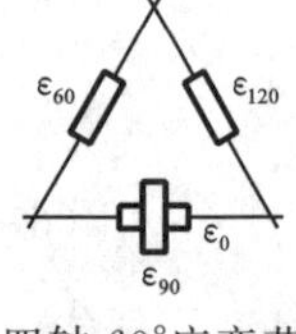 四轴 60°应变花	$\sigma_{1,2}=\frac{E}{2}\left[\frac{\varepsilon_0+\varepsilon_{90}}{1-\nu}\pm\frac{1}{1+\nu}\sqrt{(\varepsilon_0-\varepsilon_{90})^2+\frac{4}{3}(\varepsilon_{120}-\varepsilon_{60})^2}\right]$ $\tau_{\max}=\frac{\sqrt{2}E}{2(1+\nu)}\sqrt{(\varepsilon_0-\varepsilon_{90})^2+\frac{4}{3}(\varepsilon_{120}-\varepsilon_{60})^2}$ $\alpha=\frac{1}{2}\arctan\frac{2(\varepsilon_{60}-\varepsilon_{120})}{\sqrt{3}(\varepsilon_0-\varepsilon_{90})}$

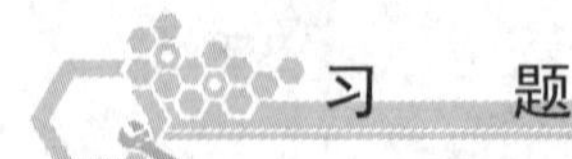

习　题

6.1　分析压电式加速度传感器的工作原理。

6.2　表面粗糙度的评定参数有哪些？它们是如何定义的？

6.3　表面粗糙度对产品的质量有哪些影响？常用的测量方法有哪些？

6.4　什么叫直线度误差？简述常用的直线度误差测量方法的原理。

6.5　简述热电偶测温的原理。

6.6　简述常用的几种流体压力传感器的工作原理。

6.7　简述常用的几种流体流量传感器的工作原理。

6.8　简述声强、声压、声功率的定义。

6.9 将两个相同的应变片如图6.55所示分别粘贴在构件上，应变片的初始阻值为120 Ω，应变片在桥路中采用半桥双臂对接方式。已知电源电压为4 V，电桥的输出电压为120 μV，电阻应变片的灵敏度系数为2，构件的弹性模量为180 GPa。试估计每个应变片阻值的变化量以及构件所受应力的大小。

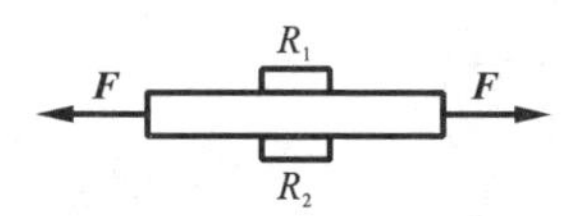

图6.55 习题6.9图

6.10 构件受到拉伸力 **F** 的作用，应变片的粘贴位置如图6.56所示，应变片在桥路中采用半桥双臂邻接方式，测得轴向应力为15 MPa。已知电源电压为10 V，测量时输出电压为250 μV，材料的泊松比为0.3，弹性模量为190 GPa。试求应变片的灵敏度。

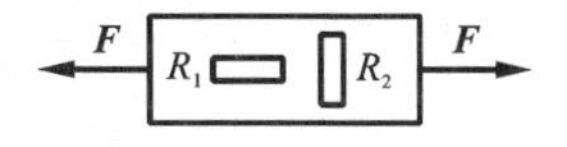

图6.56 习题6.10图

6.11 如图6.57所示，某构件在载荷的作用下分别产生了轴向应变和弯曲应变，为了测量弯矩 **M**，图中示出两个应变片的粘贴位置。当两个应变片在桥路中采用半桥双臂邻接方式时，试说明能否消除拉伸力与温度的影响。

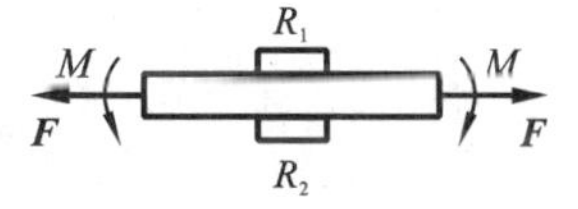

图6.57 习题6.11图

第7章 计算机辅助测试系统与虚拟仪器

7.1 概　　述

早期的信号分析处理都是由模拟分析处理装置来完成的，存在精度低、速度低、适应性差以及辅助设备多等缺点。从20世纪80年代开始，随着计算机技术不断发展，数字信号处理技术开始应用于信号的分析处理。数字信号处理具有高度的灵活性、极好的重现性，且具备可靠性、稳定性好，分辨率、精度高，以及动态范围宽等优点；另外，为设备的智能化和成果共享提供了可能。随着计算机技术、大规模集成电路技术、通信技术和数字信号分析处理技术的飞速发展，计算机与测试技术的关系发生了根本性变化，计算机已成为现代测试系统的基础，计算机辅助测试系统则成为现代测试技术应用的主要手段。

计算机辅助测试系统从结构方面来看，主要由计算机、测试仪器、接口总线和软件四部分组成。计算机是整个系统的核心，可以是个人计算机，也可以是单片机；测量仪器可以有1台或多台，各测量仪器通过接口总线与计算机连接；在计算机软件的控制下，各测试仪器实现信号的调理、放大、滤波和采集等功能；测量数据的计算、变换、分析处理、显示等也可由计算机软件来完成。接口总线是保证测试系统各测试仪器之间以及各测试仪器与计算机之间进行有效通信的重要设备。接口的主要任务是提供机械兼容、逻辑电平方面的匹配，并能通过数据线进行数据传输和交换。

目前，计算机辅助测试系统可以分为三种类型。

第一种是板卡式测试系统，其组成如图7.1所示。它由具有信号调理、模

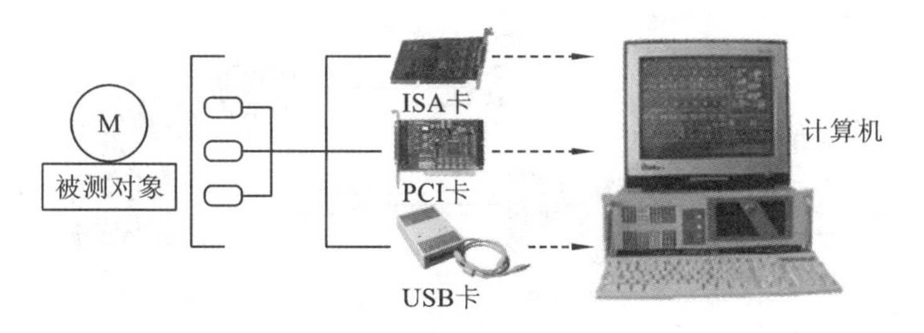

图 7.1　板卡式测试系统

拟信号采集、数字输入/输出等测试与分析功能的板卡式仪器通过计算机的接口总线(如 ISA、PCI、RS232、USB 等)与计算机相连而成,所组成的系统可为通用或专用的测试系统。

第二种是仪器前端测试系统。这种系统主要由仪器前端和计算机组成,如图 7.2 所示。仪器前端是指装在一个独立机箱中,通过 VXI、PXI 等专用仪器总线互连,具有信号调理、模拟信号采集、数字输入/输出、数字信号处理、测试控制等功能的模块的总称。仪器前端一般通过接口总线(如并行接口、1393、以太网接口等)与计算机相连。

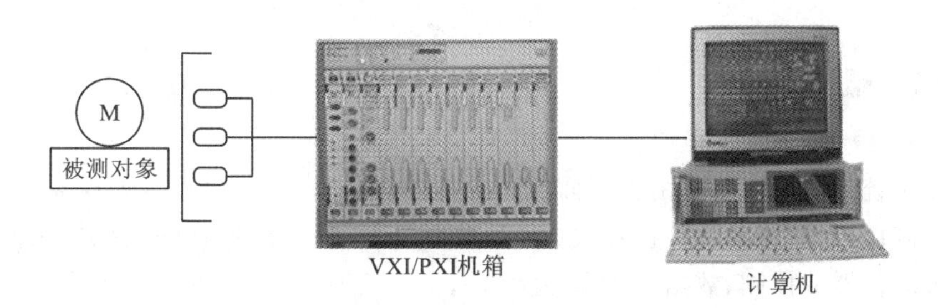

图 7.2　仪器前端测试系统

第三种是仪器控制系统。这种系统是由可独立运行的程控仪器与计算机组成,如图 7.3 所示。程控仪器是指能接受程序控制并据之改变内部电路工作状态,以及完成特定任务的测量仪器。程控仪器通过总线与计算机相连,通过计算机上的软件可以对程控仪器进行控制(如参数设置及启停控制等)。这种系统与前两种系统的最大不同之处在于它能够脱离计算机运行,独立完成一定的测试任务。

软件是计算机测试系统的灵魂。软件可以是通用软件,也可以是专用软件。在一些测试系统中,信号数据的分析处理和显示完全由专用软件提供的软件模块来实现,只需要用必要的数据采集硬件,就可以与计算机组成一个功能完备的计算机测量系统。这些具有特定测试仪器功能、可复用的软件模块,相

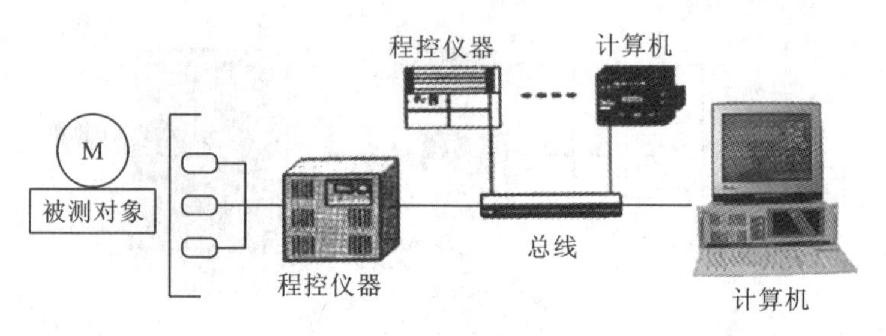

图 7.3　仪器控制系统

当于用软件实现的虚拟测试仪器,称为虚拟仪器。基于虚拟仪器的计算机辅助测试系统,称为虚拟仪器测试系统。

7.2　板卡式仪器

7.2.1　概述

1. 板卡式仪器的分类

传统的测试仪器都由控制面板和内部处理电路组成,而板卡式仪器自身不带控制面板,它借助计算机强大的图形显示能力,建立图形化的虚拟控制面板,完成对仪器的控制、数据分析和显示。

根据功能不同,板卡式仪器可分为模拟量输入(AI,A/D 转换)卡、模拟量输出(AO,D/A 转换)卡、数字量输入/输出(DI/DO)卡、计数/计频(COUNT)卡等,以及一些与专用传感器配套的采集卡(如光栅采集卡、热电偶采集卡),有些板卡还具有数字滤波和数字信号处理的功能。目前,应用最多的是以模拟量输入即数据采集为主,同时具有 AO、DI、DO 和定时计数等功能的多功能数据采集卡。根据接口不同,板卡式仪器可分为 ISA 卡、PCI 卡、USB 卡等(见图 7.4)。

2. 数据采集卡的组成

在计算机辅助测试系统中,将模拟信号转换为计算机可使用的数字信号的过程称为数据采集。在板卡式测试系统中,实现这一功能的装置就是数据采集(AI)卡。A/D 转换器是数据采集卡中的核心部件,其成本占数据采集卡成本的较大比重。在实际测试过程中,往往需要同时采集多个传感器的输出信号。

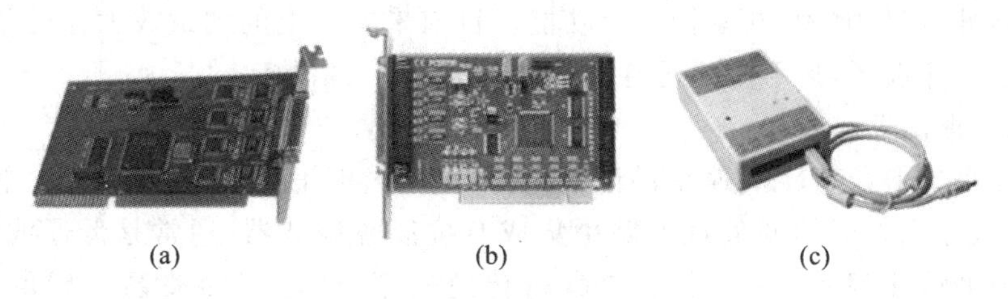

图 7.4 板卡式仪器的分类

(a)ISA 卡；(b)PCI 卡；(c)USB 卡

在采样频率要求不高和不要求同步采集各传感器信号时，可以让几个传感器分时共用一个 A/D 转换器，从而可大大降低采集卡的成本。分时共用 A/D 转换器的多通道轮询采集卡的结构如图 7.5 所示，其主要由多路模拟开关、测量放大器、滤波器、采样/保持电路、A/D 转换器等组成。

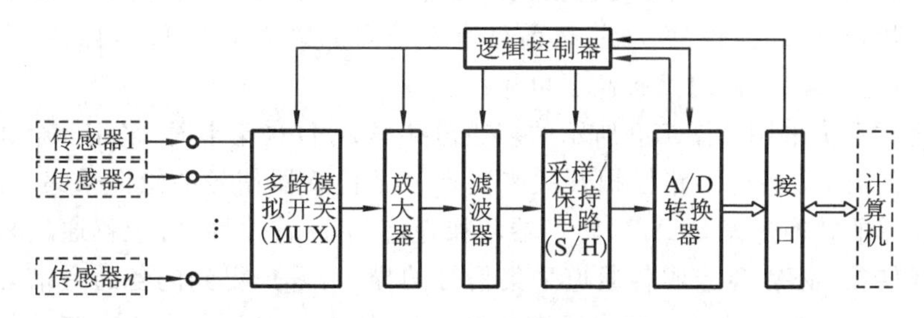

图 7.5 多通道共享 A/D 采集卡的组成框图

1) A/D 转换器

A/D 转换器用于将模拟量转换成计算机可以处理的数字量，是采集卡的核心部件。其主要的技术指标有转换速率、转换位数、输入范围、通道数等，转换速率越高、位数越多、通道数越多，价格越高。A/D 转换器实际上是由专用的集成电路芯片来实现的，常用的有 AD574、ADC0809、AD7714 等。

2) 多路模拟开关(analog multiplexer，MUX)

多路模拟开关又称模拟多路复用器，其作用是将多路输入的模拟信号，按照时分多路的原理，分别与输出端连接，以使得多路输入信号可以复用(共用)一套后续的装置。多路模拟开关的主要指标有通道数、导通时间等，常见的芯片有 CD4501、AD7501 等。

3) 测量放大器

传感器一般不具有零输出阻抗，不一定能直接提供合适的输出信号值给采集卡。另外，传感器的工作环境复杂，其输出端经常产生较大的共模噪声。因此，采集卡中通常配用一种精密的差动电压增益部件，称为测量放大器，它具有

输入缓冲、信号放大、共模抑制等功能。目前采集卡上的测量放大器的放大倍数可由程序选择，且不同的通道可采用不同的放大倍数。

4) 滤波器

受采集卡最高转换速率的限制，为了使采样后信号的频谱不产生混叠失真，一般在采集卡的预处理电路中集成有抗混叠滤波器，通常是低通滤波器。滤波器的截止频率 f_c 与采集卡最高转换速率 f_m 之间的关系一般取 $f_m=(3\sim4)f_c$。

5) 采样/保持(S/H)电路

A/D 转换器把模拟量转换成数字量需要一定的转换时间。在这段转换时间内，为了保证转换精度，被转换的模拟量应基本保持不变。因此，在模拟信号源与 A/D 转换器之间需要加接采样/保持(S/H)电路。一般对直流或低频信号，可不用 S/H 电路，但对变化较快的信号或多通道同步采样时必须采用 S/H 电路。随着 A/D 器件的发展，目前已有多种内部集成了 S/H 电路的 A/D 芯片，既简化了设计，同时又提高了可靠性。

测试系统采用如图 7.5 所示的多通道共享 A/D 采集卡时，采用 n 个通道顺序工作的方式，通过多路模拟开关来实现 n 个传感器信号的轮询采集。此时，每个通道的转换速率是 A/D 转换器转换速率的 $1/n$；并且，由于各通道采用轮询方式转换，必然会造成各通道采集信号的异步，采集得到的各通道信号间存在时间差而导致相位差。故多通道共享 A/D 的采集卡不适合于高速采集和要求多通道同步采集的场合。

图 7.6 为多通道独立 A/D 采集卡的组成框图，每个通道均有独立的 S/H 电路和 A/D 转换器。基于该采集卡的测试系统，可实现各通道同步高速采集；由于没有多路模拟开关，也就避免了多路模拟开关工作时引起的噪声、串扰和泄漏等。适用于对各通道信号有同步要求的场合，如相关分析。

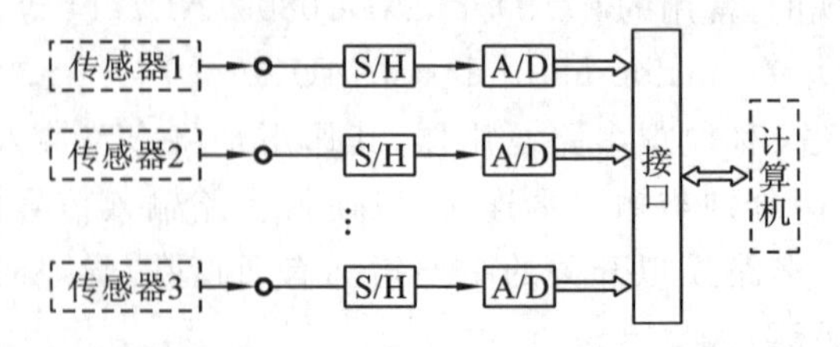

图 7.6 多通道独立 A/D 采集卡的组成框图

3. 与数据采集有关的专业术语

下面以北京中泰研创的 USB7325A(简称 7325A)采集卡及其操作为例，来介绍与数据采集有关的一些专业术语。USB7325A 属于 16 通道 12 位的 AI 采集卡，为多通道共享 A/D 型的，主要由多路模拟开关、高精度放大器、A/D 转换器、先进先出(FIFO)缓冲存储器、开关量输入/输出电路、定时/计数器电路和接口控制逻辑电路、供电电路等部分组成。

该采集卡的模拟量输入采用 26 针插座，其信号端口的定义如表 7.1 所示。为减少信号杂波串扰和保护通道开关，凡不使用的信号端应就近与模拟地短接，这一点在小信号放大使用时尤其重要。

表 7.1　模拟输入信号端口定义(括号内表示差分方式)

插座引脚号	信号定义	插座引脚号	信号定义
1	AGND(模拟地)	2	AGND(模拟地)
3	CH1(CH1＋)	4	CH2(CH2＋)
5	CH3(CH3＋)	6	CH4(CH4＋)
7	CH5(CH5＋)	8	CH6(CH6＋)
9	CH7(CH7＋)	10	CH8(CH8＋)
11	CH9(CH1－)	12	CH10(CH2－)
13	CH11(CH3－)	14	CH12(CH4－)
15	CH13(CH5－)	16	CH14(CH6－)
17	CH15(CH7－)	18	CH16(CH8－)
19	AGND(模拟地)	20	AGND(模拟地)
21	NC(空脚)	22	NC(空脚)
23	外触发输入地(TG)	24	外触发输入地(TG)
25	外触发输入(ET)	26	外触发输入(ET)

1) 模拟量电压信号的类型

根据信号的参考基准情况，一个模拟量电压信号可以分为接地信号和浮地信号两类。接地信号是指以系统地(例如大地或建筑物的地)为参考基准，信号的一端直接接地的电压信号。最常见的接地信号源是通过墙上的电源插座接入建筑物地的设备，例如信号发生器和电源供电设备等。浮地信号是指不与任何地(如大地或建筑物的地)连接的电压信号。常见的浮地信号有电池、热电偶、变压器和隔离放大器信号等。

2) 模拟量输入的测量方式

模拟量输入通道是指将外部信号源接到数据采集卡进行 A/D 转换的接口，一般有 8 路、16 路、32 路等。如表 7.1 所示，7325A 拥有 16 个模拟量输入通道，即 CH1～CH16。模拟量的测量方式一般有单端测量方式和差分测量方式两种，

7325A 是通过跳线来设定其测量方式的。测量方式不同，其接线方式也就不同。

在单端测量方式下，采集卡采集的是模拟量输入通道与模拟地 AGND 之间的电压差；此时，7325A 最多可以同时(串行)采集 16 个模拟量信号。当被测信号为浮地信号时，信号正端接 CH1～CH16 中的一个通道，信号负端接模拟地，如图 7.7(a)所示。如果被测信号为接地信号，即信号负端已接地，为了防止信号地与采集卡地之间存在电压差 Vcm，信号负端可以不连模拟地，如图 7.7(b)所示。

7325A 的 16 个模拟量输入通道可以设置成 8 对差分式输入通道(高电压输入通道 CHi＋、低电压输入通道 CHi－)，工作于差分测量方式。此时，信号源的信号正端和信号负端分别接 CHi＋和 CHi－，测量两个通道间的电压差，其引脚与通道的对应关系如表 7.1 中括号内的标识所示。测量接地信号时，采集卡的地端和信号源的地端之间存在电压差 Vcm，这个电压差会随信号源输入到输入端，这个电压差就是共模干扰。为了避免共模干扰，应将信号地连接到低电压输入端，如图 7.7(d)所示。测量浮地信号时，信号源可能会超过放大器的共模输入范围，放大器过饱和，将不能正确读出输入电压值。如果信号的内阻比较大，则低电压输入通道必须通过一个电阻 R_1 连接模拟地，如图 7.7(c)所示；如果信号源的内阻比较小，可以直接将低电压输入通道与模拟地相连。

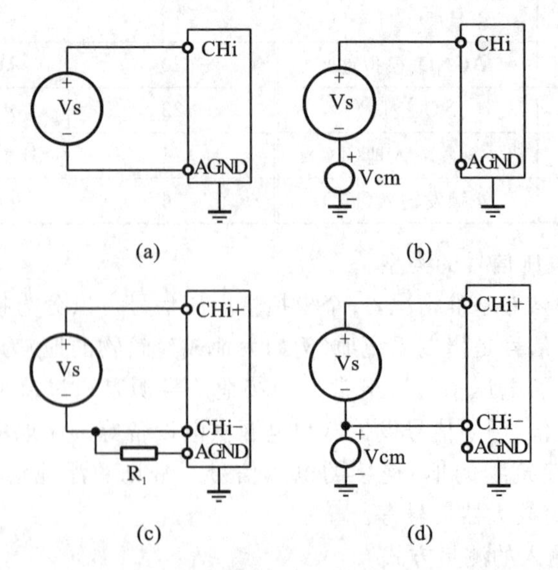

图 7.7　模拟量输入的连接方式

3)转换速率

转换速率是指单位时间内能实现 A/D 转换的次数，与 A/D 芯片完成一次转换所需时间有关。

7325A 采用的 A/D 转换器件为 12 位 ADS7808，其完成一次 A/D 转换的时间为 4 μs，故该卡的最高转换速率为 250 kHz。其实际转换速率可通过设定取 1 kHz、5 kHz、10 kHz、25 kHz、50 kHz、100 kHz、200 kHz、250 kHz 中的一个。

4）A/D 启动方式

A/D 启动方式是指使 A/D 转换器开始进行转换工作的方式，又称触发方式。一般都有内触发和外触发启动两种。内触发启动是指用内部程序指令来启动 A/D 转换。外触发启动是指用外部脉冲信号启动 A/D 转换。外触发方式适用于被测信号实际发生时间随机性很强，难以用软件指定信号起始点的场合，故可以用与被测信号完全同步的外部脉冲信号来启动 A/D 转换。

5）信号的输入范围

一般的采集卡只能采集电压信号，其输入信号的幅值必须处于一定的范围内。采集卡能采集的电压信号范围通常有几种，一般可以通过硬件跳线的方式来设定。如 7325A 采集卡可接收的输入信号范围有 0～4 V、0～5 V、0～10 V、－3～3 V、－5～5 V、－10～10 V。前面 3 种信号相对模拟地电位来讲只偏向一侧，称为单极性信号；后面 3 种相对模拟地电位来讲可正可负，称为双极性信号。

所有接入的信号，不论是高电位还是低电位信号，其极限电平相对于采集卡模拟地的电位均不能过高（7325A 规定不能超过±15 V），以避免电压过高造成器件损坏。

6）码制

对 n 位 A/D 转换器来说，一个特定值的模拟量输入信号转换为数字量后，对应得到的是一个在 $0 \sim 2^n-1$ 之间的二进制数字量。模拟量与数字量之间的这种对应关系称为编码方法或码制。依据输入信号的不同，该编码可分为单极性原码与双极性偏移码。单极性输入信号对应单极性原码，双极性信号对应双极性偏移码。

以 12 位 A/D 为例，模拟量经转换后得到的是 12 位二进制数字量，其值处于 0～4095 之间。当输入信号为单极性信号 0～10 V 时，数字量 0 对应的模拟量为 0 V，数字量 4095 对应的模拟量为 10 V。最低有效位（LSB）所对应的模拟电压为

$$1\text{LSB}=\frac{10-0}{2^{12}}\ \text{V}=\frac{10}{2^{12}}\ \text{V}=2.44\times10^{-3}\ \text{V}=2.44\ \text{mV}$$

对转换后得到的某个数字量来说，其对应的模拟电压值为

$$模拟电压值=数字量\times\frac{10}{2^{12}}(\mathrm{V}) \tag{7.1}$$

当输入信号为−5～5 V双极性信号时，数字量0对应模拟量−5 V，数字量4095对应模拟量5 V。这种编码方法称为双极性偏移码。最低有效位(LSB)所对应的模拟电压为

$$1\mathrm{LSB}=\frac{5-(-5)}{2^{12}}\ \mathrm{V}=\frac{10}{2^{12}}\ \mathrm{V}=2.44\times10^{-3}\ \mathrm{V}=2.44\ \mathrm{mV}$$

对转换后得到的某个数字量来说，其对应的模拟电压值为

$$模拟电压值=数字量\times\frac{10}{2^{12}}-5(\mathrm{V}) \tag{7.2}$$

7）输入通道的选择

采集卡有多个模拟量输入通道，但可以只使用其中的一个或几个通道。7325A有单通道扫描和多通道自动扫描两种工作方式，由软件设定。采用单通道扫描方式时，只对程序指定的第i个通道进行采集，转换速率等于采集卡的设定转换速率。如果是多通道自动扫描，则对1～i个通道进行顺序采集，每个通道的转换速率等于采集卡设定转换速率的$1/i$。

8）采样方式

一般的采集卡有单点采样和批量采样两种采样方式。单点采样是指每次启动A/D转换器后，只对某一个通道的信号以最高速率进行一次转换，然后就停止A/D转换器。执行一次单点采样，只能得到某一个通道在采样时刻点的一个数据。工作于批量采集方式下时，A/D转换器启动后，采集卡会自动地以设定的速率对设定的一个或多个通道的信号进行连续转换，转换后的数据送入采集卡的FIFO存储器中，用于程序查询FIFO的状态，及时从FIFO中取出数据。直到用户程序发停止指令，A/D转换器才停止工作，不再往FIFO存储器中传送数据。

7.2.2 计算机测试总线技术

1. 总线的基本概念

1）总线技术及其分类

总线是能在各部件或系统之间传送信号的信号线的总称。总线的应用十分广泛，从芯片内部各功能部件的连接，到芯片间的互联，再到由芯片组成的板卡模块的连接，以及计算机与外部设备之间的连接，甚至现在工业控制中应用十分广泛的现场总线，都是通过不同的总线来进行实现的。

按照不同的分类方法，总线有不同的分类名称。按照用途来分，总线可以

分为数据总线、地址总线、控制总线和电源总线。依据总线的层次位置，可分为片内总线、内部总线和外部总线。按照总线的数据传输方式，又可分为串行总线和并行总线。根据总线的传输方向还可以分为单向总线和双向总线。

图 7.8 所示为一般的计算机总线结构示意图。可以看出，内部总线将各种功能相对独立的模板有机地连接起来，以完成系统内部各模板之间的信号传送。计算机系统与外部系统之间通过外部总线进行信息交换和通信，以便构成更大的系统。

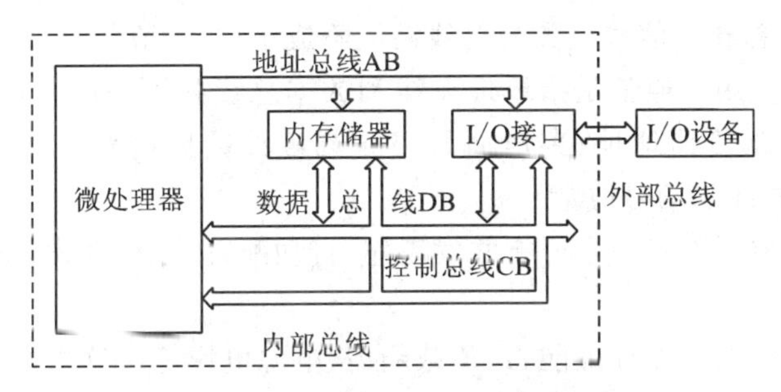

图 7.8　计算机总线结构示意图

2）总线主要性能指标

一种总线性能的高低可通过下面的一些性能指标来衡量。

(1) 总线频率　即总线工作时钟频率，单位为 MHz，它是影响总线传输速率的重要因素之一。

(2) 总线宽度　又称总线位宽，是总线可同时传输的数据位数，用 bit(位)表示，如 8 位、16 位、32 位等。宽度越大，在同一时刻能传输的数据就越多。

(3) 总线带宽　又称总线传输率，表示在总线上每秒传输字节的多少，单位是 MB/s。对于并行总线，一般有

$$\text{总线带宽(MB/s)} = \frac{\text{总线宽度} \times \text{总线频率}}{8} \tag{7.3}$$

当用 MB/s 作为总线带宽的单位时，表示在总线上每秒传输数据位数的多少，在数值上等于总线宽度与总线频率的乘积。并行总线一次可以传输多位数据，但存在并行传输信号间的干扰现象，频率越高、位宽越大，干扰就越严重，因此现有并行总线的带宽难以大幅提高。串行总线可以通过提高频率来获得高带宽。为了弥补一次只能传送一位数据的不足，串行总线常常采用多条管线(或通道)的做法实现更高的速度。对这类总线，带宽的计算公式就等于“总线频率×管线数”，单位为 MB/s。例如：PCI Express 就有×1、×2、×4、×8、×16 和×32 等多个版本，在第一代 PCI Express 技术当中，单通道的单向信号频率

可达 2.5GHz。

(4) 同步方式　在同步方式下,严格按照系统时钟来统一定时总线上主从模块之间的传输操作,主从模块间进行一次数据传输的时间是固定的;只要总线上的设备都是高速的,就可以达到很高的总线带宽。异步方式采用应答式传输技术,允许从模块自行调整响应时间,即传输周期是可以改变的,这样会减小总线带宽,但可提高适应性和灵活性。

(5) 信号线数　总线拥有的信号线数目,是数据总线、地址总线、控制总线和电源总线的总和。信号线数与总线性能不成正比,一般与复杂度成正比。

(6) 多路复用　通常是指地址总线和数据总线共用一组物理线路,在某一时刻该部分线路传输地址信号,而另一时刻传输数据信号。采用多路复用技术,可以减少总线的信号线数。

(7) 总线控制方式　主要有并发工作、自动配置、仲裁方式、逻辑方式、计数方式等。

(8) 其他性能　如寻址能力、负载能力、电源电压等级等指标。

表 7.2 给出了几种常用总线的性能参数。

表 7.2　几种微型计算机总线性能参数

名称	ISA(PC-AT)	EISA	STD	MCA	PCI
适用机型	80286,386,486 系列机	386,486,586 IBM 系列机	Z-80,IBM-PC 系列机	IBM 个人机与工作站	P5 个人机,Power-PC,Alpha 工作站
最大传输率	8 MB/s	33 MB/s	2 MB/s	33 MB/s	133 MB/s
总线宽度	8/16 位	32 位	8/16 位	32 位	32 位
总线频率	8 MHz	8.33 MHz	2 MHz	10 MHz	20～33 MHz
同步方式	半同步	同步	同步	异步	同步
地址宽度	24	32	24	32	32/64
负载能力	8	6	无限制	无限制	3
信号线数	98	143	56	109	120
64 位扩展	不可	无规定	不可	可	可
多路复用	非	非	非	—	是

3) 总线标准

总线标准就是对总线的连接器尺寸、引线数目、信号和时序等所作的统一规定。一般的,总线标准主要包括以下几方面的特性。

(1) 机械特性。

机械特性规定总线连接器的几何尺寸、形状、引脚的个数以及排列顺序等。

(2) 电气特性。

电气特性规定信号的逻辑电平、最大额定负载能力、信号传递方向及电源电压等。

(3) 功能特性。

功能特性规定每个引脚名称、功能、时序及适用协议。

采用相同总线标准的功能部件可以方便地互联,方便用户对系统功能的扩展和升级。例如,对于采用标准总线的计算机主板,相同类型插槽或接口的对应引脚都是并联在一起的,不同的插件板/卡只要满足该总线标准,就可以任意插在任一插槽或接口中。

2. 板卡式仪器常用总线

1) ISA 总线

ISA(industry standard architecture)总线是 IBM PC/AT 机(CPU 是 80286)所用的系统总线,IEEE 将 ISA 总线作为 IEEE P996 推荐标准,这是一个 16 位兼容 8 位的总线标准。ISA 总线的数据传输速率为 8 MB/s,寻址空间为 16 MB。它的特点是把 CPU 视为唯一的主模块,其余外围设备均属从模块,包括暂时掌管总线的 DMA 控制器和协处理器。

ISA 插槽是基于 ISA 总线标准的扩展插槽,颜色一般为黑色,尺寸较长。如图 7.9 所示,ISA 插槽由两部分组成:一部分有 62 个引脚(A 列和 B 列),其信号分布及名称与 PC/XT 总线的扩展槽基本相同,仅有很小的差异。另一部分是 AT 机的添加部分,由 36 个引脚组成(C 列和 D 列)。

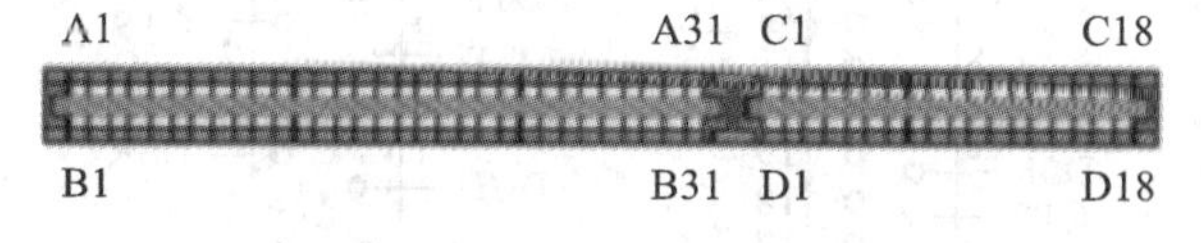

图 7.9 ISA 插槽的外观

ISA 允许多个 CPU 共享系统资源,由于兼容性好,在 20 世纪 80 年代是最为广泛采用的系统总线。其缺点是传输速率过低、CPU 占用率高、占用硬件中断资源等。因此,该种插槽正慢慢被淘汰。在 PC '98 规范中,就放弃了 ISA 总线,而 Intel 从 i810 芯片组开始,也不再提供对 ISA 接口的支持。

2) PCI 总线

PCI 总线(peripheral component interconnect,外围设备互连总线)是 1992 年由 PCISIG 推出的一种先进的高性能局部总线。其位宽为 32 位或 64 位,工作频率为 33MHz,最大数据传输率为 133MB/S(32 位)和 266MB/S(64 位)。它还支持多总线主控模块,并支持线性猝发读写和并发工作方式。

PCI 插槽是 PCI 总线的物理体现。其颜色一般为乳白色;本来有 124 个引脚,但定位卡挡住了 4 个,故实际上有用的引脚是 120 个;其外观及引脚排列如图 7.10 所示。这种插槽是目前计算机主板上数量最多的插槽,通过插接不同的扩展卡(如 SCSI 卡、网卡、声卡、视频卡、图像处理卡、数据采集卡等)可以获得计算机能实现的几乎所有功能,是名副其实的"万用"扩展插槽。

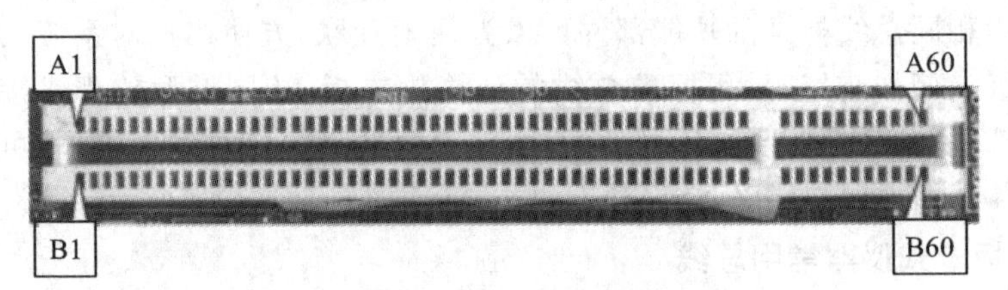

图 7.10　PCI 插槽的外观

3) RS232C 总线

RS232C 总线是 1969 年由美国电子工业协会(EIA)推出的一种串行外部总线,C 代表 RS232 的最新一次修改(1969);在 RS232C 总线之前,有 RS232B、RS232A 总线。目前在 PC 机上的 COM1、COM2 接口,就是 RS232C 接口。RS232C 标准规定以 25 芯或 9 芯的 D 型插针连接器与外部相连,其外观及引脚排列如图 7.11 所示。

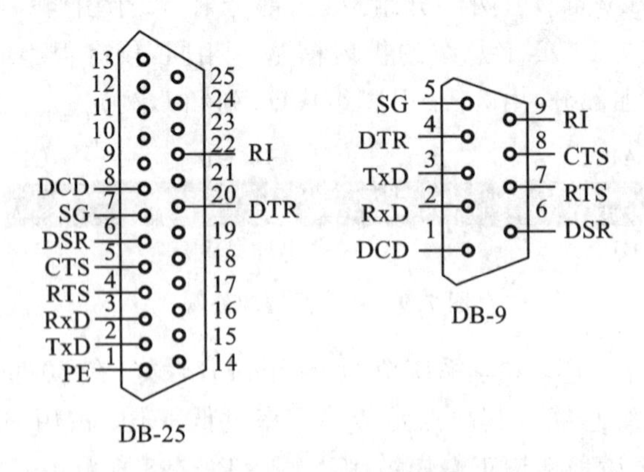

图 7.11　RS232C 连接器

RS232C 规定的逻辑电平与一般微处理器、单片机的 TTL 逻辑电平是不同的。在 TxD(发送数据)和 RxD(接收数据)引脚上的电平定义:逻辑 1＝－3～－15 V,逻辑 0＝＋3～＋15 V。在 RTS、CTS、DSR、DTR 和 DCD 等控制线上的电平定义：信号有效＝＋3～＋15 V，信号无效＝－3～－15 V。因此，实际通信时必须采用电平转换器件对 RS232 电平和 TTL 电平进行转换。

在不使用调制解调器（MODEM）时，RS232C 总线能够可靠进行数据传输的最大通信距离为 15 m。标准 RS232C 串口能够提供的传输速度（波特率）主要有以下几种：1200 b/s、2400 b/s、4800 b/s、9600 b/s、19200 b/s、38400 b/s、57600 b/s、115200 b/s 等。个人计算机串口的传输速度一般都可以达到 115200 b/s，甚至更高；而在仪器仪表或工业控制场合，9600 b/s 是最常见的传输速度。传输距离和传输速度成反比。适当地降低传输速度，可以延长 RS232C 的传输距离，提高通信的稳定性。

4）RS485 总线

RS232C 总线虽然应用很广，但在现代网络通信中已暴露出数据传输速率慢、通信距离短、接口处各信号间易产生串扰等缺点。鉴于这些原因，EIA 先后推出了 RS449、RS422 以及 RS485 等总线标准，这些标准除了与 RS232C 兼容外，在加快传输速率、增大传输距离、改进电气性能等方面都有了明显提高。

RS485 是一种多发送器的电路标准，允许在两根导线（总线）上挂接 32 台 RS485 负载设备。负载设备可以是发送器、被动发送器、接收器或组合收发器（发送器和接收器的组合）。

RS485 总线具有以下特点。

（1）电气特性：＋2～＋6 V 表示逻辑“1”，－2～－6 V 表示逻辑“0”；该电平与 TTL 电平兼容，可方便地实现总线与 TTL 电路的连接。

（2）最高数据传输速率为 10Mb/s。

（3）抗共模干扰能力增强。

（4）最大传输距离为 1200 m，在总线上允许连接多达 128 个收发器，即具有多站能力和多机通信功能。

因为 RS485 接口具有良好的抗噪声干扰性和多站能力，并具备传输距离长等优点，其成为首选的串行接口。用户可以利用单一的 RS485 总线方便地建立起半双工通信网络。基于 RS485 总线组成的网络，一般只需二根连线，所以 RS485 接口均采用屏蔽双绞线传输。

5）USB 总线

通用串行总线（universal serial bus，USB）规范是 IBM、Compaq、Intel、Microsoft、NEC 等多家公司联合制定的。USB 具有传输速度快、使用方便、支持热插拔、连接灵活、独立供电等优点，可以连接鼠标、键盘、打印机、扫描仪、摄像头、手机、数码相机、移动硬盘、外置光驱/软驱等几乎所有的外部设备，故 PC 机、服务器、数码类产品等几乎都把 USB 接口作为其基本配置。

USB 自从 1996 年推出后,先后推出了 USB1.0、USB1.1、USB2.0、USB3.0、USB3.1 等版本。各版本 USB 的传输速率如表 7.3 所示。

表 7.3 USB 的传输速率

USB 版本	传输模式	最大速度	最大输出电压/电流	推出时间
USB1.0	低速	1.5 Mb/s	5 V/500 mA	1996 年 1 月
USB1.1	全速	12 Mb/s	5 V/500 mA	1998 年 9 月
USB2.0	高速	480 Mb/s	5 V/500 mA	2000 年 4 月
USB3.0	超高速	5 Gb/s	5 V/900 mA	2008 年 11 月
USB3.1	超高速+	10 Gb/s	20 V/5 A	2013 年 12 月

常用的 USB 接头如图 7.12 所示,从左到右依次为 miniUSB 公口(A 型插头)、miniUSB 公口(B 型插头)、USB 公口(B 型插头)、USB 母口(A 型插头)、USB 公口(A 型插头)。常用的 B 型和 A 型 USB 插头有四根引脚,其空间分布如图 7.13 所示,引脚的定义如表 7.4 所示。

图 7.12 USB 接头的外观

图 7.13 USB 接头的引脚布局

表 7.4 USB 接头的引脚定义

引　脚	名　称	说　明	接线颜色
1	VCC	+5 V 电压	红色
2	D−	数据线负极	白色
3	D+	数据线正极	绿色
4	GND	接地	黑色

USB 连接分为上行连接和下行连接。一般上行连接采用 A 型插头，而下行连接则采用 B 型插头。一般情况下，USB 集线器输出连接口为 A 型口，而外设及 HUB 的输入口均为 B 型口。USB 连接电缆具有屏蔽层，以避免外界干扰。USB 对连接电缆的长度有一定的要求，最长可为 5 m。

利用 USB 总线连接外设和主机时，利用菊花链的形式对端点加以扩展，采用如图 7.14 所示的金字塔形的外设连接方法，最多可以连接 7 层 127 台设备，有效地避免了 PC 机上插槽数量对扩充外设的限制，减少了 PC 机 I/O 接口的数量。

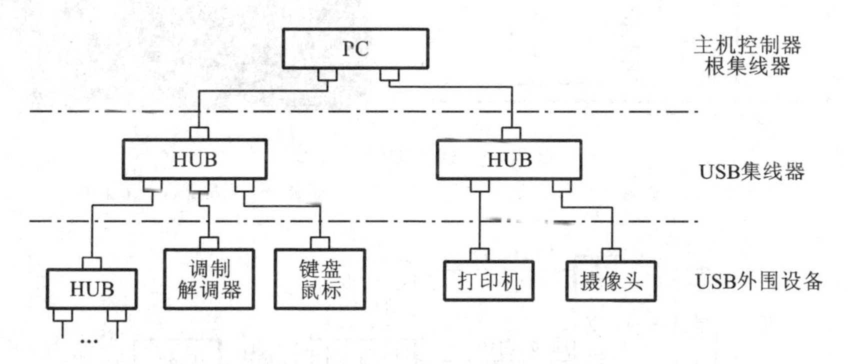

图 7.14　基于 USB 总线的外设连接

7.2.3　板卡式测试系统举例

1. 系统的组成

图 7.15 所示为弹簧振子实验台，主要由台架 1、弹簧 2、调节器 3、振子 4、位移传感器 5、阻尼器 6、采集卡 7 和计算机等组成，所构成的是一个典型的 m-k-c 二阶系统。该实验台用于二阶测试装置动态特性实验。实验时，将振子拉离平衡位置后松手，振子会振荡起来，最后会在平衡位置停下来，等效于施加一个阶跃输入。利用位移传感器和采集卡将振子的阶跃响应位移信号采集进计算机。然后根据其阶跃响应曲线计算出系统的动态特性参数，如阻尼比和固有频率，计算方法详见第 3 章。

这是一个典型的板卡式测试系统，其原理框图如图 7.16 所示。该系统利用辽宁阜新祥锐传感器有限责任公司的 FXB-V61 型差动变压器位移传感器来检测振子的位移。该位移传感器的测量范围为±60 mm，满量程输出为±10 V 直流电压信号。其工作电源为±12 V 直流电源。该位移传感器的电缆线由 4 根线组成，红线接＋12 V 电源，绿线接　12 V 电源，白线为地线，蓝线为信

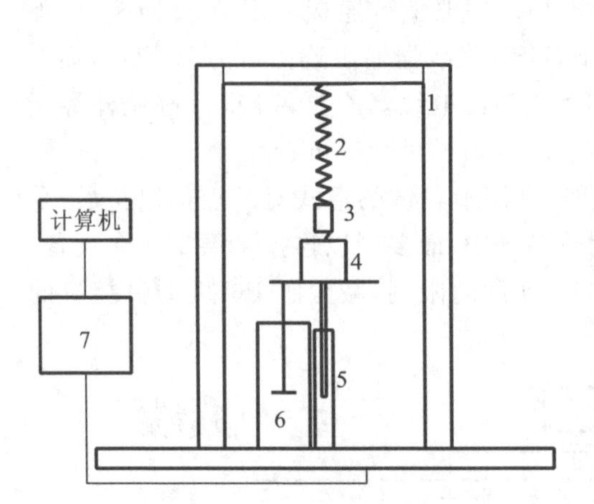

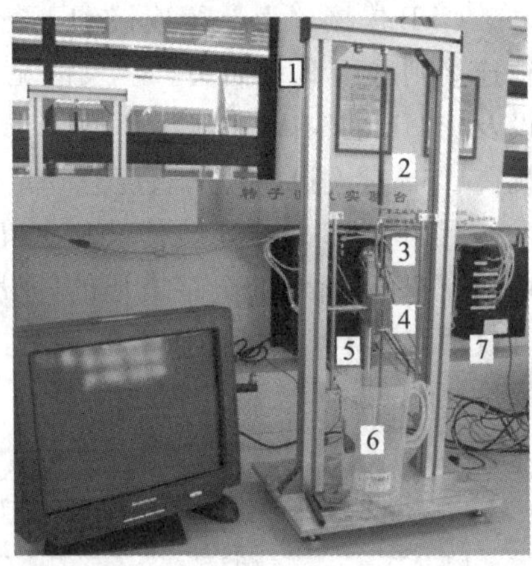

图 7.15　弹簧振子实验台

1—台架;2—弹簧;3—调节器;4—振子;5—位移传感器;6—阻尼器;7—采集卡

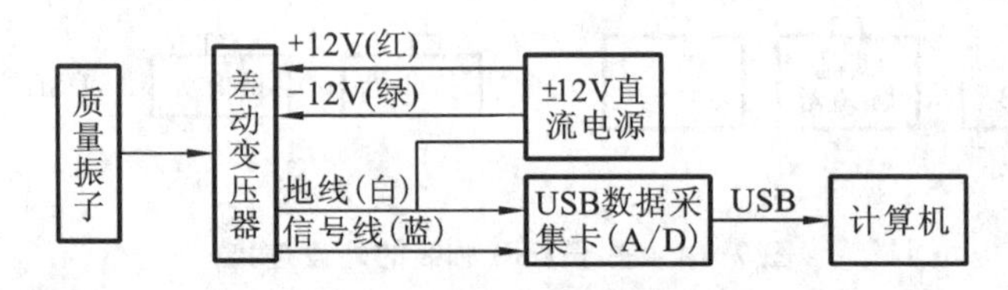

图 7.16　计算机数据采集系统框图

号线。

采集卡为北京中泰研创的 USB7325A 采集卡,该采集卡可同时采集 16 路信号,可选用其中任何一个通道来采集位移传感器的输出。

USB7325A 数据采集卡接收差动变压器输出的±10 V 范围内的模拟直流电压信号,在采集卡的内部进行 A/D 转换之后,将得到的数字量电压信号通过 USB 接口发送给计算机。

2. 采集卡的跳线和系统的接线

由于传感器输出的是±10 V 范围内的模拟直流电压信号,故需要通过跳线将 7325A 采集卡的信号输入范围即 A/D 量程设为±10 V;另外,还需要通过跳线设定采集卡的测量方式、供电方式等。如何跳线,请参照采集卡的说明书。

该系统的接线如图 7.14 所示。传感器电缆中的红色线和绿色线分别与传感器专用电源的+12 V、-12 V 输出端连接。采用单端测量方式时,白色的地线和电源的地线与采集卡的模拟地 AGND 连接在一起,蓝色信号线接采集卡上的某个模拟输入通道 CHi。采用差分测量方式时,白色的信号地线、电源地线、采集卡模拟地 AGND 以及某个模拟输入通道的 CHi－连接在一起，而蓝色信号线接该通道的 CHi＋。用 USB 数据线将 7325A 采集卡的输出端与计算机的某一个 USB2.0 接口相连，根据提示安装好采集卡的驱动程序。

3. 采集卡的设置和操作

厂家将对 7325A 采集卡进行编程操作的各种函数封装在一个 DLL 动态链接库中，用户可以用任何一种可以使用 DLL 链接库的编程工具（如 VC、VB、Labview 等）来编写自己的测试程序。

下面以单通道的单点采样为例，来介绍一下利用 7325A 采集卡进行采样的编程操作过程。单通道的单点采样，对采集卡的编程操作分为打开采集卡、模拟量输入、关闭采集卡三步，分别调用 OpenUSB7kC、USB7325AI、CloseUSB7kC 三个函数完成。在 USB7325AI 函数的输入函数中，要设置采样通道、A/D 启动方式等。

当数据采样的频率要求不高，如频率小于 200 Hz 即采样间隔大于 5 ms 时，一般都是利用定时器来实现采集卡的定时单点采样。在定时器的消息处理函数中调用上述三个函数完成一次单点采样，即可实现长时间的连续定时数据采集，通过改变定时器的定时间隔可改变采样频率。

7.3 虚拟仪器

7.3.1 概述

1. 虚拟仪器的定义

迄今为止，测量仪器的发展可分模拟仪器、数字化仪器、智能仪器和虚拟仪器四个阶段。模拟仪器的基本结构是电磁机械式的，借助指针来显示最终结果，如指针式万用表、三极管电压表等。数字化仪器将模拟信号的测量转化为数字信号测量，并以数字方式输出最终结果，如数字电压表、数字频率计等。智能仪器内置微处理器，既能进行自动测试又具有一定的数据处理功能。虚拟仪器（visual instrument，VI）是指由通用计算机、模块化功能硬件和控制专用软件组成，具有虚拟仪器面板的个人计算机。

虚拟仪器技术的概念是美国国家仪器公司（National Instruments，NI）在

1986 年提出的。虚拟仪器的实质是利用计算机显示器的显示功能来模拟传统仪器的控制面板(称之为虚拟仪器面板),以多种形式表达输出检测结果;利用 I/O 接口设备完成信号的采集、测量和调理,利用计算机强大的运算功能实现信号数据的运算、分析和处理等各种测试功能。使用者利用鼠标或键盘操作虚拟面板,就如同使用一台专用测量仪器一样。

虚拟仪器的“虚拟”主要有以下两方面的含义。

(1) 虚拟仪器的面板是虚拟的。虚拟仪器面板上的各种“图标”与传统仪器面板上的各种“器件”具有相同的功能。例如,由各种开关、按钮、显示器等图标实现仪器电源的“通”“断”,被测信号的“输入通道”“放大倍数”等参数的设置,及测量结果的“数值显示”“波形显示”等。

(2) 虚拟仪器的测试功能是由软件来实现的。虚拟仪器是在以 PC 为核心组成的硬件平台支持下,通过软件编程来实现仪器的测试功能的,也可以通过不同测试功能软件模块的组合来实现多种测试功能。

在虚拟仪器系统中,硬件仅负责解决信号的输入和输出问题,以及提供软件赖以生存、运行的物理环境,软件则是整个仪器的核心,依靠软件实现硬件的管理和仪器的各种测试功能。使用者只需调整或修改仪器的软件,便可方便地改变或增减仪器的功能。“软件就是仪器”的说法由此而来。

虚拟仪器是现代计算机软、硬件技术和测量技术深度融合的产物,是传统仪器观念的一次巨大变革,是将来仪器发展的一个重要方向。虚拟仪器技术在计算机辅助测试领域的应用,使数据采集和工业控制自动化技术发生了重大的变革。大家公认,使用工业标准计算机和软件技术来构建虚拟仪器系统,将会获得前所未有的效率。

2. 虚拟仪器的特点

传统测量仪器的功能模块基本上是以硬件形式或固化的软件形式存在的,只能由制造商来定义和设计,因此其灵活性和适应性较差。为完成某项测试任务,通常需要采用信号源、示波器、记录仪、频谱分析仪等众多仪器来搭建测试系统,系统价格昂贵、体积庞大、连接和操作复杂、测试效率低、灵活性差。

虚拟仪器的功能由用户自己定义,这意味着用户可以自由组合计算机平台的硬件、软件以及各种完成应用系统所需要的附件,灵活性好。

与传统测量仪器相比,虚拟仪器主要有以下特点。

(1) 测量精度高、重复性好。虚拟仪器利用软件来实现模拟仪器的功能,如 FFT 和数字滤波器,不像采用分立式模拟硬件构建的模拟式仪器那样因为特性漂移而需要定期校准。

(2) 可靠性好,性价比高。一方面,虚拟仪器中传送和处理的都是数字信号,抗干扰能力强,可靠性好。另一方面,采用虚拟仪器还可以减少测试系统的硬件环节,从而降低系统的开发成本和维护成本。

(3) 灵活性好,扩展性强。用户可以随时根据需要调整虚拟仪器的功能,而不像传统仪器那样,受到仪器厂商的限制;用户可以根据自己的需要灵活组合各种虚拟仪器,方便快捷地删减或添加虚拟仪器测试系统的功能;虚拟仪器可重复使用、互换性好,测试系统的组建时间短。利用虚拟仪器,采用基于PC的板卡式测试系统,仅需要一台PC机和几张板卡,用户就可以通过软件构造任意功能的仪器。

(4) 扩展性强。虚拟仪器具有和其他设备互连的能力。如和VXI总线或现场总线等的接口能力。此外,还可以将虚拟仪器接入网络,如Internet等。用户还可以运用通用的计算机语言,诸如C++、Visual Basic等,扩充、编写软件,从而使虚拟仪器更适应、更符合用户自己测试工作的特殊要求,扩展系统的功能。

(5) 人机界面良好。在虚拟仪器测试系统中,用户可以通过软件编程来定义所喜爱的人机界面。

3. 虚拟仪器系统的组成和软件开发平台

虚拟仪器系统一般由计算机、虚拟仪器软件、硬件接口或测试仪器等组成。常用的硬件接口有数据采集卡、IEE-488接口(GPIB)卡、串/并口、VXI控制器/接口卡、插卡仪器及其他接口卡。

数据采集卡是目前虚拟仪器最常用的接口形式,它能将现场数据采集到计算机,或将计算机的数据输出给被控对象。它与计算机和虚拟仪器配合,可构成数字万用表、示波器、频谱分析仪、信号发生器等各种测量仪器,使用方便灵活,成本低。

虚拟仪器的软件框架从底层到顶层,包括VISA库、仪器驱动程序、应用软件三部分,如图7.17所示。VISA(virtual instrumentation software architecture,虚拟仪器软件体系结构)实质就是标准的I/O函数库及其相关规范的总称。一般称这个I/O函数库为VISA库,它是计算机与硬件接口仪器之间的软件层,执行仪器总线的功能,以实现对仪器的程序控制。它是仪器驱动程序开发者需要调用的一个操作函数集。仪器驱动程序是完成某一个特定仪器控制与通信的软件程序集。每个仪器模块都有自己的仪器驱动程序,是应用程序实现仪器控制的桥梁。应用软件是建立在仪器驱动程序之上、直接面对操作用户的应用程序,能提供直观友好的操作界面和丰富的数据分析与处理功能。

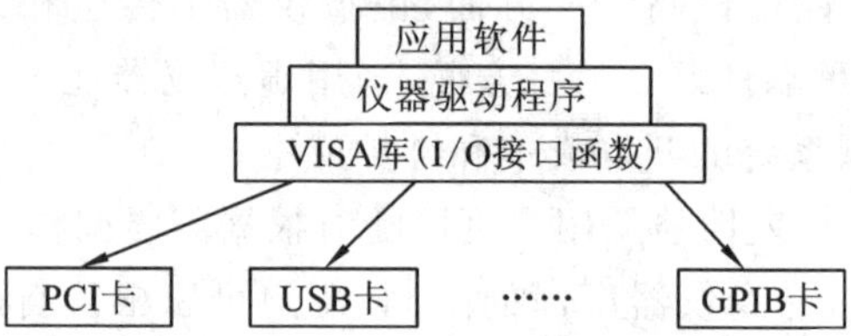

应用软件
仪器驱动程序
VISA库(I/O接口函数)
PCI卡 USB卡 …… GPIB卡

图 7.17 虚拟仪器的软件框架

虚拟仪器应用软件的开发平台有很多,一般可以分成两大类:一是通用的编程软件开发平台,如 Microsoft 公司的 Visual Basic 和 Visual C++,Borland 公司的 Delphi,Sybase 公司的 PowerBuilder 等;二是专业的图形化编程软件开发平台,如 NI 公司的 LabVIEW 和 Labwindows/CVI,HP 公司的 VEE 以及一些工控组态软件等。

7.3.2 LabVIEW 简介

1. 概述

LabVIEW 是由 NI 公司研制开发的一种图形化的程序开发平台。与 C 语言和 BASIC 语言等文本语言编程开发平台不同,LabVIEW 使用的是图形化语言(G 语言)编写程序,产生的程序是框图的形式。使用图形化语言编程时,用户基本上不需要写程序代码,只需要用线条将具有各种功能的图形(图标)连接起来,得到的是程序流程图或框图。它尽可能利用了技术人员、科学家、工程师所熟悉的术语、图标和概念,对用户编程能力的要求大大降低,用户能方便而迅速地建立起功能强大的应用程序。

LabVIEW 集成了 GPIB、VXI、RS-232 和 RS-485 协议的硬件,并满足了数据采集卡通信的全部功能。它还内置了便于应用 TCP/IP、ActiveX 等软件标准的库函数。利用它可以方便地建立自己的虚拟仪器,其图形化的界面使得编程及使用过程都生动有趣。使用它进行原理研究、设计、测试并实现仪器系统时,可以大大提高工作效率。

2. LabVIEW 应用程序的构成

使用 LabVIEW 开发平台编制的程序称为虚拟仪器程序,简称为 VI。每个 VI 由前面板(front)、程序框图(block diagram)以及图标/连接器(icon/connector)三部分构成。

1) 前面板

前面板是图形用户界面,也就是 VI 的虚拟仪器面板,主要用于放置输入控制和显示控件。输入控件模拟仪器的输入装置，为 VI 的程序框图提供数据，有数值输入、文本输入和开关等。显示控件模拟仪器的输出装置，用以显示程序框图获取或生成的数据，包括数值显示、文本显示、指示灯、图形显示等。

图 7.18 所示是一个对正弦信号进行频谱分析的简单 VI 的前面板。上面有频率和幅值两个数值输入控件，分别用于设置正弦信号的幅值和频率；有时域波形图和功率谱图这两个图形显示控件，分别用于显示正弦信号的时域波形和功率谱曲线。

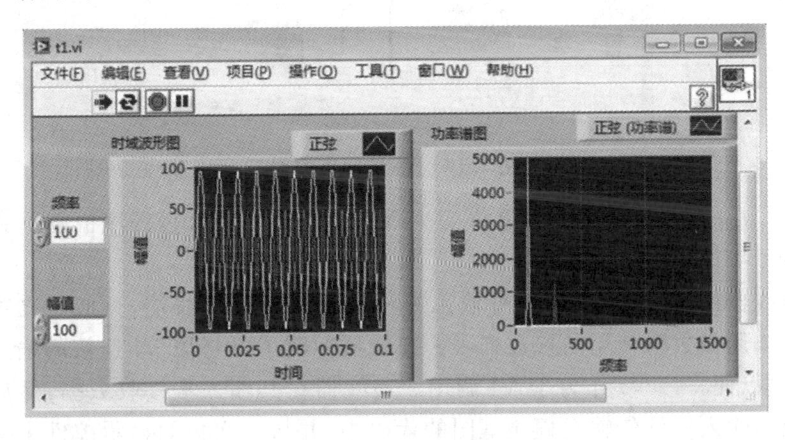

图 7.18 VI 的前面板

2）程序框图

程序框图是图形化源代码的集合，图形化源代码又称 G 代码或程序框图代码。前面板上的对象在程序框图中显示为带接线端的图标，在程序框图中可使用图形化的函数、结构体和连线等源代码来控制前面板上的对象。

图 7.19 是与图 7.18 相对应的程序框图。图中除了与 4 个前面板控件相对应的图标外，还有 2 个仿真信号图形函数、1 个频谱测量图形函数、2 个乘除运算图形函数及一些连线。

对比 VI 和标准仪器，VI 前面板上的内容相当于标准仪器面板上的内容，而程序框图中的内容相当于标准仪器箱内的内容。在多数情况下，使用 VI 来模拟标准仪器，不仅在屏幕上会出现一个惟妙惟肖的标准仪器面板，而且其功能也与标准仪器相差无几。

3）图标/连接器

图标是 VI 的图形化表示，可包含文字、图形或图文组合。每个 VI 的图标的外观，如前面板和程序框图窗口的右上角的图形所示（见图 7.18 和图 7.19）。VI 具有层次化和结构化的特征。任何一个 VI 都可以作为子程序（称为子 VI，

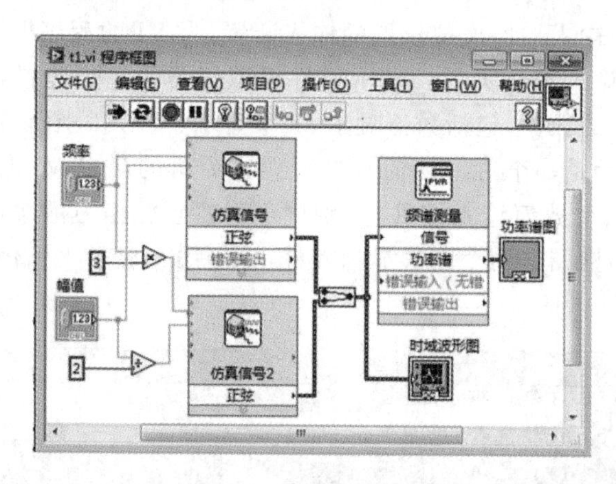

图 7.19　VI 的程序框图

SubVI),被其他 VI 调用。如果将一个 VI 当作子 VI 使用,程序框图上将显示代表该子 VI 的图标。

连线器用于显示 VI 中所有输入控件和显示控件接线端,类似于文本编程语言中调用函数时使用的参数列表。连线器标明了可与该 VI 连接的输入端和输出端,以便将该 VI 作为子 VI 调用。连线器在其输入端接收数据,然后通过前面板的输入控件传输至程序框图的代码中,并从前面板的显示控件中接收运算结果传输至输出端。

3. LabVIEW 的操作面板

利用 LabVIEW 开发虚拟仪器时,需要用到它提供的三个操作面板,分别是工具面板(tools palette)、控件面板(controls palette)和函数面板(functions palette),这几个操作面板集中反映了该软件的功能和特征。

1) 工具面板

工具面板的外观如图 7.20 所示。如果该面板没有出现,可在"查看(views)"菜单下选择"显示工具面板(show tools palette)"菜单命令以显示该面板。当从面板内选择了任一种工具后,鼠标箭头就会变成该工具相应的形状。该面板提供了创建、修改和调试 VI 程序的各种工具。如果选择"编辑文本"工具,可以在鼠标点击的位置输入文本,常用于输入标签文本或创建自由标签。

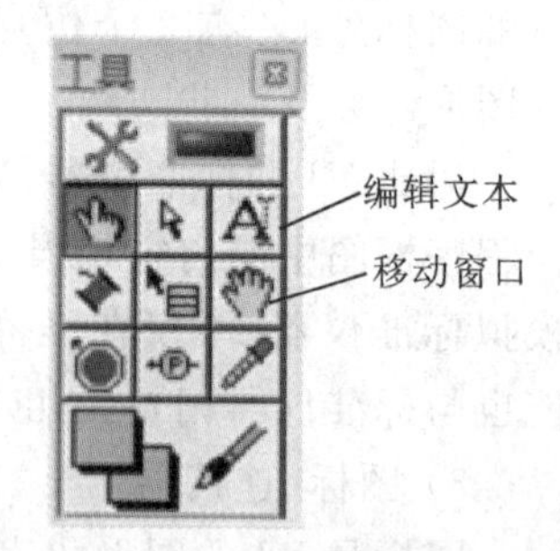

图 7.20　工具面板

2) 控件面板

该面板提供了设计 VI 前面板所需要的各种输入和输出控件,为前面板设计所专用,只有打开前面板时才能显示和使用该面板。在前面板的空白处,单击鼠标右键,即可弹出控件面板,其外观如图 7.21(a)所示。每个图标代表一类子控件,例如点击其“数值输入控件”时,就会弹出图 7.21(b)所示的包含各种数值输入控件的子控件面板。

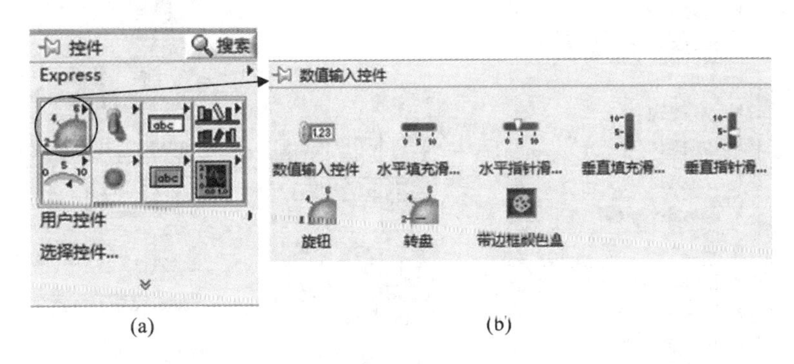

图 7.21 控件面板

3）函数面板

函数面板是在程序框图窗口中编程时才能显示和使用的面板,在程序框图中的空白处,单击鼠标右键,即可弹出该面板,其外观如图 7.22(a)所示。该面板提供了开发 VI 的图形化程序所需要的各类函数,如编程、测量 I/O、数学、信号处理函数等。点击打开“编程”子菜单,则会显示出如图 7.22(b)所示的各种编程函数的图标,包括结构、数组、布尔运算、数值运算、比较运算等。点击“结构”图标,也会显示如图 7.22(c)所示的包含 For 循环、While 循环、定时结构、条件结构、顺序结构等各种结构函数的子面板。

7.3.3 LabVIEW 虚拟测试系统编程开发实例

本节介绍如何利用 LabVIEW8.2 中文版、USB7325A 数据采集卡、热电偶温度传感器、计算机等来开发一个温度虚拟仪器测试系统,以此为例来详细介绍板卡式虚拟仪器测试系统的编程开发的步骤。

1）启动 LabView8.2 编程环境

利用菜单“开始/程序/National Instruments LabVIEW 8.2”启动程序,或者双击桌面快捷图标。

2）新建温度测量 VI

在 LabView8.2 启动之后,点击“开始”界面对话框左上角的“文件→新建→VI”,则生成一个空的 VI,包括一个空白的前面板和一个空白的程序框图窗口。

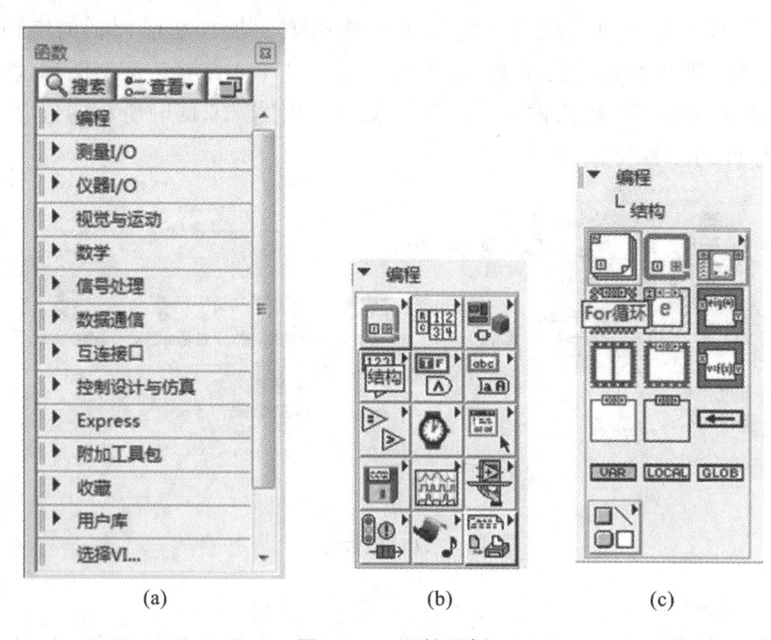

(a) (b) (c)

图 7.22 函数面板

将新建的 VI 保存为文件“温度测量. vi”,如图 7.23 所示。

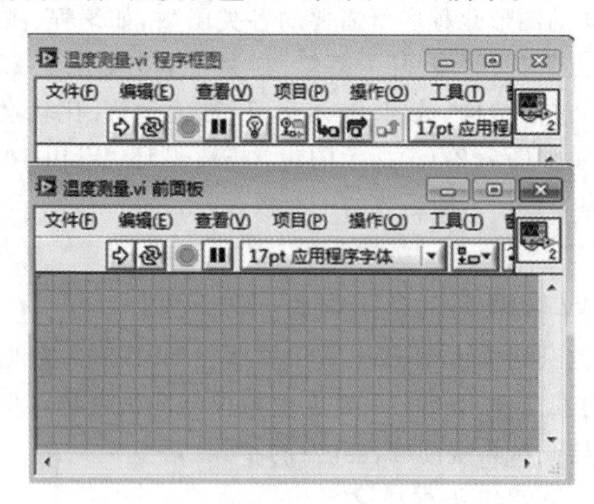

图 7.23 新建温度测量 VI

3) 在程序框图中放置顺序结构

在程序框图窗口的任意空白位置单击鼠标右键,在弹出的函数面板中依次单击“编程→结构→层叠式顺序结构”,在程序框图中的空白处单击以确定顺序结构放置的左上角点,向右下拖动鼠标;再次单击以确定顺序结构放置的右下角点。可以通过拖动边框来改变结构的位置和大小。在边框上单击鼠标右键，选中弹出菜单中的“在后面添加帧”项。这样连续操作两次，生成具有三帧的层叠式顺序结构，编号依次为0、1、2。该步骤的操作如图7.24所示。

图7.24 放置顺序结构

4）创建参数设置簇

LabVIEW中的簇相当于C语言中的结构体，在此用于设置USB7325A采集卡的参数。在前面板空白处单击右键，在控件面板中单击选择“新式→数组、矩阵和簇→簇”（见图7.25(a)），将一个新簇放置于前面板，将簇的标签修改为BS。选中“新式→数值→数值输入控件”（见图7.25(b)），将控件放置于刚才创建的簇中，并将数值输入控件的标签更改为lIndex。用鼠标右键单击数值输入控件，在弹出的菜单中，选中表示法→I32（长整型）（见图7.25(c)），将输入该数值输入控件的数值设为I32（长整型）（见图7.25(d)）。按照同样的方法在簇BS中创建其余五个数值输入控件，数据类型均为I32（长整型），标签分别为hHandle、nCh、lData、plData、lCode。簇BS的六个数值输入控件的初始值分别为0、0、6、512、0、1536；其中nCh的值是采样通道序号（多通道采样时为末通道号）；lCode值是控制字（设置其测量方式、A/D启动方式、码制、扫描方式、采样频率

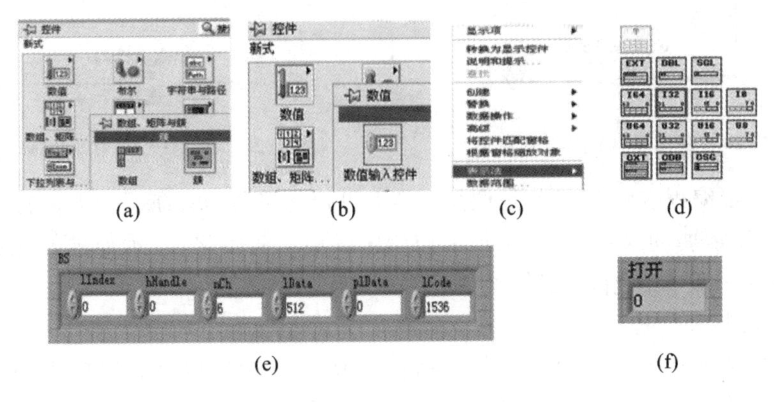

图7.25 创建参数设置簇

等)。建好后的BS簇如图7.25(e)所示。在前面板创建用于显示打开采集卡返回值的数值显示控件,将标签设为“打开”,数据类型设为I32(长整型),如图7.25(f)所示。

建好簇BS后,在程序框图中将簇BS的图标拖到顺序结构外面,将“打开”显示控件的图标放在顺序结构里。

5) 调用子VI打开采集卡

在程序框图窗口中,选择顺序结构的第0帧为当前工作帧(如图7.24所示,前面打钩的为当前工作帧)。在空白处单击鼠标右键,在弹出的函数面板的菜单中选取“选择…”,通过弹出的对话框中找到“Open7325A.vi”这个子VI,置于顺序结构的第0帧。

用鼠标连接簇BS图标的输出端子和Open7325A子VI的输入端子,将Open7325A子VI的输出端子与“打开”显示控件的输入端子相连。连好线之后的顺序结构第0帧如图7.26所示。这一步编程实现的功能是调用子VI打开采集卡。簇BS提供打开采集卡子VI所需要的参数;如果采集卡打开成功,“打开”显示控件的显示结果为0;如果打开失败,则为−1。

6) 调用子VI初始化采集卡

切换到顺序结构的第1帧。在前面板创建“初始化”显示控件,数据类型为I32(长整型)。用与上一步类似的方法加载“Init7325A.VI”。其程序框图的连线如图7.27所示。

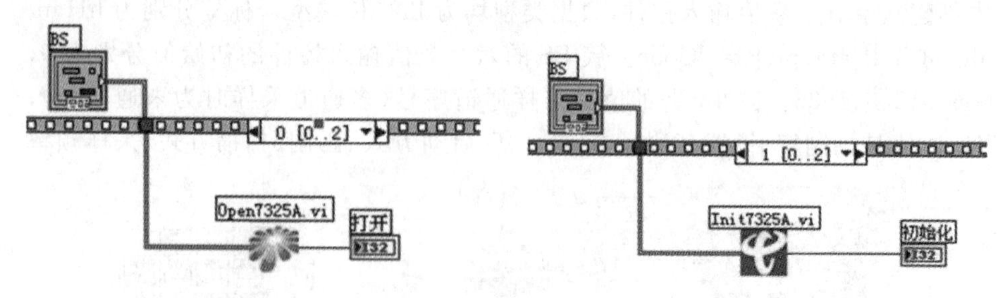

图7.26 调用子VI打开采集卡　　图7.27 调用子VI初始化采集卡

这一步编程实现的任务是调用子VI初始化采集卡。簇BS提供打开采集卡子VI所需要的参数;如果采集卡初始化成功,“初始化”显示控件的显示结果为0;如果采集卡初始化失败,则为−1。

7) 读数和处理程序

要连续地从采集卡中读取数据就必须将整个读数和数据转换程序放置在循环结构中。切换至顺序结构的第2帧,并创建“读数”显示控件,数据类型为

I32(长整型)。在程序菜单中选中“编程→结构→While 循环”,将 While 循环置于第 2 帧中(中间留出较大空间)。在 While 循环内,调用 Read7325A. vi 连接簇 BS 和子 VI。在程序选择菜单中选择“编程→簇、类与变体→按名称解除捆绑”,将子 VI 与簇 BS 连接,然后选择所要的元素 lData。选择“编程→数组→初始化数组”,再选择“编程→数值→数值常数”,将常数值改为 2048,按图 7.28 所示连接,完成给定大小数组的生成。选择“编程→数值→商与余数、除、乘、减等函数和常数”,并按图 7.28 所示连接。选择“编程→数组→抽取一维数组”将一维数组放置好后,拖动下边框使得其有 6 个以上的输出端子,输出数据从第 6 路引出(温度传感器连接采集卡的第 6 通道)。选取“编程→数组→索引数组函数和数值常数”,按图 7.28 所示连接。索引数组输出的即为采集卡采集的温度传感器输出的电压值。这一步完成之后程序框图的连线如图 7.28 中左边部分所示。

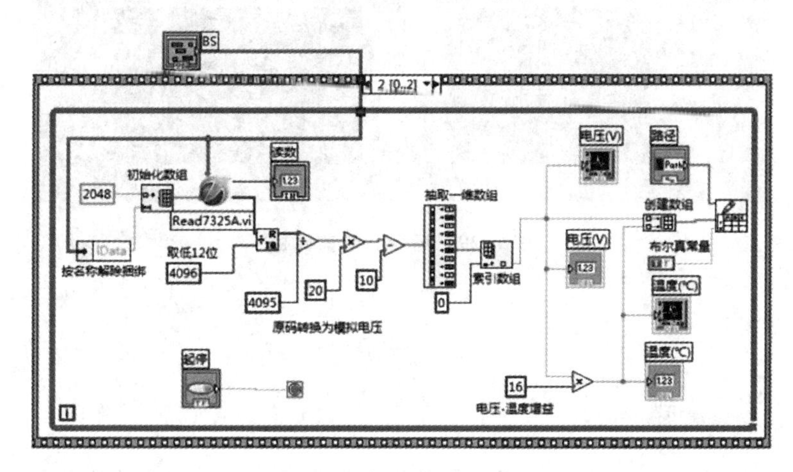

图 7.28　读数、处理、显示和保存

8) 数据的显示

在前面板选择“新式→图形→波形图表”,改其标签为“电压(V)”。同样,创建标签为“温度(℃)”的波形图表。创建“电压(V)”和“温度(℃)”数值显示控件,用来实时显示电压和温度值。创建启停按钮,选择“新式→布尔→开关按钮”。电压值乘以电压-温度增益(图 7.28 中该值为 16),即得到温度值。

9) 数据保存程序

选择“编程→数组→创建数组”,拖动下边框使其具有两个输入端子,分别连接电压和温度值。选择“编程→文件 I/O→写入电子表格文件”。在前面板上创建路径输入控件。选择“新式→字符串与路径→文件路径输入控件”,并将路径写为“D:\温度测量数据. txt”,将其连接至写入电子表格文件函数的“文件路

径”端子。选择“编程→布尔真常量”，连接至写入电子表格文件函数的“添加至文件”端子。连接好的程序框图如图 7.28 所示。

10）程序调试运行

单击前面板的“起停”按钮，使之呈高亮状态，再单击工具栏上的“运行”按钮，启动虚拟仪器程序，开始采集。如果程序正常运行，其前面板的显示将如图 7.29 所示。

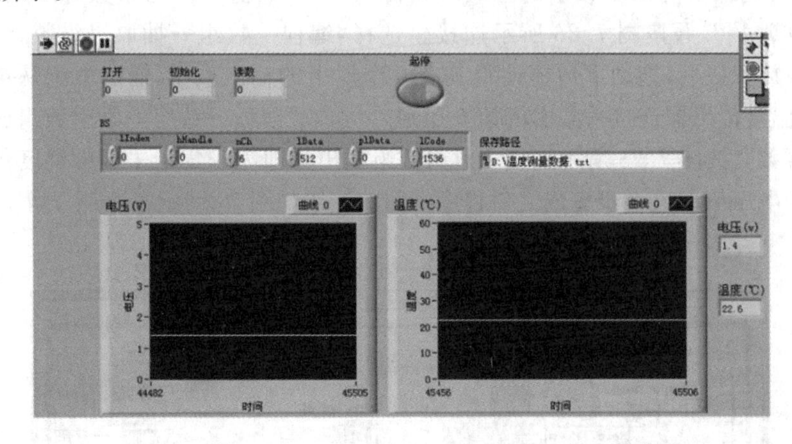

图 7.29　运行时的前面板

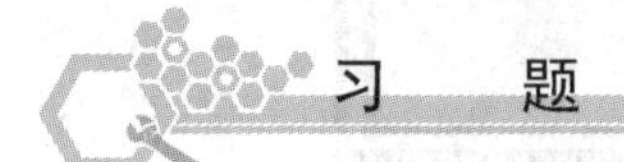

习　　题

7.1　计算机辅助测试系统由哪几部分组成？请简述每一部分的作用。

7.2　计算机测试系统分为哪几种？请简述各种系统的特点。

7.3　数据采集卡一般由哪几部分组成？请简述每一部分的作用。

7.4　什么是总线？总线如何分类？

7.5　总线的性能指标主要有哪些？

7.6　板卡式仪器常用的总线有哪些？

7.7　什么是虚拟仪器？虚拟仪器有哪些特点？

7.8　虚拟仪器系统由哪几部分组成？常用的虚拟仪器应用软件的开发平台有哪些？

附录　书中的数学符号

第 1 章

μ——期望值

σ——标准偏差

δ_s——系统误差

γ_m——引用误差

$\hat{\mu}$——期望值 μ 的无偏估计值

$\hat{\sigma}$——标准偏差 σ 的无偏估计值

第 2 章

μ_x——变量 x 或信号 $x(t)$ 的均值

σ_x^2——变量 x 或信号 $x(t)$ 的方差

σ_x——变量或信号 $x(t)$ 的标准差

ψ_x^2——变量 x 或信号 $x(t)$ 的均方值

x_{rms}——变量 x 或信号 $x(t)$ 的均方根值

ρ_{xy}——变量 x 和 y 的相关系数

$R_x(\tau)$——$x(t)$ 的自相关函数

$R_{xy}(\tau)$——$x(t)$ 与 $y(t)$ 的互相关函数

$X(\omega)$——$x(t)$ 的傅里叶变换

$\mathrm{sinc}(x)$——采样函数

$\delta(t)$——单位脉冲函数

$\delta_T(t)$——周期单位脉冲序列

$w(t)$——矩形窗函数

$S_x(\omega)$——$x(t)$ 的自功率谱

$S_{xy}(\omega)$——$x(t)$ 和 $y(t)$ 的互功率谱

$\gamma_{xy}^2(\omega)$——$x(t)$ 和 $y(t)$ 的相干函数

第 3 章

K——灵敏度

$H(s)$——传递函数

$A(\omega)$——系统的幅频特性

$\varphi(\omega)$——系统的相频特性

$H(\omega)$——系统的频率特性函数

$h(t)$——脉冲响应函数或权函数

τ——系统的时间常数

$\delta(\omega)$——幅值衰减(量)

ω_n——二阶系统的无阻尼固有频率

ζ——二阶系统的阻尼比

ω_d——二阶系统有阻尼固有角频率

第 4 章

A——面积

C——电容量

B——磁感应强度

ω——角速度

ν——光的频率

c——光速

第 5 章

ω_c——模拟滤波器的截止频率

d——模拟滤波器的纹波幅度

B——带宽

Q——品质因素

W——倍频程选择性

λ'——滤波器因素

$x_m(t)$——调幅波

$z(t)$——载波

第 6 章

Ra——轮廓算术平均偏差

Rz——微观不平度十点高度

Ry——轮廓最大高度

S_m——轮廓微观不平度的平均间距

S——轮廓单峰平均间距

t_p——轮廓支撑长度率

f_{MZ}——最小包容区域法求得的直线度误差

f_{LS}——最小二乘中线法求得的直线度误差

f_{BE}——两端点连线法求得的直线度误差

q_V——流体体积流量

L_p——声压级

L_I——声强级

L_W——声功率级

L_N——响度级

参考文献

[1] 熊诗波，黄长艺. 机械工程测试基础[M]. 北京：机械工业出版社，2006.

[2] 黄长艺，卢文祥，熊诗波. 机械工程测量与试验技术[M]. 北京：机械工业出版社，2000.

[3] 周渭，于建国，刘海霞. 测试与计量技术基础[M]. 西安：西安电子科技大学出版社，2004.

[4] 秦树人，张明洪，罗德扬. 机械工程测试原理与技术[M]. 重庆：重庆大学出版社，2002.

[5] 黄长艺，严普强. 机械工程测试技术基础[M]. 2版. 北京：机械工业出版社，1999.

[6] 上官同英. 互换性与测量技术[M]. 郑州：河南医科大学出版社，2008.

[7] 王伯雄. 测试技术基础[M]. 北京：清华大学出版社，2003.

[8] 孔德仁，朱蕴璞. 狄长安. 工程测试技术[M]. 北京：科学出版社，2004.

[9] 何正嘉，訾艳阳，张西宁. 现代信号处理及工程应用[M]. 西安：西安交通大学出版社，2007.

[10] 李力. 机械信号处理及其应用[M]. 武汉：华中科技大学出版社，2007.

[11] 张淼. 机械工程测试技术[M]. 北京：高等教育出版社，2008.

[12] 潘宏侠. 机械工程测试技术[M]. 北京：国防工业出版社，2009.

[13] FIGLIOLA R S, BEASLEY D E. Theory and design for mechanical measurements[M]. 3rd ed. New York. John Wiley & Sons, Inc, 2000.

[14] 周生国，李世义. 机械工程测试技术[M]. 2版. 北京：国防工业出版社，2005.

[15] 张迎新，雷道振，陈胜，等. 非电量测量技术基础[M]. 北京：北京航空航天大学出版社，2002.

[16] 吴新余，周井泉，沈元隆. 信号与系统——时域、频域分析及MATLAB软件的应用[M]. 北京：电子工业出版社，1999.

[17] 潘双来，邢丽冬. 信号与线性系统[M]. 北京：清华大学出版社，2006.

[18] 王正林，王胜开，陈国顺，等. MATLAB/Simulink与控制系统仿真[M]. 2

版. 北京:电子工业出版社,2008.
[19] 何金田,等. 传感器技术(上册)[M]. 哈尔滨:哈尔滨工业大学出版社,2004.
[20] 李晓莹. 传感器与测试技术[M]. 北京:高等教育出版社,2005.
[21] 高晓蓉. 传感器技术[M]. 成都:西南交通大学出版社,2003.
[22] 黄继昌,徐巧鱼,张海贵,等. 传感器工作原理及应用实例[M]. 北京:人民邮电出版社,1998.
[23] 赵玉刚,邱东. 传感器基础[M]. 北京:北京大学出版社,2006.
[24] 徐甲强,等. 传感器技术(下册)[M]. 哈尔滨:哈尔滨工业大学出版社,2004.
[25] 杨仁逖,黄惟公,杨明伦. 机械工程测试技术[M]. 重庆:重庆大学出版社,1997.
[26] 周泽存,刘馨媛. 检测技术[M]. 北京:机械工业出版社,1993.
[27] 王化祥,张淑英. 传感器原理与应用[M]. 天津:天津大学出版社,1997.
[28] 刘广玉,陈明,等. 新型传感器技术及应用[M]. 北京:北京航空航天大学出版社,1995.
[29] 曾光奇,胡均安. 工程测试技术基础[M]. 武汉:华中科技大学出版社,2002.
[30] 浩强创作室. 微型计算机原理及应用[M]. 大连:大连理工大学出版社,1999.
[31] 王宏,贾新民. 信号处理基础[M]. 北京:机械工业出版社,2007.
[32] 刘培基. 机械工程测试技术[M]. 北京:机械工业出版社,2003.
[33] 王建民,曲云霞. 机电工程测试与信号分析[M]. 北京:中国计量出版社,2004.
[34] 马霄. 互换性和测量技术基础[M]. 北京:北京理工大学出版社,2008.
[35] 罗南星. 几何量测量技术简明教程[M]. 北京:机械工业出版社,1993.
[36] ANTHONY J WHEELER,AHMAD R GANJI. Introduction to engineering experimentation[M]. Second Edition. Prentice Hall,2003.
[37] 许同乐. 机械工程测试技术[M]. 北京:机械工业出版社,2010.
[38] 秦世伦. 材料力学[M]. 成都:四川大学出版社,2011.
[39] 谢里阳,孙红春,林贵瑜. 机械工程测试技术[M]. 北京:机械工业出版社,2012.
[40] 韩斌,刘海燕,水小平. 材料力学教程[M]. 北京:电子工业出版社,2013.
[41] 黄小清,陆丽芳,何庭蕙. 材料力学[M]. 广州:华南理工大学出版社,2013.

[42] 狄长安,孔德仁,贾云飞,等.工程测试与信息处理[M].北京:国防工业出版社,2010.
[43] 张森.机械工程测试技术[M].北京:高等教育出版社,2008.